高等学校计算机应用规划教材

C 语言程序设计
(第二版)

刘国成　常　骥　　主编
倪　丹　窦　妍　徐志英　杨宇晶　副主编

U0912946

清华大学出版社
北　京

内 容 简 介

本书由编者根据多年的教学心得编写而成。该书从分析 C 语言程序的基本结构入手，介绍了常量、变量、表达式和常用输入/输出函数、流程控制、数组和字符串处理、函数、指针、编译预处理命令、结构体和共用体、文件、C 语言高级程序设计和实验指导等知识点。本书以 C99 标准为主线，示例程序都可在 Visual C++ 6.0 环境下编译运行，每一章后面均附有习题。

本书可作为高等院校本科和专科相关专业的 C 语言课程教学用书，也可作为计算机应用开发人员的参考书或培训教材。

本书对应的电子教案、实例源代码和习题答案可以到 http://www.tupwk.com.cn 网站下载。

图书在版编目(CIP)数据

C 语言程序设计 / 刘国成，常骥 主编. —2 版. —北京：清华大学出版社，2017
(高等学校计算机应用规划教材)
ISBN 978-7-302-46764-9

Ⅰ. ①C… Ⅱ. ①刘… ②常… Ⅲ. ①C 语言—程序设计—高等学校—教材 Ⅳ. ①TP312.8

中国版本图书馆 CIP 数据核字(2017)第 048062 号

责任编辑：胡辰浩　袁建华
封面设计：孔祥峰
版式设计：牛静敏
责任校对：成凤进
责任印制：杨　艳

出版发行：清华大学出版社
　网　　址：http://www.tup.com.cn，http://www.wqbook.com
　地　　址：北京清华大学学研大厦 A 座　　**邮　　编**：100084
　社 总 机：010-62770175　　**邮　　购**：010-62786544
　投稿与读者服务：010-62776969，c-service@tup.tsinghua.edu.cn
　质 量 反 馈：010-62772015，zhiliang@tup.tsinghua.edu.cn
　课 件 下 载：http://www.tup.com.cn，010-62781730
印 刷 者：北京富博印刷有限公司
装 订 者：北京市密云县京文制本装订厂
经　　销：全国新华书店
开　　本：185mm×260mm　　**印　张**：21.5　　**字　　数**：537 千字
版　　次：2014 年 7 月第 1 版　2017 年 4 月第 2 版　　**印　　次**：2017 年 4 月第 1 次印刷
印　　数：1～4000
定　　价：48.00 元

产品编号：073859-01

前　　言

学习编程，首先应掌握至少一门程序设计语言。C 语言作为一种语法清晰、功能强大、应用广泛的高级语言，长期以来被国内外高校定为程序设计的必修课。可以说，掌握了 C 语言，就可以很容易地掌握其他编程语言，如 C++、Java、C#、Perl 等。但是很多读者对学习 C 语言感到无从下手。究竟该怎样学习 C 语言？编者认为一个好的开发环境结合一本适合初学者的 C 语言教程是学习 C 语言的一种好方法。

本书具有如下特色。

(1) 本书是编者根据多年的教学心得编写而成，将 C 语言的知识体系作了精心编排。本书知识点涵盖了数据类型与表达式、流程控制、数组、函数、指针、编译预处理、结构体和文件等。授课教师可根据学生的专业情况对知识点进行取舍。

(2) 每一章精心挑选具有代表性的例题，例题全部在 Visual C++ 6.0 环境下调试通过。

(3) 根据每章知识点和全国计算机等级考试二级 C 语言考试大纲精选了课后习题。读者应尽量独立完成课后习题，对检验和巩固学过的内容大有益处。

(4) 在本书的实验指导中，每个实验都设置了很多具体的实验任务，有专门的针对特定语法现象的练习题，有针对性的程序阅读训练题以及实验报告的写作要求等。

(5) 本书以 C99 标准为主。为保证教材质量，编者查阅了大量的文献，研读了所有的 C 语言标准，尽量保证专业知识的准确性。

本书由刘国成编写第 1~3 章，常骥编写第 4~6 章，杨宇晶编写第 7 章，徐志英编写第 8 章，窦妍编写第 10~12 章，倪丹编写第 13 章，张丹彤、王锐、王延松、杨海鹏、曲丽娜、杨长保、刘宝柱编写第 9 章。全书由刘国成统稿。

本书的出版得到了清华大学出版社相关同志的热切关心和大力支持。许多老师和读者也对本书的编写提出了诸多宝贵建议和修改意见，在此我们一并表示由衷的感谢。读者在使用本书过程中若有问题，可与编者交流，E-mail：gc_liu@163.com。

由于时间仓促，加之编者水平有限，书中错误和不当之处难免，恳请读者批评指正。我们的信箱是 huchenhao@263.net，电话是 010-62796045。

本书对应的电子教案、实例源码和习题答案可以到 http://www.tupwk.com.cn 网站下载。

编　者

2016 年 11 月

目　录

第1章　C语言概述

C 语言是一种计算机程序设计语言，它由美国贝尔实验室的 Dennis Ritchie 于 1972 年推出。C 语言简单、可靠和易于使用，是学习其他语言的基础。如果没有 C 语言的知识，学习 C++或 JAVA 等语言就会变得很难。现在流行的操作系统，如 Windows、UNIX、Linux 等，基本上都是由 C 语言开发的，因为 C 语言的执行效率很高。本章首先介绍程序设计语言及其发展历史，C 语言的历史，C 语言的标准。然后通过剖析简单的 C 源程序，阐述 C 程序的基本构成，这也是本章的学习重点。同时本章还简单介绍了 C 程序的运行步骤及常见的 C 集成编译器。本章仅仅是 C 语言的初步介绍，大部分内容浅显易懂，具体和深入的技术细节将在后续章节中介绍。

1.1　程序设计语言及其发展

人们经常使用语言或文字来表达思想、交流和互通信息，如汉语、英语等。人类相互交流信息所用的语言被称为自然语言，但是计算机目前还不能识别人类的自然语言。计算机能够识别的是计算机程序。计算机程序(Computer Programs)是为完成一项特定任务而用计算机语言编写的一组指令序列。把解决一项任务的思路、方法和步骤最终落实为计算机程序的编写就是程序设计。用于书写计算机程序的语言叫程序设计语言(Programming Languages)，它是人与计算机之间进行信息交流的工具。

程序设计语言的种类非常多，总的来说可以分为机器语言、汇编语言和高级语言这 3 大类。

1.1.1　机器语言

机器语言(Machine Languages)是用二进制代码表示的计算机能直接识别和执行的一种机器指令的集合。它是计算机的设计者通过计算机的硬件结构赋予计算机的操作功能。机器语言具有灵活、直接执行和速度快等特点。

1. 机器指令

机器指令是指挥计算机完成某一基本操作的命令，由硬件电路设计决定，因而也被称为硬指令。机器指令是由一组能被计算机接受的 0 和 1 组成的二进制代码。机器指令由操作码和地址码组成，规定了要求计算机完成的操作及其操作的对象(数据或存储单元地址)。

2. 指令系统

每台计算机所具有的特有的、全部指令的集合构成该 CPU 的指令系统。不同的 CPU 具有不同的指令系统。

3. 机器语言程序

机器指令的集合构成了机器语言，用机器语言编写的程序就是机器语言程序。计算机所能识别的语言只有机器语言，但机器语言非常难于记忆和识别。通常人们编程时，不采用机器语言，而采用汇编语言和高级语言。

1.1.2　汇编语言

汇编语言(Assembly Languages)是面向机器的程序设计语言。在汇编语言中，用助记符代替机器指令的操作码，用地址符号或标号代替指令或操作数的地址，如此就增强了程序的可读性并且降低了编写难度。像这样符号化的程序设计语言就是汇编语言，因此亦称为符号语言。使用汇编语言编写的程序，机器不能直接识别，还要由汇编程序或者叫汇编语言编译器转换成机器指令。汇编程序将符号化的操作代码组装成处理器可以识别的机器指令，这个组装的过程称为组合或者汇编。因此，有时候人们也把汇编语言称为组合语言。

1. 汇编指令

汇编指令是用助记符号表示的机器指令，它与机器指令一一对应。

2. 汇编程序

计算机不能直接识别汇编指令，要让机器接受汇编指令还需要有一个将汇编指令翻译为机器指令的过程，这个过程称为汇编。汇编程序就是把汇编语言源程序翻译成机器语言程序的一种系统软件。IBM PC 机中的汇编程序包括 ASM 和 MASM 这两种。ASM 称为小汇编程序，它只需要较小的存储区。MASM 称为宏汇编程序，它需要的存储区较大，但功能较强，且具有宏汇编能力。ASM 则不具备这种能力。

3. 伪指令

伪指令就是向汇编程序提供如何进行汇编工作的命令，也叫汇编控制命令。伪指令没有对应的机器指令，汇编时不产生机器码。

4. 汇编语言

汇编指令、伪指令、宏指令和汇编程序一起组成了汇编语言。汇编语言直接面向机器，用汇编语言编制的程序简洁、快速，常用于对运行速度要求较高的实时控制等场合。用汇编语言编制的用户程序称为汇编语言源程序。汇编语言的实质和机器语言是相同的，都是直接对硬件操作，但指令采用了英文缩写的标识符，更容易识别和记忆。而其所占用的存储空间和执行速度与机器语言相仿。

1.1.3　高级语言

高级语言(Higher-level Languages)主要是相对于汇编语言而言，它是以较接近自然语言和数学公式的形式编程，基本脱离了计算机的硬件系统，用人们更易于理解的方式编写程序。

高级语言并不是特指某一种具体的语言，而是包括了很多编程语言，如Fortran语言、Basic语言、C语言、C++、JAVA、FoxPro等，这些语言的语法和命令格式各不相同。

高级语言所编制的程序不能直接被计算机识别，必须经过转换才能被执行。按照转换方式可将高级语言分为两类。

(1) 解释(Interpret)类。执行方式类似于人们日常生活中的“同声翻译”，应用程序源代码一边由相应语言的解释器“翻译”成目标代码(机器语言)，一边执行。因此效率比较低，而且不能生成可独立执行的可执行文件，应用程序不能脱离其解释器。但这种方式比较灵活，可以动态地调整、修改应用程序，如 Basic 语言便是采用这种方式。

(2) 编译(Compile)类。编译是指在应用源程序执行之前，就将程序源代码一次性“翻译”成目标代码(机器语言)，然后再在机器上运行目标程序，因此其目标程序可以脱离其语言环境独立执行，使用比较方便且效率较高。但应用程序一旦需要修改，必须先修改源代码，再重新编译生成新的目标文件才能执行。如果只有目标文件而没有源代码，修改会很不方便。现在大多数的编程语言都是编译型的，如 C 语言。

1.2　C 语言的历史

C 语言是一种结构化程序设计语言。结构化程序设计方法主要由以下 3 种逻辑结构组成。

(1) 顺序结构：顺序结构是一种线性、有序的结构，它依次执行各语句模块。

(2) 选择结构：选择结构是根据条件成立与否选择程序执行的通路。

(3) 循环结构：循环结构是重复执行一个或几个模块，直到满足某一条件为止。

采用结构化程序设计方法，程序结构清晰，易于阅读、测试、排错和修改。由于每个模块执行单一功能，模块间联系较少，使程序编制比过去更简单，程序更可靠，而且增加了可维护性，每个模块可以独立编制、测试。与大部分现代程序设计语言类似，C 语言来源于 ALGOL 语言，ALGOL 语言是最先使用块结构的程序语言。ALGOL 没有在美国得到普遍认可，但在欧洲却得到了广泛的应用。ALGOL 语言给计算机科学界带来了结构化程序设计的概念。20 世纪 60 年代，计算机科学家 Corrado Bohm、Guiseppe Jacopini 和 Edsger Dijkstra 使这一概念进一步大众化。

在 C 语言诞生之前还存在着一系列相关的程序语言。1967 年，Martin Richards 开发了一种称为 Basic Combined Programming Language 的语言，简称为 BCPL(基本组合程序设计语言)的计算机语言。Ken Thompson 在 1970 年开发了一种名为 B 的类似语言。B 语言是 UNIX 操作系统的第一个版本的开发语言。随后，1972 年，Dennis Ritchie 设计了C语言，它继承了 ALGOL、BCPL 和 B 语言的许多思想，并加入了数据类型的概念以及其他功能强大的特性。由于 C 语言是与 UNIX 操作系统一起被开发出来的，因此它与 UNIX 有着很强的关联。

多年以来，C 语言主要用于科研环境下，但最终随着多种商用 C 编译器的发布以及 UNIX 操作系统的不断流行，在计算机界开始获得广泛支持。今天，C 语言可以运行在多种操作系统和硬件平台下。

1980 年，Bjarne Stroustrup 开始用一种新的语言工作，这种语言被称作“带类的 C 语言”。

它增加了大量的新特性，全面改进了 C 语言，其中最重要的特性就是类。这种语言经过改进和扩充，最终成为 C++。

1.3 C 语言的标准

传统的 C 语言是 1972 年的版本。1978 年，Brian W. Kernighan 和 Dennis M. Ritchie 编写了著名书籍《The C Programming Language》，该书对 C 语言进行了文档化和推广。1983 年，美国国家标准协会(ANSI)开始制定 C 语言的标准，并于 1989 年 12 月通过。1990 年，国际标准化组织(ISO)接受了 ANSI 提出的标准，C 语言的这个版本称为 C89。C89 在 1995 年进行了一些微小的调整，改进后的版本称为 C95。后来一些重要的版本更新发生在 1999 年，新标准命名为 C99(ISO/IEC 9899:1999)。我国于 1994 年 12 月 7 日发布了程序设计语言 C 标准 GB/T 15272-1994。

2011 年 12 月 8 日，ISO 发布了新的 C 语言的新标准——C11，之前被称为 C1X，官方名称为 ISO/IEC 9899：2011。新的标准提高了对 C++的兼容性，并将新的特性增加到 C 语言中。新功能支持多线程，基于 ISO/IEC TR 19769：2004 规范下支持 Unicode，提供更多用于查询浮点数类型特性的宏定义和静态声明功能。

1.4 C 语言的程序结构

1.4.1 简单的 C 语言程序剖析

学习一门新程序设计语言的唯一途径就是使用它编写程序。下面引入 C 语言的设计者 Brian Kernighan 和 Dennis Ritchie 合著的《The C Programming Language》一书中的第一个示例程序，使用该程序打印出字符串“hello,world”。尽管这个编程练习很简单，但对于初学 C 语言的人来说，它仍然可能成为一大障碍。因为要实现这个目的，编程者首先必须编写程序文本，然后成功地编译，并加载、运行，最后输出结果。掌握这些操作细节以后，其他的事情就比较容易了。

【例 1.1】 问候程序，输出字符串“hello,world”。

源程序：

```
#include <stdio.h>
main( )
{
     printf("hello, world\n");
}
```

运行结果：

```
hello,world
```

程序分析：

一个 C 语言程序，无论大小，都是由函数组成的。函数中包含一些语句，以指定所要执行的操作，本例中函数的名字为 main。通常情况下，C 语言并没有限制函数必须取一个什么样的名字，但 main 是个特殊的函数。main 函数称为主函数，每个程序都以 main 函数为起点开始执行，这就意味着每个程序都必须包含一个 main 函数，函数体须由{　}括起来。

C 语言编译系统将一些常用的操作或计算功能定义成函数，如 printf、scanf、sqrt、fabs 等。这些函数称为标准库函数，其声明部分放在指定的以.h 为扩展名的头文件中。例如，存放标准输入/输出库函数声明的头文件名为 stdio.h，在使用系统库函数时须将对应的头文件包含进来。#include <stdio.h>是一个预处理命令，以#号开始，其功能是包含文件“stdio.h”。

printf("hello, world\n");语句中，printf 是一个用于打印输出的库函数，在本例中被主函数 main()所调用，它用于打印用双引号括住的字符串。用双引号括住的字符序列叫作字符串或字符串常量，“hello,world\n”就是一个字符串，是 printf 函数的参数。“hello, world!”是原样输出的字符串序列，printf 函数不会自动换行，\n 是个换行符。遇到它时输出将换行。

例如，语句

```
printf("I see, \n I remember!");
```

其输出如下。

```
I see,
I remember!
```

printf("hello, world\n");语句最后以分号(;)表示该语句结束。

在继续讨论其他更多的示例之前，应必须注意很重要的一点：C 语言是区分大小写字母的(即大小写敏感)。例如，printf 和 PRINTF 并不相同。

【例 1.2】 求两个整数 10 和 20 的和并输出结果。

源程序：

```
/*
功能：计算两个数的和，并输出
*/
#include <stdio.h>    /* 包含头文件 stdio.h */
main( )
{
     int a, b, sum; /* 定义变量 */
     a=10; /* 给变量 a 赋整数值 10 */
     b=20; /* 给变量 b 赋整数值 20 */
     sum=a+b; /* 求和 */
     printf("sum=%d\n", sum); /* 输出 sum 的值 */
}
```

运行结果：

```
sum=30
```

程序分析：

在本程序中，/*...*/是注释(Comments)，不是程序的必需部分，在程序执行时注释不起任何作用。注释的作用是增加程序的可读性，因此，适当地在程序中加以注释，是一种良好的程序设计风格。C 语言的注释方法有以下两种。

(1) 块注释

形式如下。

```
/*
注释内容
*/
```

跨多行的注释语句，适用于注释多行，“/*”和“*/”之间的内容为注释内容。

(2) 行注释

形式如下。

```
/*  注释内容  */
```

/* ....注释内容..... */放在一行上，通常放在语句之后。

C99 标准支持“//”行注释(这个特性实际上在 C89 的很多编译器上已经被支持了)。

形式如下。

```
//注释内容
```

作用范围是“//”后面开始至本行结束。

示例代码如下。

```
int a, b, sum;   // 定义变量
```

注释可以出现在程序中的任何位置，注释中的任何内容都不会被计算机执行。

程序中 int a，b，sum; 语句定义 a，b，sum 为 int 类型变量，在 C 语言和其他大部分编程语言中，使用变量(Variables)来存储数据。每个变量都由一个变量名来标识。每个变量必须有一种类型(Types)，用于表示它所存储的是哪种类型的数据。C 语言的基本数据类型分为整型、实型、字符型等。变量必须先定义，然后才能使用。

变量定义的一般形式：类型标识符、变量名列表。

变量定义后其初值一般是不确定的，不能直接使用。示例代码如下。

```
int a; printf("%d\n",a);       /*****错误!*****/
int a; a=10;printf("%d\n",a); /*****正确*****/
```

在定义变量的同时，也可以同时对变量赋初值，称为变量的初始化。示例说明如下。

语句 int sum=0; 定义了 sum 为 int 类型变量，为 sum 赋初值 0。

printf("sum=%d\n"，sum); 语句输出 sum 的值，C 语言中的 printf 是个用得很普遍的命令，称为格式输出函数。其基本命令格式如下。

```
printf(格式控制, 输出列表);
```

其中，格式控制部分用双引号引起来，里面通常包含两种信息。一种是普通字符，普通字符按原样输出；另一种就是以“%”开头的格式说明，它的作用是将数据按指定的格式输出。例如，“%d”表示对应的输出值(即 sum 的值)以十进制整数形式显示，其余都是普通字符。所以程序执行后输出的结果如下：

```
sum=30
```

对应关系如图 1.1 所示。

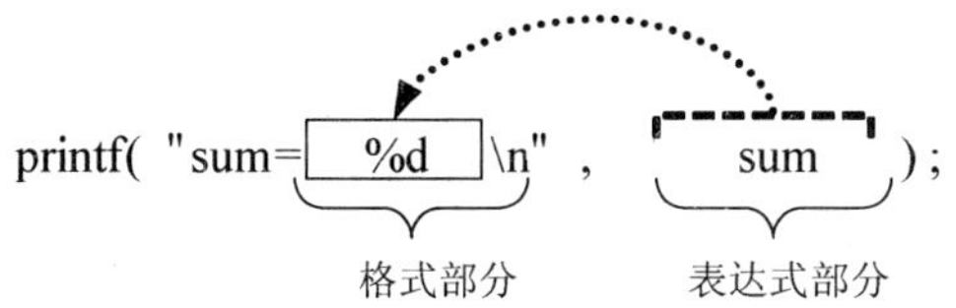

图 1.1　printf 函数输出示例图

如果程序执行后想得到如下形式的输出结果。

```
10+20=30
```

则程序中的 printf 语句可改写如下。

```
printf("%d+%d=%d\n", 10,20,sum);
```

其中 10，20，sum 为输出列表，各表项之间用逗号分隔。由于有 3 个输出值，所以用 3 个格式说明符与之一一对应，如图 1.2 所示。

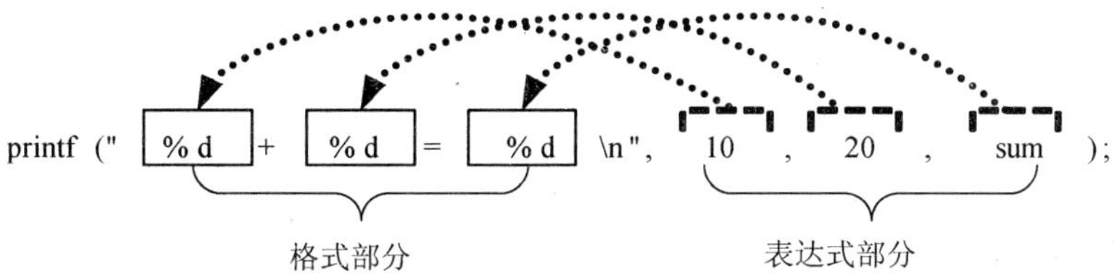

图 1.2　printf 函数输出示例图

【例 1.2】程序只能计算 10 加 20 的和，因为程序中规定了 a 和 b 的值。如果要计算其他两个数的和，则需要修改程序。程序在运行时通过键盘操作输入需要求和的两个数，然后进行计算求和输出最为理想。

【例 1.3】 求任意两个整数的和并输出结果。

源程序：

```
#include <stdio.h>
main( )
{
     int a, b, sum;          /* 定义变量 */
     scanf("%d", &a);        /* 输入第一个整数 */
     scanf("%d", &b);        /* 输入第二个整数 */
     sum=a+b;                /* 计算和 */
     printf("The sum of %d and %d is %d.\n", a,b,sum);/* 输出和 */
}
```

运行结果：

```
33↙
55↙
The sum of 33 and 55 is 88.
```

程序分析：

在 C 语言中，要想获得从键盘输入的值，可以使用 scanf 函数。scanf 是与 printf 相对应的格式输入函数，其基本命令格式如下：

```
scanf(格式控制, 地址列表);
```

语句 scanf("%d", &a);表示以十进制整数的形式(由格式说明符“%d”指定)输入数据，存放到变量 a 对应的存储单元中，这样变量 a 的值就是刚刚从键盘输入的值。&是取地址运算符，&a 指变量 a 在内存中的地址。变量 a 和 b 及其所存储的数值如图 1.3 所示。

图 1.3　变量及其值

1.4.2　C 语言程序的基本结构

(1) C 语言程序是由函数组成的。一个完整的 C 程序可以由一个或多个函数组成，其中 main 主函数必不可少，且只有唯一一个。C 程序执行时，总是从主函数 main 开始，与 main 函数在整个程序中的位置无关，其他函数都是为 main 函数服务的。函数是 C 程序的基本单位，用函数来实现特定的功能，所以说 C 是函数式的语言。C 语言的函数包括系统提供的库函数(如 printf 函数)，以及用户根据实际问题编制设计的函数。

(2) 源程序中可以有预处理命令，预处理命令通常放在源文件或源程序的最前面。

(3) 每一个语句都必须以分号结尾，但预处理命令、函数头和右花括号“}”之后不加分号。

(4) 注释不是程序的必需部分，在程序执行时注释不起任何作用。注释的作用是增加程序的可读性，因此，适当地在程序中加以注释，是一种良好的程序设计风格。C 语言有块注释和行注释这两种注释方法。

(5) 在 C 语言中，虽然一行可写多个语句，一个语句也可占多行，但建议一行只写一个语句。

(6) 一般采用缩进格式书写程序，以提高程序的可读性和清晰性。

1.5　C 语言程序的运行

1.5.1　运行 C 语言程序的步骤

C 语言属于编译型的编程语言，如果要使 C 程序在计算机上执行，必须经过源程序的编辑、编译和连接等一系列步骤，最后得到可执行程序并运行，如图 1.4 所示。

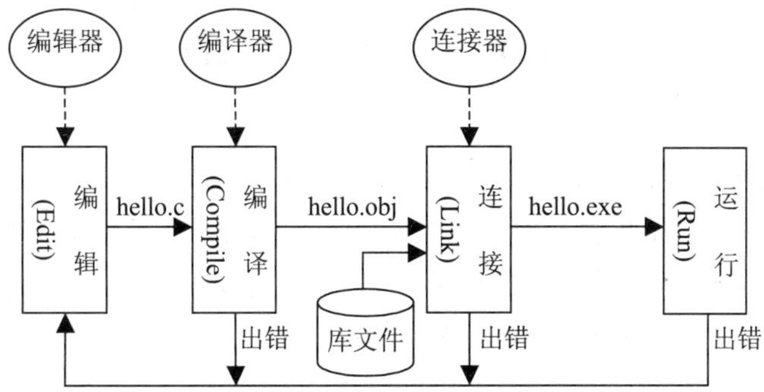

图 1.4　运行 C 程序的步骤

1. 编辑(Edit)

编辑是建立或修改 C 源程序文件的过程，并以文件的形式存储在磁盘上，C 源程序文件的扩展名为.c。

2. 编译(Compile)

C 语言编译器将 C 源程序转换为机器代码，生成目标程序。目标程序文件的扩展名为.obj。在 C 语言源程序的编译过程中，可以检查出程序中的语法错误。

3. 连接(Link)

编译生成的目标程序计算机还不能直接执行，还需将目标程序与库文件进行连接处理，连接工作由连接程序完成。经过连接后，生成可执行程序，可执行程序的扩展名为.exe。

4. 运行(Run)

C 源程序经过编译、连接后生成了可执行文件(.exe)。生成的可执行文件，既可在编译系统环境下运行，也可以脱离编译系统直接在操作系统下执行。

当编译时出现错误，说明 C 程序中有语法错误；若在运行时出现错误或结果不正确，说明程序设计上有错误(称为逻辑错误)，都需要修改源程序并重新编译、连接和运行，直至将程序调试正确为止。

1.5.2　集成开发环境

集成开发环境(Integrated Development Environment，简称 IDE)可提供编程时所必需的工具。这些工具包括编辑器、编译器和调试器，它们集成在一个软件包内供程序员使用。在早前的 DOS 环境下主要的 C 语言集成开发环境有 TC 2.0、Turbo C++ 3.0 和 Borland C++。在 Windows 环境下主要使用 Visual C++ 6.0。Visual C++ 6.0 既可以对 C++进行编译，也可以对 C 语言进行编译。本书的示例程序均可在 Visual C++ 6.0 集成环境下进行编辑、编译和运行。

1.6　本 章 小 结

C 语言是一种结构化程序设计语言，C 程序主要由函数组成，main 函数是程序的入口。C 语言中的输入/输出由标准输入/输出函数来完成，其中 printf 函数完成输出功能，scanf 函数完成输入功能。C 语言属于编译型的编程语言，需要通过编辑、编译、连接后确认没有错误方可运行，目前常用的集成开发环境是 Visual C++ 6.0。

1.7　习　　题

1. C 语言程序由哪几部分组成？

2. 填空。

(1) 在 C 语言中，每个语句必须以____________结束。

(2) ____________函数称为主函数。

(3) 存放标准输入/输出库函数声明的头文件名为____________。

3. 参照本章例题，编写一个 C 语言程序，输出以下信息。

```
**************************
Hello World!
**************************
```

4. 参照本章【例 1.3】，编写一个 C 语言程序，求任意两个整数的差并输出结果。

5. 指出下面程序中的错误。

```
#include (stdio.h)
main( )
{
     int x , y , s ;
     x=10
     y=20;
     s=x + y ;
     printf("s = %d\n , s );
}
```

第2章　C语言程序设计基础

程序设计语言用于处理由数字、字符和字符串组成的数据，数据通常的表现形式是常量、变量和表达式。常量的数据值在源程序中直接给出，除非改变源代码，否则常量的值不能改变。变量代表一个数据值的名称，变量名可以和许多数据值建立关联，可以修改变量的值。常量和变量通过运算符和函数合并就构成了表达式，表达式类似公式，代表数据的综合运算。本章讨论与C语言程序设计有关的一些基本知识，包括常量、变量及类型、运算符与表达式等。另外还要介绍复杂表达式运算过程中的类型转换、运算符的优先级和结合性等问题。本章内容较为繁杂，但多数知识点都需要掌握，读者要多上机实验，对知识点的掌握效果会更好。

2.1　常　　量

在写数学公式时，常用一些符号表示未知数，用另一些符号表示值已知的常量。已知圆半径r，求周长c的公式为c=2πr。为将其转换为程序语句的形式，需要使用变量来保存半径和周长。这些变量随数据的改变而改变，但2和π是值不变的常量。在程序的运行过程中，其值不变的量称为常量(Constants)。常量是有类型的，类型由它的形式和值来决定。2是一个整型常量，π是一个浮点型常量，在程序中可以用像3.14159这样的浮点数近似表示。C99标准规定常量的类型有4种，分别是整型常量、浮点型常量、字符型常量和枚举型常量。本节介绍前3种类型，枚举型常量在后面的章节介绍。C99标准规定字符型常量是指单字符常量，由于字符串常量和符号常量也具备常量的特点，在此一并加以介绍。

2.1.1　整型常量

C语言程序中的整型常量可以用十进制、八进制、十六进制这3种形式表示。

1. 十进制整型常量

由正、负号和0~9之间的数字组成，并且第一个数字不能是0。

例如，1245、401、-3210、+569、0等都是十进制整型常量，而0216则不是。

2. 八进制整型常量

由正、负号和0~7之间的数字组成，并且第一个数字必须是0，表示这是一个八进制数。例如，01245、0401、-03210等都是八进制整型常量，而0184则是非法的常量，因为八进制数不能出现数字 8。

3. 十六进制整型常量

由正、负号和数字 0~9、a~f 或 A~F 组成，并且要有前缀 0x。例如，0x1245、0x401、-0xabcd 等都是十六进制整型常量；而 0x2z1 不是十六进制整型常量，因为 z 是非法字符。能保存的最大整数值取决于具体的计算机。通过给常量附加上诸如 U(或 u)、L(或 l)和 LU(或 lu)之类的修饰符(C99 中还有 LL 或 ll、u 或 U 与 LL 或 ll 的组合)，就可以保存更大的整数。例如，23 与 23L 数值上相等，但类型不同，后者为长整型。例如，56789U 表示无符号整数。

2.1.2　浮点型常量

浮点型常量包含有小数部分，这种数字又称为实数，有十进制小数形式和指数形式这两种表示法。

1. 十进制小数形式表示实型常量

由正负号、数字和小数点组成，一定要有小数点，且小数点的前或后至少一边要有数字。例如：0.0083、.125、-123. 、+3.14159 等都是十进制小数形式的实型常量。

2. 指数形式表示实型常量

由正号或负号、数字、小数点和指数符号 e(或 E)组成。在符号 e 前面必须有数据(整数或实数)，e 的后面跟一个指数，指数必须是整数。指数形式一般适合于表示较大或较小的实数。实数的指数形式也称为科学计数法。例如，1.234567e3、123456.7E-2(分别表示 1.234567×10^{3}、123456.7×10^{-2})均等同于常量 1234.567。

浮点常量没有任何扩展名通常表示为 double 类型(双精度数)，但是扩展名 f 或 F 用于强制转换为单精度数 f。例如，3.1415926535f 为 float 类型实型常量。扩展名为 L 或 l 表示类型为 long double(多精度浮点类型或长精度浮点类型)。

2.1.3　单字符常量

1. 字符常量

字符常量是用一对单引号括起来的一个字符。例如，'A'、'a'、'5'等都是字符常量。

注意：
字符常量'5'与数字 5 是不同的。

编程者在学习计算机应用基础课程时就已知道，字符常量具有 ASCII 值。例如，示例语句如下。

```
printf("%d",'a');
```

将显示数字 97，即为字母 a 的 ASCII 值。由于每个字符常量都表示了一个整数值，因此可以对字符常量进行算术操作。

2. 转义字符

C 语言中还有一类字符称为转义字符，主要表示一些如换行、跳格、退格等控制字符。这种特殊形式的转义字符以反斜杠(\)开头，后跟一些特殊字符或数字，如'\n'表示换行符。常用的转义字符如表 2.1 所示。

表 2.1 常用的 C 语言转义字符表

字符形式	所表示的含义
\n	换行(输出位置移到下一行开头)
\t	横向跳格(输出位置移到下一个输出区)
\b	退格(输出位置移到前一列)
\r	回车(输出位置移到本行首)
\\	反斜杠字符“\”
\'	单引号(撇号)字符
\"	双引号字符
\ddd	ASCII 码为八进制数 ddd 的字符，如 '\141' 为字符 'a'，'\32'为空格
\xhh	ASCII 码为十六进制数 hh 的字符，如 '\x61'为字符'a'，'\x20'为空格

注意：

转义字符形式上由多个字符或数字组成，但它表示的是一个字符常量。

2.1.4 字符串常量

字符串常量是由一对双引号括起来的字符序列。例如，“Hello !”、“C Language”等。字符串中字符的个数称为字符串的长度，字符串一般都有一个结束标志'\0'。字符串结束标志不计入字符串的长度，但要占内存空间。

注意：

'X'与"X"是有区别的，单个字符的字符串常量没有相应的整数值，而单个字符常量则有相应的整数值。

2.1.5 符号常量

符号常量实际上是编译预处理命令定义的标识符，这个标识符代表一个常量，称为符号常量。系统编译时，将程序中的所有符号名替换成对应的常量。

定义格式如下。

```
#define   <符号常量名>   <常量>
```

示例代码如下。

```
#define PI 3.14159 /*  定义了符号常量 PI，PI 即 3.14159 */
```

以下是一些合法的符号常量定义示例。

```
#define PI    3.14159
#define SECS_PER_MIN  60
#define MINS_PER_HOUR 60
#define HOURS_PER_DAY 24
```

在该程序中，要使用 3.14159 这个数值时，只要用 PI 代替，而在编译预处理时，程序中的所有 PI 均被替换成 3.14159。

【例 2.1】 输入一个半径值，求圆周长和圆面积。

源程序：

```
#include <stdio.h>
#define PI 3.14159
main()
{
      float radius,circumf,area; /*radius,circumf,area 分别存储半径、周长和
面积*/
      scanf("%f",&radius);      /* 从键盘输入半径值 */
      circumf=2*PI*radius;      /* 计算周长  */
      area=PI*radius*radius;    /* 计算面积   */
      printf("circumference=%.2f ,area=%.2f\n", circumf,area);
/*输出周长和面积*/
}
```

运行结果：

```
1↙
circumference=6.28 ,area=3.14
```

程序分析：

程序中的标识符 PI 代表常量 3.14159，在系统编译前的预处理过程中，会自动将所有的 PI 替换成 3.14159。#define 语句是一个编译预处理指令，在后序章节中会详细介绍。

注意：

#define 语句末尾不能有分号，符号常量名一般习惯上用大写字母。

2.2 变　　量

相对于常量，变量(Variables)代表一个有名称和特定数据类型的存储单元，它用来存放数据。变量的值在程序运行过程中是可以被改变的。变量具有三要素：名字、类型和值。为了理解这三者之间的关系，可以把变量想象成一个外面贴有标签的盒子，盒子外面的标签就是变量的名字，当用户拥有 3 个盒子(或变量)，则可以使用标签名来区分它们。变量的值相当于盒子里面的物品，变量的类型相当于用户可以将哪类物品存放于盒子中(变量存放何种类

型的值)。例如，如果是一个整型变量，则不可以存入字符串类型的数据。

C 语言中，要求对程序中所有的变量都须先定义后使用。变量定义的作用是为一个变量指定名称及其数据类型，让系统为它分配相应的存储空间，并通过指定类型确定相应变量所能够进行的操作。

2.2.1　变量名

使用变量时需要用到变量名，变量名属于标识符中的一种。

1. 标识符与关键字

在编写程序时，需要对变量、函数、宏和其他实体进行命名，这些名字称为标识符(Identifier)。由系统所指定的标识符称为保留字或关键字(Keywords)，关键字有特定的含义，用户不能再将它当作一般标识符使用。

2. 在 C 语言中，用户自定义的标识符需要符合以下规则

(1) 必须以字母或下划线(_)开头，C 语言区分大小写，ABC、Abc 和 abc 是不相同的。

(2) 只能由字母、数字或下划线组成，不能有空格、小数点等特殊字符。

(3) 不能和 C 语言中系统保留的关键字重名。系统关键字如表 2.2 所示。

表 2.2　C 语言的系统关键字

auto	double	int	Struct
break	else	long	Switch
case	enum	register	typedef
char	extern	return	union
const	float	short	unsigned
continue	for	signed	void
default	goto	sizeof	volatile
do	if	static	while

(4) 标识符的字符长度 C89 标准规定有效字符个数为 31 个，C99 标准规定是 63 个。

例如：_1、AaBc、a_b 都是合法的标识符，而 a--b、8_8、void、unsigned 就不是合法的标识符。a--b 含有特殊字符-，8_8 是以数字开头，而 void 与 unsigned 与关键字起冲突。

注意：

变量命名除符合标识符的命名规则外，还要尽量能“见名知意”。例如，用 sum 表示求和，而像 abc、a123 等表意模糊的变量名尽量不要用。

2.2.2　变量的类型

在定义或说明变量时，除了指出该变量的名字外，还要指出该变量的类型。每一个变量被指定为一个确定的类型，系统便可以为该变量分配相应的内存单元，而且系统也可根据其

类型来检查该变量所进行的运算是否合法。

C 语言中的基本数据类型包括整型、浮点型和字符型。

1. 整型

C 语言的整型数据分为基本整型(int)、短整型(short int，可简写为 short)和长整型(long int，可简写为 long)这 3 种。整型数据中，又分为有符号整数和无符号(unsigned)整数。

C 语言的整型有不同的尺寸。int 类型是计算机给出的整数的正常尺寸(通常为 16 位或 32 位)，由于 16 位整数的上限值是 32767，这会对许多应用产生限制，所以 C 语言还提供了长整型。有时，为了节省空间，人们会指示编译器存储比正常尺寸小的数，称这样的数为短整型。在不同的 C 编译环境中整型数据所占据的内存空间的长度(即字节数)有所不同，但有一个基本规则，即 int 型的长度大于或等于 short 型，并且小于或等于 long 型。

整数通常以 16 位或 32 位方式存储，在有符号数中，如果数为正数或零，那么最左边的位(符号位)为 0。如果是负数，符号位为 1。因此，最大的 16 位整数的二进制表示形式是 0111111111111111，对应的值是 32767(即 2^{15}-1)。把不带符号位(把最左边的位看成是数值部分)的整数称为无符号数。最大的 16 位无符号整数是 65535(即 2^{16}-1)。

默认情况下，C 语言中的整型变量都是有符号的，也就是说最左边保留为符号位。为了告诉编译器变量没有符号位，需要把它声明成 unsigned 类型。

整型的几种类型标识符可以组合，可以在标准头文件<limits.h>中查看整型各类型的存储空间的长度和数值范围。表 2.3 所示为 VC++ 6.0 系统中整型数据的长度、类型标识符与数值范围。

表 2.3　整型数据的长度、类型标识符与数值范围

数 据 长 度	类型标识符		数 值 范 围
有符号整数	16 位	short int	-32768~32767
	32 位	int	-2147483648~2147483647
	32 位	long int	-2147483648~2147483647
无符号整数	16 位	unsigned short int	0~65535
	32 位	unsigned int	0~4294967295
	32 位	unsigned long int	0~4294967295

注意：

为了最大限度保证可移植性，对不超过 32767 的整数采用 int(或 short int)类型，而对其他的整数采用 long int 类型。

2. 浮点型

整型并不适用于所有应用，有时需要变量能存储带小数点的数，或者能存储极大或极小数。这类数可以用浮点型(也称为实型)进行存储。C 语言提供了 3 种浮点型，它们对应不同的浮点格式。

- float：单精度浮点数。
- double：双精度浮点数。

- long double：长精度浮点数。

具体采用哪种类型依赖于程序对精度的要求。当精度要求不严格时，float 型是很适合的类型；double 提供更高的精度，足够适用于绝大多数程序；long double 支持极高精度的要求，很少用到。

C 语言标准中没有说明 float、double 和 long double 类型提供的精度到底是多少，因为不同的计算机可以用不同方法存储浮点数。大多数现代计算机和工作站都遵循 IEEE 754 标准的规范，表 2.4 显示了根据 IEEE 标准实现时的浮点型特征，long double 类型没有显示在此表中。可以在标准头文件<float.h>中找到定义浮点型特征的宏。

表 2.4　浮点型特征

类　型	数据长度	取值范围与有效位数
float	32 位	约±(3.4E-38~3.4E+38)，　6 位有效数字
double	64 位	约±(1.7E-308~1.7E+308)，16 位有效数字

3. 字符型

用单引号引起来的单个字符，如'A'、'a'、'0'、'$' 等，称为字符类型数据，C 语言中字符类型的类型标识符为 char。字符类型数据在内存中以相应的 ASCII 码值存放，字符的 ASCII 码表请参见附录 1。

计算机用一字节(8 个二进制位)存储一个字符。例如，字符'A'的 ASCII 码值为 65，所以字符'A'在内存中的存储形式如下。

0	1	0	0	0	0	0	1

C语言允许把字符作为整数来使用，那么像整型一样，char类型也存在有符号型和无符号型两种。通常有符号字符的取值范围是-128~127，而无符号型字符的取值范围则是0~255。

大多数时候，人们并不真的关心 char 类型是有符号型还是无符号型，但是编程者偶尔确实需要注意，特别是当使用字符型来存储一个小值整数的时候。基于上述原因，标准 C 允许使用单词 signed 和 unsigned 来修饰 char 类型。

【例 2.2】 小写字母转换成大写字母。

源程序：

```
#include<stdio.h>
main( )
{
    char lowercase='a';
    char uppercase=lowercase-32;
    printf("%c",uppercase);
}
```

运行结果：

```
A
```

程序分析：

%c 对应字符型数据的输出，大写字母的 ASCII 码值比对应的小写字母小 32。

说明：

上面介绍了 3 种基本的数据类型，当不能确定某种数据类型所占用的字节数时，可以使用关键字 sizeof。运算符 sizeof 可以测定某种类型的数据所占的字节数。sizeof 的基本用法是 sizeof(类型名)或 sizeof(常量、变量或表达式)，sizeof 返回值类型为 unsigned int 型。

【例 2.3】 用 sizeof 运算符测定所用 C 系统中 int 型和 double 型数据所占内存空间的字节数。

源程序：

```
#include<stdio.h>
main( )
{
     printf("int: %d bytes\n",sizeof(int));
     printf("double: %d bytes\n",sizeof(double));
}
```

运行结果：

```
int: 4 bytes
double: 8 bytes
```

2.2.3 变量的定义及操作

在 C 编程中，使用变量应该遵守“先声明、定义，后引用、使用”的原则。变量必须先声明、定义，然后才能使用。变量定义的作用如下。

(1) 为变量指定一个名称及其数据类型，让系统为它分配相应的存储空间。

(2) 确定相应变量的存储方式、可以表示的数值范围和有效位数。

(3) 通过指定类型确定了相应变量所能够进行的操作。

1. 变量定义

变量定义的一般形式如下。

```
        数据类型标识符   变量名 1，变量名 2，…，变量名 n;
```

类型标识符表示所定义的变量的类型，变量的类型可以是基本类型如整型、实型、字符型等，也可以是用户自定义的构造类型标识符。

变量名列表是用逗号隔开的若干个变量名，同类型的变量定义可放在同一语句中。其中变量名的取名应满足标识符的命名规则。

示例说明如下。

int age,reach;定义 age、reach 为基本 int 类型变量。

unsigned int height,weight;定义 height、weight 为无符号 int 类型变量。

注意：

在 C 语言中，定义(Definition)用来创建对象，一个变量只能定义一次。当有多个 C 源文件时，如果其中一个源文件使用其他文件定义的变量时，只要声明(Declaration)即可。详细内容后续章节有介绍。

2. 变量初始化与赋值

变量在定义后如果没有给其赋值，其相应的存储空间往往包含着不可预知的值，不能直接使用。

下面是输出未赋值变量的程序代码。

```
#include <stdio.h>
main( )
{
      int age;
      printf("%d\n",age);
}
```

输出结果可能如下。

```
-858993460
```

这个值是一个不确定的值，在这种情况下，程序员需要在使用它们之前把初始数据存放其中。主要有先定义后赋值和变量初始化两种形式。

(1) 先定义，后赋值。示例代码如下。

```
int n;
n=10;
```

(2) 变量初始化。在定义的时候初始化一个变量，初始值紧跟在赋值操作符后面。例如：int n=10;。

如果几个同类型变量的初值是相同的，也要分开赋值。示例代码如下。

```
int a=1,b=1,c=1;
```

表示定义整型变量 a、b、c 并赋初始值均为 1，不能写成 int a=b=c=1;。

2.3　运算符与表达式

前面学习了 C 语言的基本数据类型以及常量、变量等知识，那么如何对这些数据进行处理和运算呢？程序中对数据进行的各种运算是由运算符(Operators)来决定的，不同运算符的运算方法和特点是不同的。可以认为，运算符就是对数据(或称操作数，可以是常量或变量)进行指定操作、运算并产生新值的特殊符号。表达式(Expression)是程序中用于计算的公式，由运算符、操作数和括号组成。表达式是计算求值的基本单位。执行表达式所规定的运算，得到的结果就是表达式的值。

C 语言中定义了丰富的运算符，如算术运算符、关系运算符及逻辑运算符等。运算符分为以下 3 类。

(1) 一元运算符(或称单目运算符)

其使用形式如下。

```
操作数 运算符
```

或

```
运算符 操作数
```

如--i, j++。

(2) 二元运算符(或称双目运算符)

其使用形式如下。

```
操作数 1 运算符 操作数 2
```

如 x+y, a/b。

(3) 三元运算符(或称三目运算符)

C 语言中只有唯一一个三元运算符，即条件运算符“？：”。

其使用形式如下。

```
表达式 1？表达式 2：表达式 3
```

如 x>y?x:y。

运算符具有优先级和结合性。

当一个表达式中包含多个运算符时，先进行优先级高的运算，再进行优先级低的运算。当表达式中出现多个相同优先级的运算时，运算顺序就要看运算符的结合性了。所谓结合性是指当一个操作数左右两边的运算符优先级相同时，按什么样的顺序进行运算，是从左向右(左结合)，还是从右向左(右结合)。

2.3.1　算术运算符和算术表达式

算术运算符(Arithmetic Operators)就是对数据进行算术运算的运算符，如加、减、乘、除等。它是在程序中使用最多的一种运算符。C 语言的算术运算符如表 2.5 所示。

表 2.5　C 语言中的算术运算符

算术运算符	描　述	示　例
-	负号	x=-y;
+	加	z=x+y;
-	减	z=x-y;
*	乘	z=x*y;
/	除	z=x/y;
%	取模或求余	z=x%y;

算术表达式是指用算术运算符、括号，将常量、变量和函数等连接而形成的一个有意义的式子，如(x+y)/(x-y)和 3.14*sqrt(r)都是算术表达式的例子。

注意：

表达式中的括号不管有多少层，一律使用圆括号，如(x+(y-10))/(a*a-b)。在将一个数学上的运算式写成对应的 C 语言表达式时，要注意进行必要的转换。例如，在数学上两个量相乘可写成 xy，而写成 C 语言的运算式时必须写成 x*y，此处的乘号不能忘记。数学表达式中出现的数学运算函数要用 C 语言提供的对应的数学运算库函数来代替。例如，在数学上求一个数 x 的平方根，在 C 语言中要写成 sqrt(x)，此处的 sqrt 是 C 语言提供的求一个数的平方根的库函数。类似地，还提供有求绝对值、指数函数、对数函数和三角函数等，注意在程序开头应包含 math.h 头文件。另外要特别注意表达式中两个整型数相除的情况。例如，5/3 的结果为 1，舍去小数部分，1/2 的值为 0。求余运算符%，要求两个操作数均为整型，结果为两数相除所得的余数。%运算符经常用于判断一个数是否被另一个数整除。例如，判断一个数 n 是否能被 3 整除，只需要看 n%3 的值是否为 0，为 0 即为整除。

2.3.2　关系运算符和关系表达式

关系运算符(Relational Operators)就是对两个量之间进行比较的运算符，如表 2.6 所示。

表 2.6　C 语言中的关系运算符

关系运算符	描　述	示　例
<	小于	i<0
<=	小于或等于	i<=0
>	大于	i>0
>=	大于或等于	i>=0
= =	等于	i= =0
!=	不等于	i!=0

由关系运算符将两个表达式连接而形成的运算式子，称为关系表达式。

一个关系表达式的结果类型是布尔型(Bool)。当关系表达式成立时，其值为真(true，其值为 1)；当关系表达式不成立时，其值为假(false，其值为 0)。

例如，假设 n=5，m=15，k=20，则有如下语句。

```
n<m /* 表达式成立，其值为 1 */
m==k /*表达式不成立，其值为 0 */
(n+m)!=k /*表达式不成立，其值为 0 */
```

注意：

在对两个表达式的值进行是否相等的比较时，要用运算符“= =”，而不能写成“=”，因为后者表示赋值运算。例如，表达式 x= =y+3 表示判断 x 的值与表达式 y+3 的值是否相等；而 x=y+3 则表示将 y+3 的值赋给变量 x。

2.3.3 逻辑运算符和逻辑表达式

逻辑运算符(Logical Operators)是对两个逻辑量间进行运算的运算符，如表 2.7 所示。

表 2.7 C 语言中的逻辑运算符

逻辑运算符	描　述	示　例
!	逻辑非	!(i<9)
&&	逻辑与	(i>0)&&(i<9)
||	逻辑或	(i= =0)||(j>0)

由逻辑运算符将两个表达式连接而形成的式子，称为逻辑表达式。

各种逻辑运算的“真值表”如表 2.8 所示。表中列出了当操作数 a 和 b 的取值为不同组合时各种逻辑运算的结果。对于参加逻辑运算的操作数，系统认为“非 0”为真，“0”为假。而作为输出，逻辑表达式为真时其值为 1，逻辑表达式为假时其值为 0。

表 2.8 C 语言中的逻辑运算真值表

a	b	a&&b	a||b	!a	!b
T	T	T	T	F	F
T	F	F	T	F	T
F	T	F	T	T	F
F	F	F	F	T	T

注：表中 T 表示“真”，F 表示“假”。

注意：

(1) C 语言中，在给出一个逻辑表达式的最终计算结果值时，用 1 表示真，用 0 表示假。例如，printf("%d", 20>10);输出结果为 1。但在进行逻辑运算的过程中，凡是遇到非零(或非空)值时就当真值参加运算，遇到 0 值(或空值)时就当假值参加运算。

例如，int a=l0,b=15,c=14;，则有(a+6)&&(b>c)的值为 1(真)。因为表达式中逻辑运算符&&左边部分(a+6)的值为 16，是非 0 值，所以 C 语言中就把该值当成真值进行下一步的运算。而 b>c 的值也为真，最后两个真值进行&&运算，所以最终结果为 1(真)。

(2) 在逻辑表达式的求值过程中，并不是所有的逻辑运算符都被执行，只是在必须执行下一个逻辑运算符才能求出表达式的值时才执行该运算符。

① a && b && c 只有 a 为真时，才需要判别 b 的值；只有 a 和 b 的值都为真时，才需要判别 c 的值；只要 a 为假，就不必判别 b 和 c，因为此时已能确定整个逻辑表达式的值为假值；如果 a 为真，b 为假，则不必判别 c。

② a || b || c 只要 a 为真，就不必判别 b 和 c；只有 a 为假，才判别 b；只有 a 和 b 都为假，才判别 c。

③ 对于数学上表示多个数据间进行比较的表达式，在 C 语言中要拆写成多个条件，并用逻辑运算符将其连接形成一个逻辑表达式，而不能直接照搬。例如，在数学上，要表示一个变量 a 的值处于-1 和-9 之间时，可以用-9<a<-1 表示。但在 C 语言中要表示这个式子的确切含义时，必须写成 a>-9 && a<-1。因为，假设变量 a 当前的值为-5，它的值确实处在-1 和

-9 之间。但在 C 语言中求-9<a<-1 时，从左向右进行计算，先计算-9<a，得 1(真)，此时，该表达式可简化为 1<-1，计算得结果 0(假)。这与-5 在-9 到-1 间的数学含义显然是相矛盾的。

需要记住的是，在逻辑运算符中，!优先级高于&&，&&高于||。

2.3.4　赋值运算符和赋值表达式

C 语言提供了几个赋值运算符(Assignment Operators)，最简单的赋值运算符就是“=”(见表 2.9)。

表 2.9　C 语言中的赋值运算符

赋值运算符	描　　述	示　　例
=	赋值	x=2;
+=	加赋值	x+=2;
-=	减赋值	x-=2;
*=	乘赋值	x*=2;
/=	除赋值	x/=2;
%=	取模赋值	x%=10;

带有赋值运算符的表达式称为赋值表达式。赋值表达式的作用就是将等号右边表达式的值赋给等号左边的对象。因此，赋值表达式的类型就是等号左边对象的类型，其结果为等号左边对象被赋值后的值，运算的结合性为从右向左。

1. 简单赋值

简单赋值就是使用“=”号进行赋值，其一般形式如下。

```
变量=表达式
```

示例代码如下。

```
a=5
```

赋值表达式的求解过程如下。

(1) 先计算赋值运算符右侧的“表达式”的值。

(2) 将赋值运算符右侧“表达式”的值赋值给左侧的变量。

(3) 整个赋值表达式的值就是被赋值变量的值。

赋值的含义：将赋值运算符右边的表达式的值存放到左边变量名标识的存储单元中。示例代码如下。

```
x=10+y;
```

执行赋值运算(操作)，将 10+y 的值赋给变量 x，同时整个表达式的值就是刚才所赋的值。赋值运算符的功能：一是计算，二是赋值。

说明：

(1) 赋值运算符左边必须是变量，赋值运算符右边可以是常量、变量、函数调用或常量、变量、函数调用组成的表达式。例如，x=10 y=x+10 y=fun()都是合法的赋值表达式。

(2) 赋值符号“=”不同于数学的等号，它没有相等的含义。例如，C 语言中 x=x+1 是合法的(数学上不合法)，它的含义是取出变量 x 的值加 1，再存放到变量 x 中。

2. 复合赋值运算符

利用变量原有值计算出新值并重新赋值给这个变量在 C 语言程序中是非常普遍的。例如，下列这条语句就是把变量 i 加上 2 后再赋值给它自己。

```
i=i+2;
```

C 语言的复合赋值运算符允许缩短这种语句和其他类似的语句。使用+=运算符，可以将上面的表达式简写为 i+=2；除+=运算符外还有另外几种复合赋值运算符，包括-= *= /= %=等。所有复合赋值运算符的工作方式大体相同。复合赋值运算符构成赋值表达式的一般格式如下。

```
变量名 复合赋值运算符 表达式
```

功能：对“变量名”和“表达式”进行复合赋值运算符所规定的运算，并将运算结果赋值给复合赋值运算符左边的“变量名”。复合赋值运算的作用等价于如下内容。

```
变量名=变量名 运算符 表达式
```

要计算一个复合赋值表达式，首先将它变换成如表 2.10 所示的简单赋值形式，然后再执行以确定表达式的值。

表 2.10　复合表达式的展开

复合表达式	等价简单表达式
x*=expression	x=x*expression
x/=expression	x=x/expression
x+=expression	x=x+expression
x-=expression	x=x-expression
x%=expression	x=x%expression

复合赋值运算符均为双目运算符，结合性为右结合性。

2.3.5　自增、自减运算符

自增运算符++和自减运算符--均是单目运算符，功能是使变量的值增 1 或减 1。其优先级高于所有双目运算符，结合性为右结合性(自右至左)。

示例代码如下。

```
++i 或 i++ 等价于 i=i+1;
--i 或 i-- 等价于 i=i-1;
```

其中++i;--i;运算符在变量前面，称为前缀形式，表示变量在使用前自动加 1 或减 1。i++;i--;运算符在变量后面，称为后缀形式，表示变量在使用后自动加 1 或减 1。

说明：

(1) 自增、自减运算符只用于变量，而不能用于常量或表达式。

自增、自减运算是对变量进行加 1 或减 1 操作后再对变量赋新的值，对表达式或常量都不能进行赋值操作。例如，5++、(a+b)++、(-i)++都不合法。

(2) ++、--的结合方向是“自右向左”(与一般算术运算符不同)。

(3) 由自增、自减运算符构成的表达式中，++、--运算符的前缀形式和后缀形式的意义不同，前缀形式是在使用变量之前先将其值增 1 或减 1(即先增值或减值，后使用)；后缀形式是先使用变量原来的值，使用完后再使其值增 1 或减 1(即先使用，后增值或减值)。

例如，设 x=5，y=++x;等价于先计算 x=x+1(结果 x=6)，再执行 y=x，结果 y=6。y=x++;等价于先执行 y=x，再计算 x=x+1，结果 y=5，x=6。

2.3.6　条件运算符

条件运行符(Conditional Operators)也称三目运算符，即“? :”，其构成的条件表达式一般形式如下。

```
表达式 1?表达式 2: 表达式 3
```

表达式 1、表达式 2 和表达式 3 可以是任何类型的表达式。应该把条件表达式读作“如果表达式 1 成立，那么表达式 2，否则表达式 3”。条件表达式求值的步骤是：首先计算出表达式 1 的值，如果此值不为零，那么计算表达式 2 的值，并且计算出来的值就是整个条件表达式的值；如果表达式 1 的值为零，那么计算表达式 3 的值，并且此值是整个条件表达式的值。示例代码如下。

```
max=a>b?a:b;  /* 取 a 和 b 的最大值赋值给 max 变量 */
10==5 ? 11: 12 /* 返回 12，因为 10 与 5 不相等 */
10!=5 ? 4 : 3  /* 返回 4，因为 10 与 5 不相等成立*/
```

2.3.7　逗号运算符和逗号表达式

1. 逗号运算符(Comma Operators)

用 C 语言提供的逗号运算符(又称顺序求值运算符)将两个或多个表达式连接起来，表示顺序求值。

2. 逗号表达式

用逗号连接起来的表达式，称为逗号表达式。例如：3+5，6+8。

(1) 逗号表达式的一般形式如下。

```
表达式 1，表达式 2，…，表达式 n
```

(2) 逗号表达式的求解过程是：自左向右，求解表达式 1，求解表达式 2，…，求解表达式 n。整个逗号表达式的值是表达式 n 的值。

示例代码如下。

```
value=(x=10,y=5,x+y);
```

首先将 10 赋值给 x，然后将 5 赋值给 y，最后将 15(即 10+5)赋值给 value。

2.4　运算符的优先级与结合性

在本节引言中已经介绍过，运算符具有两个重要特性：优先级(Precedence)和结合性(Associative)。优先级用于确定复杂表达式求值时不同运算符的计算顺序。结合性用来决定复杂表达式求值时含有同优先级运算符的计算顺序。这些特性会影响含有多个运算符的表达式的求值。关于 C 语言运算符的种类、优先级、结合性参见附录 3。

2.4.1　优先级

优先级的概念在数学中已经有很好的定义。例如，在算术中，乘法和除法优先于加法和减法计算。C 语言将这个概念进行了扩展。

以下是优先级的简单例子。

```
2+3*4
```

由于乘法的优先级高于加法，这导致乘法先被执行，然后才是加法运算。就像如下加上默认括号的表达式一样，该表达式的值为 14。

```
(2+(3*4))→14
```

可以用括号改变执行顺序，如上面的表达式可改成如下形式。

```
(2+3)*4，该表达式的值为 20。
```

2.4.2　结合性

结合性可分为从左向右结合和从右至左结合。对于从左向右结合，表达式求值从左向右进行。对于从右向左结合，表达式求值从右往左进行。然而，要记住的是，结合性只是在所有运算符的优先级都相同的情况下才起作用。

以下是一个从左向右结合的例子，其包括了 4 个优先级相同的运算符(*,/,%和*)。

```
3*8/4%4*5
```

结合性决定子表达式的组合方式。由于表达式包含的所有运算符都有着相同的优先级，而且它们的结合性都是从左向右，所以子表达式的组合方式如下。

```
((((3*8)/4)%4)*5)
```

该表达式的值为 10。

优先级表中包含有几个结合性是从右向左的运算符。例如，当多于一个赋值运算符出现在表达式时，赋值运算符是从右向左解析的。这表示最右边的表达式被最先计算；然后它的值被赋值到赋值号左边的操作数，然后才计算下一个表达式的值。根据这个规则，表达式

```
a+=b*=c-=5
```

等价于

```
(a+=(b*=(c-=5)))
```

如果 a 的初值是 3，b 的初值是 5，c 的初值是 8，表达式展开后则变成如下形式。

```
(a=3+(b=5*(c=8-5)))
```

结果是，c 被赋值为 3，b 被赋值为 15，a 被赋值为 18，而整个表达式的值也是 18。

2.5　类 型 转 换

目前为止所讨论的表达式都包含着相同类型的变量。那么，如果对一个包含有不同数据类型的表达式求值，假如使一个整型数值和一个浮点数值相乘，会发生什么呢？要完成这种形式的求值，其中一种类型必须转换为另外一种类型。

2.5.1　隐式类型转换

当二目表达式的两个操作数的类型不同时，C 语言自动把一种类型变成另外一种类型，这就是隐式类型转换(Implicit conversions)。对于隐式类型转换，C 语言有一些复杂的规则，并且 C89 标准与 C99 标准也不是完全一致。基于简单化原则，人们把其中的一些复杂的规则忽略了，在编写商业软件时可查看相关编译器手册中的隐式类型转换规则。

1. 转换级别

在讨论如何处理转换之前，先来了解一下转换级别的概念。在 C 语言中，可以对整型和浮点类型赋予一个级别，这个级别就是转换级别，本书提及一些简单的转换。图 2.1 显示了本章所使用的类型转换级别(采用 C99 标准，为与 C89 兼容做了一点改动)。

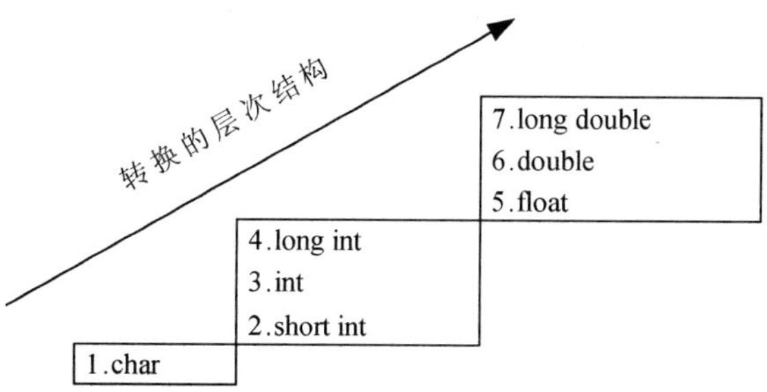

图 2.1　转换级别

2. 赋值表达式中的转换

简单赋值包含一个赋值符号和两个操作数。根据转换级别的不同，C 语言尝试使右侧的表达式升级或者降级，以和左边的变量级别相同。升级发生在右边的表达式级别比较低时；

降级发生在右边的表达式级别比较高时。

右侧表达式的级别被提升到左侧变量的级别为升级，表达式的值是右侧表达式升级后的值，升级通常是没有问题的。示例代码如下。

```
int i=1234;
double d=3458.0004;
d=i;    /*  d 的值是 1234.0,发生了升级 */
```

降级可能没有问题，也可能引起一些问题。如果左侧变量的大小能够容纳右侧表达式的值，就没有问题，但如果不能容纳就可能会出现问题。

当一个整型或者实型数据被赋值给一个字符类型的变量时，该数据的最低位被转换并储存在字符里。当一个实型数据被赋值给一个整型变量时，小数部分被舍弃。然而，如果实数的整数部分大于整型可以存储的最大值，其结果将是不正常的和不可知的。

下面演示降级的一些情况。

```
char c='A';
int i=97;
float f=300.97;
c=i;            /* c 的值为 97,没有问题 */
i=f;      /* i 的值为 300，小数部分被舍弃，没有问题 */
c=f;      /* c 的值不正常，因为 300 超出字符型数据的取值范围 */
```

3. 其他二目表达式的转换

除赋值表达式之外的其他二目表达式的转换规则非常复杂，大多数情况下是把较低级别的操作数提升为较高级别，表达式的值的类型是升级后的类型。类型转换过程如下。

```
int i=10,x;
float f=1.5;
double d=1.5;
long int l=53;
最后 x 的值为 18。
```

图 2.2 显示了典型的隐式类型转换过程。

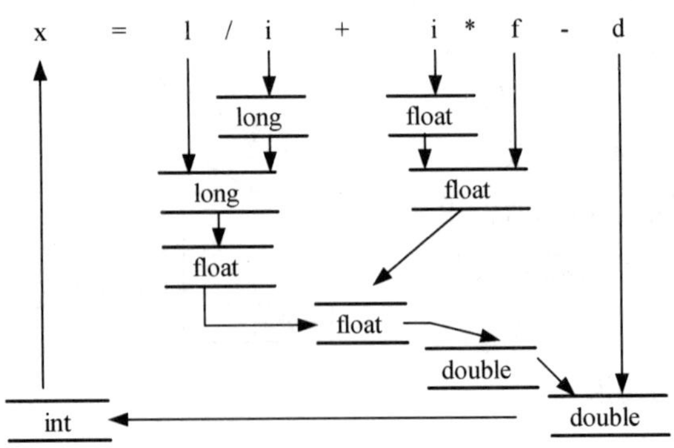

图 2.2　隐式类型转换过程

2.5.2　显式类型转换

除了隐式转换数据外，还可以通过显式类型转换(Explicit conversions)把数据从一种类型转换成另一种类型。要强制进行数据类型转换，在要转换的值前要用括号指定新的类型。例如，要把一个整型 a 转换成浮点数，可以将表达式缩写为(float)a。

显示类型转换的一般表示形式如下。

```
(类型标识符) 表达式
```

类型标识符是指要把表达式转换为何种类型。一般来说，显式类型转换的一个用处是保证执行除法运算的结果是一个实数。

下面是计算平均成绩的代码片段。

```
int totalScores=500,num=6;/* 定义总分 totalScores 和学生人数 num */
float average;            /* 定义平均分 average */
average=totalScores/num;       /* average=83.000000  */
average=(float) totalScores/num;    /* average=83.333333   */
```

注意：

totalScores/num 的值是 83，因为运算符“/”两边都是整型常量，所以结果也是整型。赋值给 average 时发生隐式类型转换。

2.6　本 章 小 结

C 语言具备丰富的数据类型、运算符和表达式。变量使用前先定义，引用时要有明确的值。不同类型的运算符和表达式用于完成不同的运算和功能。隐式类型转换、显示类型转换及运算符的优先级和结合性规则是 C 语言编程学习的基础。

2.7　习　　题

1. 选择题

(1) 以下运算符中，优先级最低的是________。

a. >=　　b. = =　　c. =　　d. !=

(2) 以下运算符中，结合性与其他运算符不同的是________。

a. ++　　b. %　　c. /　　d. +

(3) 以下选项中合法的标识符是________。

a. int　　b. nit　　c. 123　　d. a+b

(4) 下列可用于 C 语言用户标识符的一组是 ________。

a. void， define， WORD　　b. a3_3， _123，Car

c. For， -abc， IF Case　　d. 2a， DO， sizeof

(5) 以下选项中，能用作常量的是________。

a. -80　　b. -080　　c. 1.5e1.5　　d. -80.0e

(6) 设有定义：int x=2;，以下表达式中，值不为 6 的是________。

a. x*=x+1　　b. x++,2*x　　c. x*=(1+x)　　d. 2*x,x+=2

(7) 定义：double a=22;int i=0,k=18;，则不符合 C 语言规则的赋值语句是________。

a. a=a++,i++;　　b. i=(a+k)<=(i+k);　　c. i=a%11;　　d. i=!a;

2. 如果 x=2945，以下每个表达式的值分别是多少？

a. x%10　　b. x/10　　c. (x/10)%10

d. x/100　　e. (x/100)%10

3. 如果原来 x=3，且 y=5，则以下代码块的输出是什么？

a. x++;y++;printf("x=%d,y=%d",x,y);

b. y=x++; printf("x=%d,y=%d",x,y);

c. y=++x; printf("x=%d,y=%d",x,y);

d. y+=x++; printf("x=%d,y=%d",x,y);

e. y+=++x; printf("x=%d,y=%d",x,y);

f. (y>=x)?y++:x++; printf("x=%d,y=%d",x,y);

4. 有 float a=5.6，b=6.5 ; int c=2;，请计算表达式(int)a +c % 2 * (int)(a+b)+(int)a+(int)b 的值。

5. 编写一个程序，从键盘输入两个整数，把它们相乘，然后打印这两个整数及它们的积。

第3章　输入与输出

大多数 C 语言程序都用一些数据作为输入，并将已经处理完的数据输出。到目前为止，本书已介绍过给程序变量提供数据的两种方法。一种方法是通过赋值语句把数值赋给变量，如 a=33 等。另一种方法是使用输入函数 scanf，该函数可以从键盘读取数据。关于输出结果，已使用了 printf 函数，它可以将结果发送到终端。另外还有一些输入/输出函数，如 getchar、putchar 等。本章要详细介绍这些函数的用法。这些函数的原型在头文件 stdio.h 中作了声明，因此要使用这些函数，这个头文件必须被包含在程序中，形式为#include <stdio.h>。本章读者应重点掌握格式输入与格式输出函数中格式控制字符串的用法。

3.1　读入一个字符

在实现单个字符输入时，C 语言也有一个很简单的函数：getchar 函数。

1. 函数功能

从标准输入设备读取一个字符，通常是指从键盘上接收一个字符。通常把输入的字符赋给一个字符变量，构成赋值语句。

2. 函数的语法格式

getchar 函数的语法格式如下。

```
getchar( );
```

使用 getchar 函数时，必须在程序开头出现包含头文件“stdio.h”的行#include<stdio.h>。而且不能省略。

注意：

getchar 函数只能接收单个字符，输入数字也按字符处理。输入多于一个字符时，只接收第一个字符。

【例 3.1】 从键盘上输入一个字符，然后显示出来。

源程序：

```
#include<stdio.h>
main( )
{
    char ch;
    ch=getchar();
    printf("%c",ch);
}
```

运行结果：

```
a↙
a
```

程序分析：

当我们在键盘上按下 a 键时，就把字符'a'赋给了变量 ch。由于 getchar 是一个函数，因而它需要有括号，如上所示。

3.2　输出一个字符

与 getchar 函数一样，也有一个类似的单个字符输出函数 putchar，用于每次往终端写字符。

1. 函数功能

将字符输出到标准输出设备，通常是指输出到显示器。

2. 函数语法格式

putchar 函数的一般格式如下。

```
putchar( c );
```

其中，参数 c 表示输出对象，它可以是字符型数据或整型变量(字符的 ASCII 值)。

使用 putchar 函数时，必须在程序开头出现包含头文件“stdio.h”的行#include<stdio.h>。而且不能省略。

【例 3.2】 在屏幕上显示字符'A'。

源程序：

```
#include<stdio.h>
main( )
{
    char ch;
    ch='A';
    putchar(ch);
}
```

运行结果：

```
A
```

【例 3.3】 在屏幕上显示单词 GOOD。

源程序：

```
#include<stdio.h>
main( )
{
     char a='G',b='O',c='O',d='D';
     putchar(a); putchar(b); putchar(c); putchar(d);putchar('\n');
}
```

运行结果：

```
GOOD
```

程序分析：

单个字符输出时只占一位，所以 4 个字符紧挨着输出，然后输出一个换行符，使得输出的当前位置移到下一行的开头。

3.3　格式化输入

标准库函数使用函数 scanf 完成从键盘输入数据，这个函数的参数由逗号隔开，第一个参数是格式控制符，用双引号定界。其他的参数是输入变量的地址。scanf 函数可以输入数值型、字符型或字符串数据。scanf 函数的通用形式如图 3.1 所示。

```
scanf( “format string” , &var1,&var2,...,&varn );
       ↑                 ↑
       格式控制字符串     输入变量的地址列表
```

图 3.1　scanf 函数的通用形式

格式控制字符串描述读取或写入时的数据格式。格式控制字符串包含 3 种类型的数据，并可能反复出现：空白字符、文本字符和最为重要的转换说明符(conversion specification)。转换说明符描述在读取或写入时，数据如何被格式化。

在这里还要记住，变量 var1 的地址是&var1，变量 var2 的地址是&var2，依此类推。在这里"&"符号表示取地址运算符，它用于表示变量的地址，从而保证计算机知道输入变量在哪里进行存储。

转换说明符包含一个百分号(%)、可选格式化指令和一个转换码。一般来说，参数列表中的一个参数与一个转换码对应。转换说明符中的类型和参数类型必须匹配。

转换说明符最多可能有 5 个元素，如图 3.2 所示。

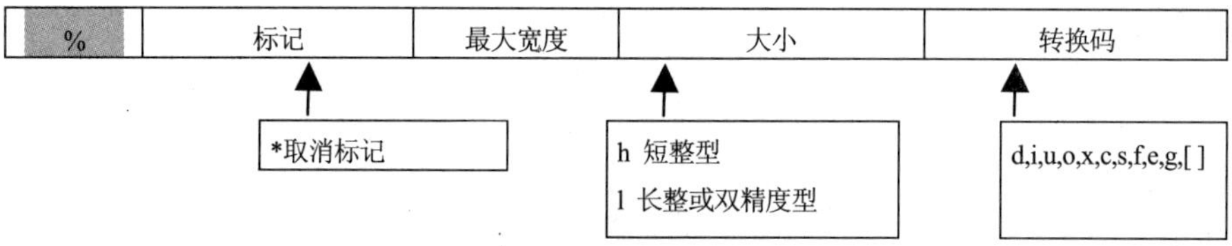

图 3.2　scanf 转换说明符

下面举一个例子。如图 3.3 所示。

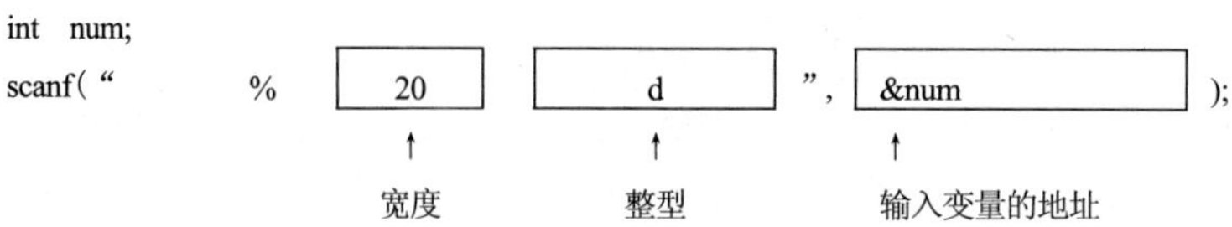

图 3.3　scanf 函数输入示例

当 scanf( )函数执行时，输入来自于键盘，程序此时等待通过键盘输入，给 scanf 函数中的每一个变量赋值。

3.3.1　整数输入

整数是指不包含小数的数，但是可以包含正负号。下面的代码完成给 3 个整型变量赋值。

```
int var1,var2,var3;       /*变量的定义*/
scanf("%d %d %d",&var1,&var2,&var3); /*调用 scanf 函数*/
```

上述语句包含格式控制字符串"%d %d %d"，中间用空格隔开，"d"是一个转换码，表示输入整型数据，输入 3 个整型变量需要 3 个"%d"字段说明符。当调用 scanf()函数时，计算机等待用户的输入，用户需要按格式控制字符串所要求的格式输入，例如输入如下内容。

```
+58 87 -12
```

此时，每个变量的赋值情况如图 3.4 所示。

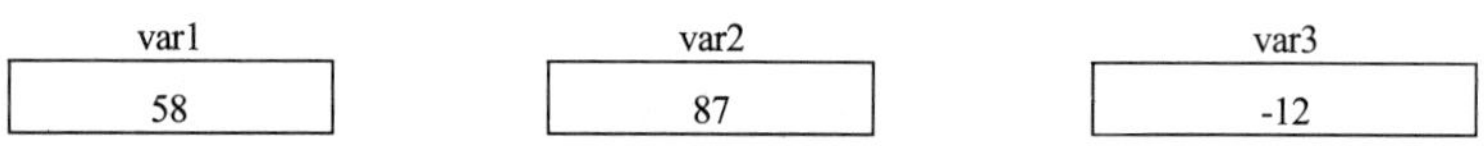

图 3.4　每个变量的赋值情况

除此之外，可以在整型格式说明符 d 前加入一个整数，指定要读取的数字的字段宽度。请参看下面的示例。

```
scanf("%2d %5d",&num1,&num2);
```

输入数据如下。

```
50 12345
```

值 50 赋给了 num1，而 12345 赋给了 num2。假设输入的数据如下。

```
12345 50
```

那么变量 num1 被赋给的值是 12(因为是%2d)，而变量 num2 被赋给的值是 345(12345 未读完的部分)。

输入的数据的各项必须用空格、制表符或换行符隔开，不能用标点符号隔开。当 scanf 函数从输入数据行读取数据时，将忽略所有这些空白字符。

读取数据类型为长整型数据，字段说明符为%ld。

通过 d 前指定字符*，就可以跳过该输入字段。例如下面语句。

```
scanf("%d %*d %d",&var1,&var2);
```

此时，如果输入如下数据。

```
123 456 789
```

那么，123 赋给 var1，456 被忽略(因为有*)，789 赋给 var2。

在格式说明符之间无空格符是合法的，输入项之间用空格或回车键来区分。但是如果中间有其他的字符，scanf 函数要求输入时在相应位置上有一个相匹配的字符。示例代码如下。

```
scanf("%d-%d",&a,&b);可以接收输入:
123-456
```

赋值情况如图 3.5 所示。

图 3.5　赋值情况

3.3.2　实数输入

与整数不同，实数的字段宽度不用指定，因而 scanf 函数只需用简单的%加上格式说明符 f 来读取实数，且可用十进制小数或指数形式来表示实数。如果要读取的数字为 double 类型，那么字段说明符就应为%lf。例如，如果语句

```
float x,y,z;
scanf("%f  %f  %f",&x,&y,&z);
```

的输入数据如下。

```
 345.67 43.21E-1 789
```

那么，值 345.67 赋给了 x，43.21 赋给了 y(输入的是指数形式)，而 789 赋给了 z。

3.3.3　单个字符输入

利用 scanf 函数输入单个字符时，使用转换码“c”，相当于前面所学习的 getchar 函数。

注意：

在用“%c”字段说明符输入字符时，空格字符和转义字符都作为有效字符处理。

示例代码如下。

```
char c1,c2,c3;
scanf("%c%c%c",&c1,&c2,&c3);
```

若输入 a b c↙(输入的各个字符间有 1 个空格)，则字符'a'送给变量 c1，字符空格' '送给变量 c2，字符'b'送给变量 c3，显然与用户预期输入不同。

正确的输入如下。

```
abc↙
```

中间不能加空格。

3.3.4 字符串输入

利用 scanf 函数读取字符串的转换码为 s。示例代码如下。

```
char s1[80];
scanf("%5s",s1); /* 引用数组名表示地址，前面不用加&符号*/
```

输入 abcdefghijklmnopqrstuvwxyz 这 26 个英文字符串时，只有 abcde 这样的 5 个字符赋给字符串数组 s1(关于字符数组在后面的章节会讲到)。

当使用转换码 s 时，一旦遇到空格，读取工作将终止。因此，例如下面的语句。

```
char name[15];
scanf("%s",name);
```

如果输入 NEW YORK，变量 name 只读取了 NEW YORK 的前一部分(空格前面的部分 NEW)。

解决办法是有些版本的 scanf 函数支持以下的字符串说明符。

%[字符]　　在输入的字符串中只能包含[...]中的字符

%[^字符]　　在输入字符时，遇到^后的字符时，读取工作将结束

示例代码如下。

```
scanf("%[a-z]",name);
```

输入 abc123def↙时，字符串变量 name 只读取了 abc(因为只能包含 a 到 z 的字符，所以遇到 1 读取结束)。

如果读取含有空白符的字符串，可以使用“%[^\n]”格式说明符即可(想想为什么？)。

使用 scanf 函数还必须注意以下几点。

(1) scanf 函数中没有精度控制，如 scanf("%5.2f",&a);是非法的。不能企图用此语句输入小数为 2 位的实数。

(2) scanf 中要求给出变量地址，只给出变量名则会出错，如 int a; scanf("%d",a);是非法的，改为 scanf("%d",&a);才是合法的。

(3) 在输入多个数值数据时，若格式控制串中没有非格式字符作输入数据之间的间隔则可用空格键、TAB 或回车键作间隔。输入时在碰到按空格键、TAB、回车键或非法数据(如对%d 输入 12A 时，A 即为非法数据)时即认为该数据输入结束。

(4) 在输入字符数据时，若格式控制串中无非格式字符，则认为所有输入的字符均为有效字符。

(5) 键盘缓冲区用来缓存“按键”的 ASCII 码，而 scanf( )每次从键盘缓冲区中读取输入值。这种情况可能会造成一些不必要的麻烦，特别是在读取单字符时(主要影响到格式符“%c”

和 getchar 函数)。下面看一段代码。

```
...
char c1,c2;
scanf("%c",&c1);
scanf("%c",&c2);
...
```

程序运行时，键盘输入 a↙，此时缓冲区是字母 a 和换行符'\n'(ASCII 值为 10)。scanf 会按照第一个%c 格式扫描缓冲区，然后把扫描到的'a'直接送到变量 c1。此时缓冲区中只有'\n'。然后 scanf 又遇到第二个%c，继续扫描缓冲区，得到'\n'并送入变量 c2。此时缓冲区中已经没有任何数据了，这不是编程者想要的结果。编程者可能想继续输入一个字符赋值给变量 c2，但是由于有缓冲区的换行符'\n'，所以将'\n'赋值给 c2，输入就此结束。有很多解决此问题的方法，读者可以查看一些相关的文献。

总结一下，常用的 scanf 格式转换码如表 3.1 所示。

表 3.1　常用的 scanf 格式转换码

%+转换码	所表示的含义
%c	读取单个字符
%d	读取一个十进制整数
%f	读取一个浮点数
%h	读取一个短整数
%o	读取一个八进制整数
%x	读取一个十六进制整数
%u	读取一个无符号十进制整数
%s	读取一个字符串
%[..]	读取包含特定字符的字符串

3.4　格式化输出

printf 语句可提供某些特性，能有效地用来控制在终端显示的对齐方式和间距。printf 的函数原型如下。

```
int printf(const char *format,arg1,arg2,...,argn);
```

其中，format 参数是一个格式控制字符串，用于定义输出的格式。arg1,arg2,...,argn 参数为变量，其值根据控制说明符字符串格式化后显示出来。

格式控制说明符字符串的完整格式如下。

```
%[flags] [width] [.precision] [{h | l }] type
```

printf 格式说明符包括 6 部分，具体说明如图 3.6 所示。

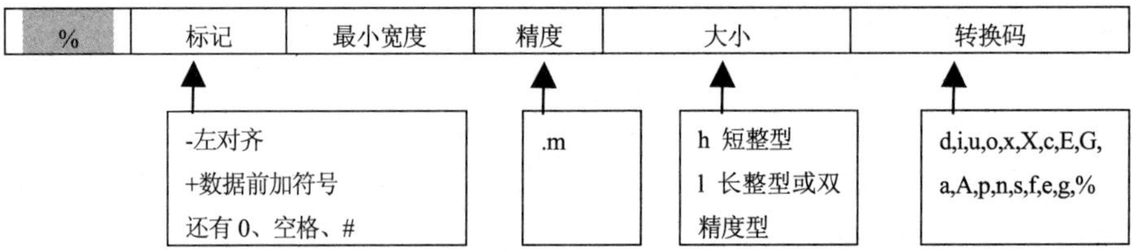

图 3.6　printf 格式说明符

printf 函数的格式转换码如表 3.2 所示。

表 3.2　printf 格式转换码

转　换　码	说　　明
d	以十进制形式输出带符号整数(正数不输出符号)
o	以八进制形式输出无符号整数(不输出前缀 0)
x X	以十六进制形式输出无符号整数(不输出前缀 0X，若要输出，前面加#号)，用 x 输出十六进制数的 a~f 时以小写形式输出。用 X 时，则以大写字母输出 A~F
u	以十进制形式输出无符号整数
f	以小数形式输出单、双精度实数，默认输出 6 位小数
e E	以标准指数形式输出单、双精度实数。用 e 时指数以“e”表示(如 3.5e+03)，用 E 时指数以 E 表示(如 3.5E+03)
g G	格式输出单、双精度实数，输出宽度较短，不输出无意义的 0
c	以字符形式输出单个字符
s	输出字符串

输出示例：

(1) 编写输出语句，打印三列数(i,j,x)。第一列包含一个两位数的整型数，第二列最多包含七位数字，第三列包括一个由四位整数和三位小数组成的浮点数。输出语句如下。

```
printf("%2d %7ld %8.3f",i,j,x);
```

(2) 编写输出语句，打印税款，税款存放在名为 x 的浮点数中。输出语句如下。

```
The tax is :     233.12
printf("The tax is :%8.2f\n",x);
```

(3) 修改前一个例子，在数字值后增加“dollars this year”，输出语句如下。

```
The tax is      233.12 dollars this year.
printf("The tax is %8.2f dollars this year\n",x);
```

(4) 编写一条输出语句，将一个十进制数 x 分别按照十进制、十六进制和八进制形式输出。输出语句如下。

```
printf("%5d%#5x%#5o\n",x,x,x);/*#表示输出 0x 或 0 用来表示十六进制或八进制)*/
```

注意：

默认输出为右对齐，加“-”标记可实现左对齐，查看下面输出的区别。

```
#include <stdio.h>
main( )
{
    printf("左对齐：%2d%-5d\n",12,34);
    printf("右对齐：%2d%5d\n",12,34);
}
```

运行结果：

```
左对齐：1234
右对齐：12   34
```

3.5 程序举例

【例 3.4】 设圆半径 r=1.5，圆柱高 h=3，输出圆周长、圆面积、圆球表面积、圆球体积、圆柱体积，要求小数点后面保留两位小数。

解题思路：

利用相关的计算公式来完成问题的求解。

其中：圆周长 l=2*PI*r

圆面积 s=PI*r*r

圆球表面积 sq=4*PI*r*r

圆球体积 vq=4.0/3.0*PI*r*r*r

圆柱体积 vz= PI*r*r*h

PI 为符号常量，代表 3.1415926。

伪代码：

```
READ r,h
CALCULATE l,s,sq,vq,vz
PRINT l,s,sq,vq,vz
STOP.
```

源程序：

```
#include <stdio.h>
#define PI 3.1415926
main( )
{
    float r,h,l,s,sq,vq,vz;          /*变量定义*/
    printf("please input r,h:\n");    /*输入提示信息*/
    scanf ("%f,%f", &r, &h);/*从键盘输入圆半径 r、圆柱高 h 的值*/
    l=2*PI*r;                    /*计算圆周长*/
    s=PI*r*r;                    /*计算圆面积*/
    sq=4*PI*r*r;                 /*计算圆球表面积*/
    vq=4.0/3.0*PI*r*r*r; /*计算圆球体积*/
    vz= PI*r*r*h;                /*计算圆柱体积*/
```

```
        printf("%6.2f\n",l);  /*输出各计算结果，小数点后面保留两位小数*/
        printf("%6.2f\n",s);
        printf("%6.2f\n",sq);
        printf("%6.2f\n",vq);
        printf("%6.2f\n",vz);
}
```

运行结果：

```
please input r,h:
1.5，3↙
9.42
7.07
28.27
14.14
21.21
```

关键字注释：伪代码(Pseudocode)，又称为虚拟代码，是高层次描述算法的一种方法。相比于程序语言(如 Java、C++、C 语言、Delphi 等)，它更类似自然语言。使用伪代码可以帮助编程者更好地表述算法，不用拘泥于具体的实现。

【例 3.5】 编写一个程序，从键盘输入一个小写字母，将其转换为大写字母后输出。

解题思路：

在 C 语言中，字母以其 ASCII 码值形式存放在内存中。例如，65 是大写字母'A'的 ASCII 码值。仔细分析 ASCII 码表，发现同一字母大小写的 ASCII 码值相差 32，而且小写字母的 ASCII 码值大。所以将输入的小写字母转为大写形式，只需将输入的小写字母直接减去 32 即可。

伪代码：

```
READ ch
COMPUTE ch as ch-32
PRINT ch
STOP.
```

源程序：

```
#include<stdio.h>
main( )
{
      char ch;
      ch=getchar();
      ch=ch-32;
      putchar(ch);
}
```

运行结果：

```
a↙
A
```

【例 3.6】 从键盘上输入两个整数分别赋给变量 num1 和 num2，然后交换两个变量的值并输出结果。

解题思路：

两个变量要交换其值，不能写成 num1=num2;num2=num1;。当执行第一个赋值语句时，num1 的值已经被 num2 的值覆盖了，再执行第二个赋值语句时，其实是将 num2 的值赋给 num2，最后的结果两个变量的值均为 num2 的值。num1 的值丢失，交换显然失败。

其实交换两个数的值时，需要一个中间变量 temp，先将 num1 的值存入中间变量 temp 中，然后将 num2 的值赋给 num1，此时 num1 的值已变为 num2 的值了。再将暂时存放在 temp 变量中 num1 的值赋给 num2，此时 num2 的值已变为 num1 的值了，交换成功。

伪代码：

```
READ num1,num2
temp ←num1
num1 ←num2
num2 ←temp
PRINT num1,num2
STOP.
```

源程序：

```
#include <stdio.h>
main()
{
      int num1,num2,temp;
      scanf("%d,%d",&num1,&num2);
      printf("交换前：num1=%d,num2=%d\n",num1,num2);
      /* swap num1 and num2 */
      temp=num1;
      num1=num2;
      num2=temp;
      printf("交换后：num1=%d,num2=%d\n",num1,num2);
}
```

运行结果：

```
10,20↙
```

交换前：num1=10,num2=20

交换后：num1=20,num2=10

3.6 本 章 小 结

C 语言中没有提供输入输出语句，但在其库函数中提供了一组输入输出函数。本章介绍的是，其中对标准输入输出设备进行输入输出的函数：getchar、putchar、scanf 和 printf。要熟练掌握 scanf 和 printf 两个重要的格式输入输出函数的用法。适当使用格式控制符，能使输入整齐、规范，使输出结果清楚而美观。

3.7 习　　题

1. 选择题

(1) 若变量已正确说明为 float 型，要通过语句 scanf("%f%f%f",&a,&b,&c);给 a 赋值 11.0，b 赋值 22.0，c 赋值 33.0，下列不正确的输入形式是________。

a. 11↙22↙33↙　　b. 11.0，22.0，33.0↙

c. 11.0↙22.0 33.0↙　　d. 11 22↙33↙

(2) x、y、z 被定义为 int 型变量，若从键盘给 x、y、z 输入数据，正确的输入语句是________。

a. input x、y、z;　　b. scanf("%d%d%d",&x,&y,&z);

c. scanf("%d%d%d",x,y,z);　　d. read("%d%d%d",&x,&y,&z);

(3) 执行下列程序时输入 123<空格>456<空格>789↙，输出结果是________。

```
#include<stdio.h>
main()
{   char s[80];
      int c, i;
      scanf("%c",&c);
      scanf("%d",&i);
      scanf("%s",s);
      printf("%c,%d,%s\n",c,i,s);
}
```

a. 123，456，789　　b. 1，456，789　　c. 1，23，456，789　　d. 1，23，456

(4) printf("%c,%d",'a', 'a');的输出结果是________。

a. a，97　　b. a 97　　c. 97，a　　d. 97 a

(5) scanf("%2d%*2d%2d",&a,&b);若要输入 123456789↙，则变量 a 和 b 的值分别是________。

a. a=12，b=34　　b. a=12，b=56

c. a=123，b=4356　　d. a=123456789，b=0

(6) 若有程序

```
#include<stdio.h>
main()
{
    int i,j;
    scanf("i=%d,j=%d",&i,&j);
    printf("i=%d,j=%d\n ",i,j);
}
```

要求给 i 赋 10，给 j 赋 20，则应该从键盘输入________。

a. i=10,j=20↙　　　　b. 10,20↙

c. 10 20↙　　　　d. i=10　　j=20↙

2. 有以下程序：

```
#include<stdio.h>
main ()
{
    char a,b,c,d;
    scanf("%c%c",&a,&b);
    c=getchar();
    d=getchar();
    printf("%c%c%c%c\n",a,b,c,d);
}
```

当执行程序时，按下列方式输入数据：

```
    12↙
    34↙
```

则输出结果是________。

3. 有以下程序，其中 k 的初值为八进制数：

```
#include <stdio.h>
main()
{
    int k=011;
    printf("%d\n", k++);
}
```

程序运行后的输出结果是________。

4. 程序填空，输入长方形的两边长(边长取整数)，输出它的面积和周长。

```
#include <stdio.h>
main( )
{
      int a,b,s,l; /* a,b 是边长, s 是面积, l 是周长 */
      scanf("%d%d",__________);
      s=a*b;
      l=2*(a+b);
      printf("l=%d,s=%d\n",__________);
}
```

5. 程序填空，求两个浮点型变量 a 和 b 的积与商，显示结果时，积和商保留 2 位小数位。

```
#include<stdio.h>
main()
{
```

```
        float a,b,x,y;
        scanf("%f%f",&a,&b);
        x=a*b;
        y=a/b;
        printf("x=_________,y=_________\n",x,y);
    }
```

6. 编程，输入 3 个整数，计算它们的和与平均值并输出，平均值保留 2 位小数。
7. 编程，输入时间的总数(以秒为单位)，将其转换并以“小时：分：秒”的形式输出。

第4章　选择结构程序设计

通常，计算机按程序中书写的顺序执行语句。然而，在许多情况下，语句执行的顺序依赖于输入数据或中间运算结果。在这种情况下，必须根据某个变量或表达式的值作出判断，以决定执行哪些语句和跳过哪些语句不执行。人们称这种程序结构为选择结构。

为了实现选择结构程序设计，在C语言中引入if语句和switch语句。本章将介绍这两个语句的用法及选择结构程序设计的基本方法。

4.1　if　语　句

If语句是C语言中的选择结构语句的主要形式，它根据if语句后面的条件表达式来决定执行过程。

4.1.1　简单if语句

简单if语句的一般形式如下。

```
if (条件表达式)
  {语句序列}
```

功能：条件表达式可以是任意类型的表达式，先计算条件表达式，当条件表达式为真(即其值不等于零)时，则执行分支中的语句，否则直接执行if语句的后续语句。分支中的语句序列如果是有2个或2个以上的语句时，应用花括号括起来构成复合语句(或称为语句块)。其执行流程如图4.1所示。

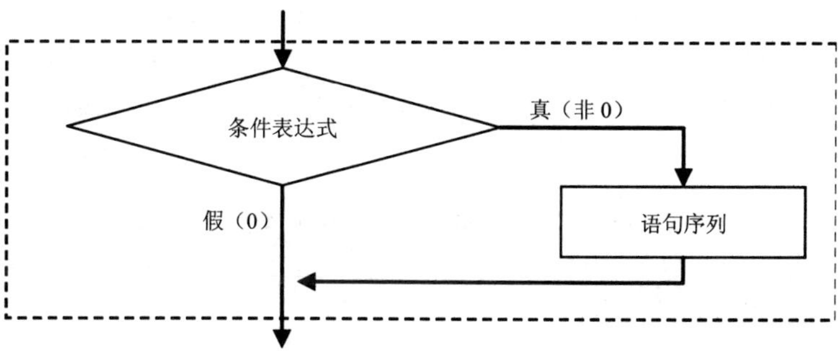

图4.1　简单if语句执行流程图

复合语句：是指用一对花括号括起来的语句序列，执行复合语句时按花括号中语句的先后次序依次执行。复合语句在 C 语言程序中的语法地位相当于一条语句，同时对外隐藏语句序列的有关细节。

【例 4.1】 编程，输入一个 x 值，求 f(x)的值。

$$f(x)=\begin{cases}-x^2 & x\geqslant 0\\ x & x<0\end{cases}$$

源程序：

```
#include<stdio.h>
main( )
{
      float x,y;
      printf("请输入数据：\n");
      scanf("%f",&x);
      y=x; /*  初始化 y 值 */
      if (x>=0) y=-x*x;
      printf("f(%.2f)=%.2f",x,y);
 }
```

运行结果：

请输入 1 个数据。

```
6↙
f(6.00)=6.00
```

程序分析：

程序中先将 x 赋值给 y。当输入的值 x>0 时，if 语句中表达式值为 0；不执行语句 y=-x*x;，直接执行 if 的后续语句 printf("f(%.2f)=%.2f ",x,y);。

【例 4.2】 编程，输入 a、b，然后按值的大小次序从小到大输出。

源程序：

```
#include <stdio.h>
main( )
{
      float a,b,temp;
      scanf("%f%f",&a,&b);
      if (a>b)
      {
          temp=a; /* 三条语句,实现 a、b 变量值交换 */
          a=b;
          b=temp;
      }
      printf("a=%.2f b=%.2f\n",a,b);
 }
```

运行结果：

```
22.2 11.1↙
a=11.10 b=22.20
```

程序分析：

当输入的值 a>b 时，条件表达式(a>b)为真(不为 0)，依次执行三条赋值语句完成 a、b 值的交换；再执行 if 的后续语句，输出 a、b 值；若条件表达式(a>b)的值为假(0)，则直接执行 if 的后续语句输出 a、b 值。语句序列如果有 2 个或 2 个以上的语句时，应用花括号括起来构成复合语句。

4.1.2　if...else 语句

if...else 语句是简单 if 语句的扩展。其一般形式如下。

```
if (条件表达式)
      {语句序列 1}
else
      {语句序列 2}
```

功能：先计算条件表达式，当条件表达式为真(不为零)，则执行其中的分支语句序列 1，否则执行另一分支语句序列 2。同样的，分支语句序列 1 或分支语句序列 2 如果有两个或两个以上的语句时，应用花括号括起来构成复合语句。其执行流程如图 4.2 所示。

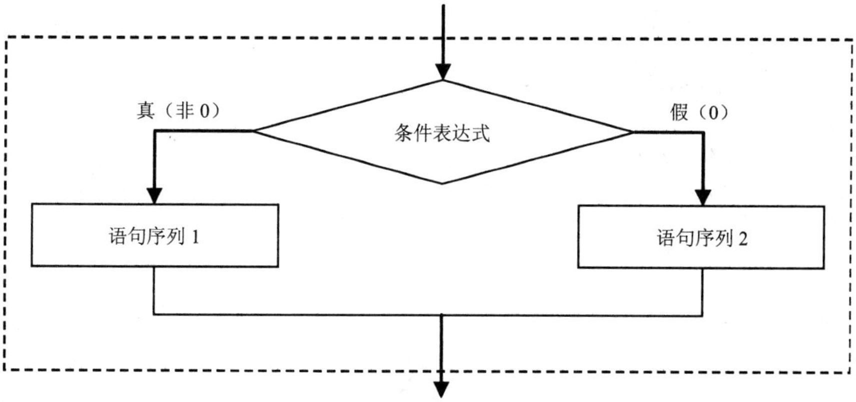

图 4.2　if...else 语句执行流程图

【例 4.3】 火车托运行李，要根据行李的重量按不同标准收费。若不超过 50 公斤，按每公斤 0.35 元收费。若超过 50 公斤，则其中 50 公斤按每公斤 0.35 元收费，其余超过部分按每公斤 0.50 元收费。编程，现输入托运行李重量，要求计算并输出托运费。

解题思路：

$$pay=\begin{cases} weight\times 0.35 & weight \leqslant 50 \\ 50\times 0.35+(weight-50)\times 0.5 & weight > 50 \end{cases}$$

源程序：

```
#include<stdio.h>
```

```
main( )
{float weight,pay ;
     printf("请输入重量\n");
     scanf("%f",&weight);
     if (weight<=50)
         pay=weight*0.35;
     else
         pay=50*0.35+(weight-50)*0.5;
     printf("pay=%.2f",pay);
}
```

运行结果：

```
请输入重量
50↙
pay=17.50
```

4.1.3　嵌套 if...else 语句

在一个 if...else 语句中又包含一个或多个 if...else 语句时，称为嵌套 if...else 语句。在 C 语言中允许多层嵌套。if...else 语句简单嵌套形式的一般格式如下。

```
if(条件表达式 1)
     if(条件表达式 2)
         语句序列 1
     else
         语句序列 2
 else
     if(条件表达式 3)
         语句序列 3
     else
         语句序列 4
```

具体执行流程如图 4.3 所示。

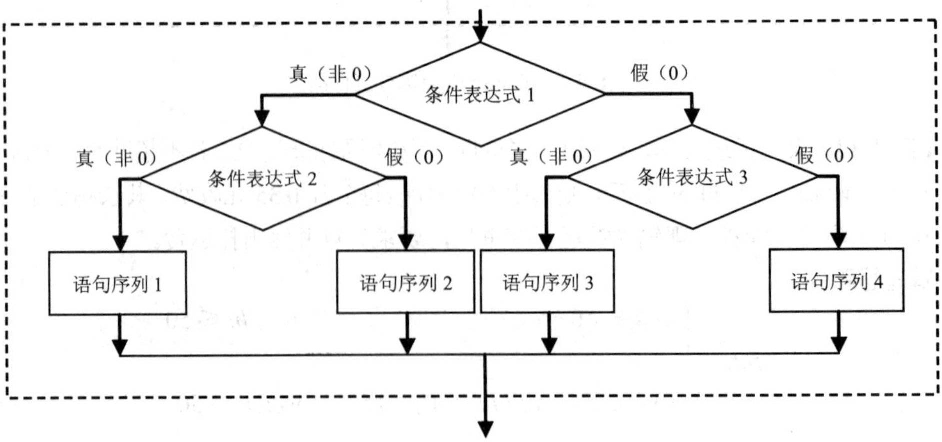

图 4.3　if...else 语句嵌套形式执行流程图

【例 4.4】 使用嵌套 if...else 语句来选出 3 个数字中最大的数，然后再显示它。

源程序：

```
#include<stdio.h>
main( )
{
     float a,b,c;
     printf("Enter three values\n");
     scanf("%f %f %f",&a,&b,&c);
     printf("\nLargest values is ");
     if (a>b)
     {
         if(a>c)
             printf("%f\n",a);
         else
             printf("%f\n",c);
     }
     else
     {
         if(c>b)
             printf("%f\n",c);
         else
             printf("%f\n",b);
     }
}
```

运行结果：

```
Enter three values
234 456 789↙

Largest values is 789.000000
```

当使用嵌套形式时，应小心使每个 if 有一个 else 与之匹配。else 与哪个 if 匹配很含糊。在 C 语言中，一个 else 语句总是与最近的未终止的 if 匹配。

4.1.4 阶梯式 if...else 语句

利用阶梯式 if...else 语句可解决多分支的问题。其一般形式如下。

```
if (条件表达式 1) 语句序列 1
else  if (条件表达式 2) 语句序列 2
       else  if (条件表达式 3) 语句序列 3
             else if(条件表达式 4) 语句序列 4
                 ...
    else if(条件表达式 n-1) 语句序列 n-1
else 语句序列 n
```

执行流程：先计算条件表达式 1，若条件表达式 1 为真(值为非 0)，则执行语句序列 1，整个 if 语句执行结束；否则计算条件表达式 2，若条件表达式 2 为真(值为非 0)，则执行语句序列 2，整个 if 语句执行结束；否则计算条件表达式 3，…；最后的 else 处理的是当条件表达式 1，条件表达式 2，…，条件表达式 n-1 都为假(值为 0)时，执行语句序列 n，执行流程图略。

来看一个给学生评级的程序片段。

该评级过程是根据以下规则进行的。

得分	评定等级
90~100	1 (优)
80~89	2 (良)
70~79	3 (中)
60~69	4 (及格)
0~59	5 (不及格)

利用阶梯式 if...else 语句实现该程序的代码如下。

```
if(marks>=90) grade=1;
else if(marks>=80) grade=2;
     else if (marks>=70) grade=3;
          else if (marks>=60) grade=4;
                 else grade=5;
```

注意：

(1) 在 if 语句中，条件表达式必须用括号括起来。

(2) 条件表达式可以是常量、变量或表达式。

(3) 语句序列可以是空语句，即什么也不做，此时分号不能省略。例如，以下程序片段。

```
int age=20;
if (age>=18)
 ;
else
 printf("Minor");
```

(4) if 语句中的 else 语句是可选的(Optional)，不一定与 if 成对出现。

(5) 语句序列是复合语句，需要用{}括起来。

4.2　switch　语　句

if 语句通常用来解决两个分支的情况，当多分支时，需采用 if 语句的嵌套形式。一般在分支较多的情况下，if 的嵌套层次也随之增加，这时会使得程序难以理解，程序的可读性会很差。C 语言提供了一种用于多分支结构的选择语句——switch 语句。switch 语句称为多分支语句，又称为开关语句。

1. switch 语句的一般形式

```
switch(表达式)
{
      case 常量表达式 1: 语句序列 1
      case 常量表达式 2: 语句序列 2
      ... ...
      case 常量表达式 n: 语句序列 n
      default: 语句序列 n+1
}
```

2. 执行流程

先计算表达式的值，然后自上而下依次与每个 case 后的常量表达式值(也称标签)进行比较。当表达式的值与某个 case 后的常量表达式 i 值(i=1...n)相等时，就从该 case 进入，执行后面的所有语句序列，直到 switch 语句中的所有语句序列都执行完或遇到 break 语句为止。若表达式值与 switch 语句中所有 case 的常量表达式 i 值都不相等，则从 default 进入，执行其后语句序列 n+1。

具体执行流程如图 4.4 所示。

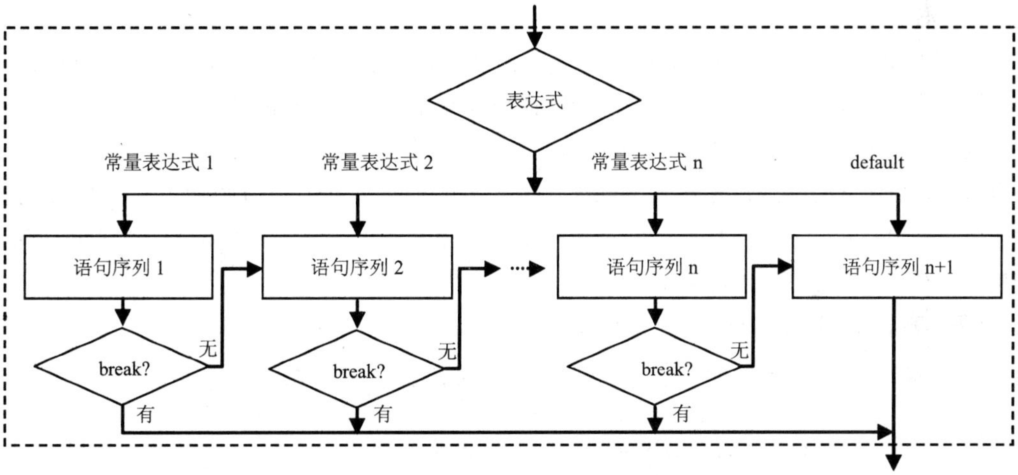

图 4.4　switch 语句执行流程图

【例 4.5】 根据输入的数据判断星期几，然后再显示它。

源程序:

```
#include <stdio.h>
main( )
{
      int a;
      printf("input integer number:\n ");
      scanf("%d",&a);
      switch(a)
      {
          case 1:printf("Monday\n");
```

```
            case 2:printf("Tuesday\n");
            case 3:printf("Wednesday\n");
            case 4:printf("Thursday\n");
            case 5:printf("Friday\n");
            case 6:printf("Saturday\n");
            case 7:printf("Sunday\n");
            default:printf("error!\n");
        }
    }
```

运行结果：

```
input integer number:
 3↙
Wednesday
Thursday
Friday
Saturday
Sunday
error!
```

程序分析：

编程者想实现输入 3 仅得到 Wednesday，但结果和想象的不一样。这是因为在 case 后面的常量表达式只起语句标号作用，系统一旦找到入口标号，就从此标号开始执行。此程序执行时输入 3，系统从 case 3:的语句后开始执行，由于没有遇到 break 语句，则顺序执行后面的所有语句，直到 default:printf("error!\n");语句执行完毕，所以会出现这种结果。如果要实现输入 3 仅得到 Wednesday，必须加上 break 语句，以使在执行完一个 case 分支后，就跳出 switch 结构，即结束 switch 语句的执行。

【例 4.6】 源代码中 case 后的语句组修改如下。

```
case 1:printf("Monday\n");          break;
case 2:printf("Tuesday\n");    break;
case 3:printf("Wednesday\n") ;      break;
case 4:printf("Thursday\n")     ;   break;
case 5:printf("Friday\n") ;    break;
case 6:printf("Saturday\n")     ;   break;
case 7:printf("Sunday\n");          break;
default:printf("error\n");          break;
```

注意：

switch(...) 中的表达式及 case 后的常量表达式必须是整型类型(包括字符型)，不可以是浮点型数据或字符串。针对以下代码段，编译器会发出错误通知，error C2050: switch expression not integral。

```
float x;
...
switch(x)
```

4.3 本章小结

if 语句有多种形式，要深入掌握 if...else 的匹配关系。switch 语句是一种多分支选择结构，浮点型的值或字符串都是 case 标签不允许使用的，重点掌握 switch 语句的执行流程和 break 语句的用途。

4.4 习　题

1. 选择题

(1) 假定所有变量均已正确定义，下列程序段运行后 y 的值是________。

```
int a=5, y=10;
if(a=0) y--;else if(a>0) y++; else y+=5;
```

a. 20　　b. 15　　c. 11　　d. 9

(2) 下列程序的运行结果是________。

```
#include <stdio.h>
main( )
{
int a,b,c,x;
a=b=c=0,x=35;
if(!a) x--;
else if(b)  x++;
if(c) x=3;
else x=4;
printf("%d",x);
}
```

a. 34　　b. 4　　c. 35　　d. 3

(3) 下列各语句序列中，能够将变量 u、s 中最大值赋值到变量 t 中的是________。

a. if(u>s) t=u; t=s;　　b. t=s; if(u>s) t=u;

c. if(u>s) t=s; else t=u;　　d. t=u; if(u>s) t=s;

(4) 下列语句应将小写字母转换为大写字母，其中正确的是________。

a. if(ch>'a'&&ch<'z')　ch=ch+32;　　b. if(ch>='a'&&ch<='z') ch=ch-32;

c. ch=(ch>='a'&&ch<='z')?ch+32:ch;　　d. ch=(ch>'a'&&ch<'z')?ch-32:ch;

(5) 针对以下程序代码：

```
#include <stdio.h>
main( )
{
     int x;
     scanf("%d",&x);
```

```
        if (x<=3); else
        if (x!=10) printf("%d\n",x);
}
```

程序运行时，输入的值在＿＿＿＿＿＿范围才会有输出结果。

a. 不等于 10 的整数　　b. 大于 3 且不等于 10 的整数

c. 大于 3 或等于 10 的整数　　d. 小于 3 的整数

2. 有以下程序。

```
#include <stdio.h>
main( )
{
    int a=1,b=0;
    if(!a) b++;
    else if (a==0) if (a) b+=2;
    else b+=3;
    printf("%d\n",b);
}
```

注意 if...else 的匹配关系，程序运行后的输出结果是＿＿＿＿＿＿。

3. 写出下列程序段的输出结果。

(1)＿＿＿＿＿＿＿＿。

```
int a=1,s=0;
switch(a)
{
    case 1: s+=1;
    case 2: s+=2;
    default : s+=3;
}
printf("%d",s);
```

(2)＿＿＿＿＿＿＿＿。

```
int a=1,s=0;
switch(a)
{
    case 2: s+=2;
    case 1: s+=1;
    default : s+=3;
}
printf("%d",s);
```

(3)＿＿＿＿＿＿＿＿。

```
int a=1,s=0;
switch(a)
{
    default : s+=3;
    case 2: s+=2;
```

```
        case 1: s+=1;
    }
    printf("%d",s);
```

(4)______________。

```
    int a=1,s=0;
    switch (a)
    {
        case 1:s+=1;break;
        case 2:s+=2;break;
        default: s+=3;
    }
    printf("%d",s);
```

(5)______________。

```
    int a=3,s=0;
    switch (a)
    {
        case 1:s+=1;break;
        case 2:s+=2;break;
        default: s+=3;
    }
    printf("%d",s);
```

4. 编程，有一个数学函数，当$-5<x<0$时 $y=5x$，当 $x=0$ 时 $y=-1$，当$0<x<10$时 $y=2x+1$。编写一个应用程序，输入 x 值时，计算并输出相应的 y 值。

5. 编程，输入一个百分制的成绩 score 后，按下式输出它的等级：90~100 为 A，80~89 为 B，70~79 为 C，60~69 为 D，59~0 为 E。

6. 编程，从键盘上输入一个月的编号(1~12)，显示该月号对应的月英文名。

第5章 循环结构程序设计

在解决实际问题时，常常会遇到许多有规律的重复计算或操作的处理过程。利用计算机运算速度极快的特点，可以将这些过程写作循环结构，使计算机重复地执行这些计算或操作，这样不仅可以使程序更加简洁、明快，而且还可以解决顺序结构和选择结构所不能解决的问题。

本章将重点介绍常用的循环语句的语法结构、功能特点和具体应用。

5.1 goto 语句

首先通过 goto 语句的学习来了解一下循环结构。与其他语言一样，C 语言也支持 goto 语句，其作用是使程序的执行流程跳转到语句标号所指定的语句。其一般形式如下。

```
goto 语句标号;
...
```

标号：语句；

说明：其中，“标号”的命名规则同标识符；标号可以位于程序的任何地方，既可以位于 goto 语句之前，也可以位于其后。“标号：”后面的语句是任意语句(包括空语句)，表示 goto 语句的转向入口。在特定情况下，goto 语句可能被视作一种必要的程序设计手段，解决用别的方法难以完美实现的问题。

【例 5.1】 编写程序，该程序用于计算从终端读取的数字的平方根，然后显示出来。

源程序：

```
#include<stdio.h>
#include<math.h>
main( )
{
     float x,y;
     read:
     scanf("%f",&x);
     if (x<0) goto read;
     y=sqrt(x);
     printf("%f %f\n",x,y);
}
```

运行结果：

```
-64↙
64↙
64.000000 8.000000
```

程序分析：

当输入-64 时，(x<0)条件表达式成立，执行 goto read。程序跳转到 read 标号语句处执行，重新输入数字，直到输入的数满足 x>=0 为止，流程如图 5.1 所示。

通过上面的程序，可以了解到，通过 goto 语句可以防止输入负数，起到控制循环输入直到输入非负数为止的功能。

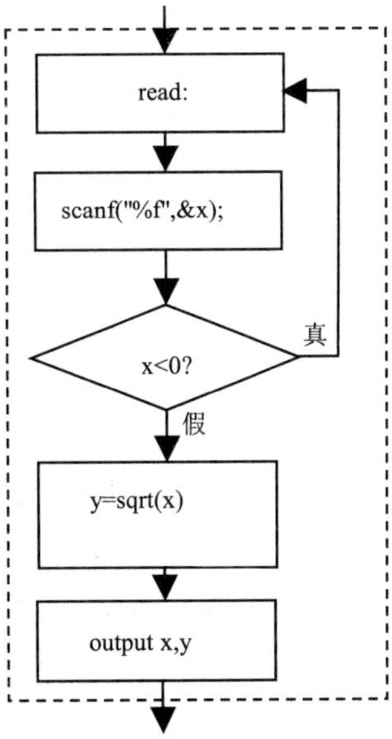

图 5.1　【例 5.1】流程图

【例 5.2】 编写一个程序，计算 1~10 之间的所有整数的平方和。

解题思路：

(1) 初始化变量 n 为 1，sum 为 0。

(2) 计算 n 的平方值，并把它与 sum 相加。

(3) 测试 n 的值是否等于 10。如果等于 10，则程序结束并显示出计算结果。

(4) 如果小于 10，那么把 n 加 1，程序的控制权返回(2)。

程序要计算平方和用到语句：sum=sum+n*n;。

伪代码：

```
SET n to 1
SET sum to 0
loop:
COMPUTE sum AS  sum+n*n
IF n==10 THEN
    goto print
ELSE
     INCREMENT n
 goto loop
ENDIF
print:
PRINT sum
STOP.
```

源程序：

```
#include<stdio.h>
main( )
{
```

```
        int n=1,sum=0;
        loop:
        sum=sum+n*n;
        if (n==10)
            goto print;
        else
        {
            n=n+1;
            goto loop;
        }
        print:
        printf("%d",sum);
    }
```

运行结果：

```
385
```

该程序实现了循环功能，循环了 10 次。通过适当地修改语句 if (n==10)中的关系表达式，就可以容易地减少和增加循环的次数。

上面介绍了使用 goto 语句实现循环的基本方法，在 C 语言中，还有更方便的循环方法。C 语言为循环操作提供了 3 种循环语句。它们是：while 语句、do...while 语句、for 语句。

5.2 while 语句

1. while 语句的一般格式

while 语句的一般格式如下。

```
while(循环条件表达式)循环体语句
```

说明：

(1) 循环条件表达式，一般是关系表达式或逻辑表达式，必须用括号括起来。只要表达式的值为真(非 0)，则循环继续执行。

(2) 当循环体中超过一个语句时，必须用花括号({ })括起来，构成复合语句。

(3) 应注意循环条件的选择，避免死循环。

(4) while 语句先进行条件判断，然后决定是否执行循环体语句。如果第一次条件为假，则循环体语句一次也不执行。

2. 执行流程

先计算循环条件表达式的值，如果为真(非 0)则执行循环体语句。然后再进行循环判断，直到循环条件表达式的值为假(0)，结束循环，转去执行 while 语句后面的语句。while 语句的执行流程如图 5.2 所示(循环条件表达式简述为表达式)。

【例 5.3】 求 1+2+3+4+…+99+100 的值。

解题思路：

(1) 这是一个累加问题，需要将 100 个数相加，用一个变量 i 来表示，i 每次自增 1。用变量 sum 表计算和 sum=sum+i。

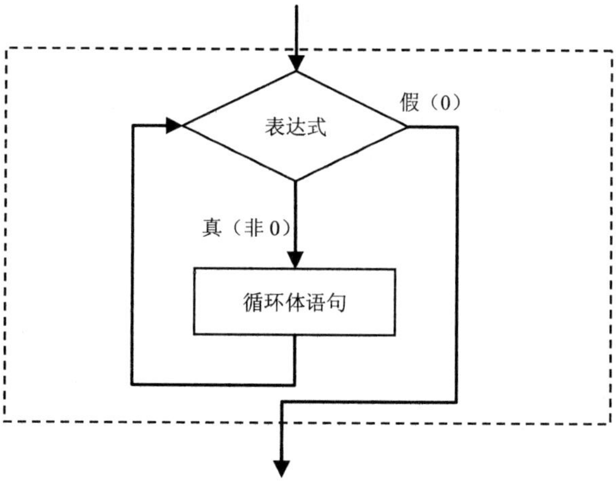

图 5.2　while 语句流程图

(2) 当 i>100 时退出循环体，输出 sum 的值。

伪代码：

```
SET i to 1
SET sum to 0
WHILE i<=100
      COMPUTE sum AS sum+i
      INCREMENT i
END WHILE
PRINT SUM
STOP.
```

流程图如图 5.3 所示。

源程序：

```
#include<stdio.h>
main( )
{
      int i=1,sum=0;
      while (i<=100)
      {
           sum=sum+i;
           i++;
      }
      printf("1+2+3+…+99+100=%d",sum);
}
```

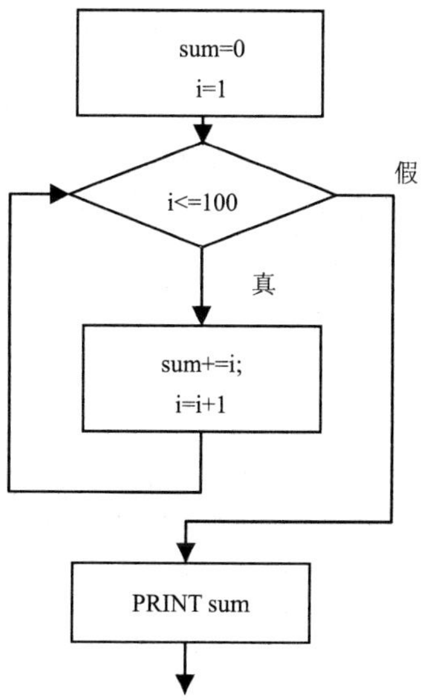

图 5.3　【例 5.3】流程图

运行结果：

```
1+2+3+…+99+100=5050
```

5.3　do...while 语句

do...while 语句的特点是先执行循环体，再判断循环条件是否成立，以决定循环是否需要继续。

1. do...while 语句的语法格式

do...while 语句的一般格式如下。

```
do {
        循环体语句
}while(循环条件表达式);
```

说明：

(1) 循环条件表达式，一般是关系表达式或逻辑表达式，必须用括号括起来。

(2) 在 do...while 语句中，条件表达式后面的分号(；)不能省略。

(3) 注意循环条件的选择，避免死循环。

(4) do...while 语句先执行循环体，然后进行条件判断，决定是否再次执行循环体。即使第一次条件为假，循环体也要执行一次。这一点和 while 语句是不同的。

(5) 循环体中超过一个语句，必须用花括号({ })括起来，构成复合语句。

(6) 循环之前要为有关变量赋初值。

2. 执行流程

先执行循环体语句，然后进行循环条件判断。如果循环条件表达式的值为真，则再次执行循环体语句，直到循环条件表达式的值为假，结束循环。do...while 语句的执行流程如图 5.4 所示(循环条件表达式简述为表达式)。

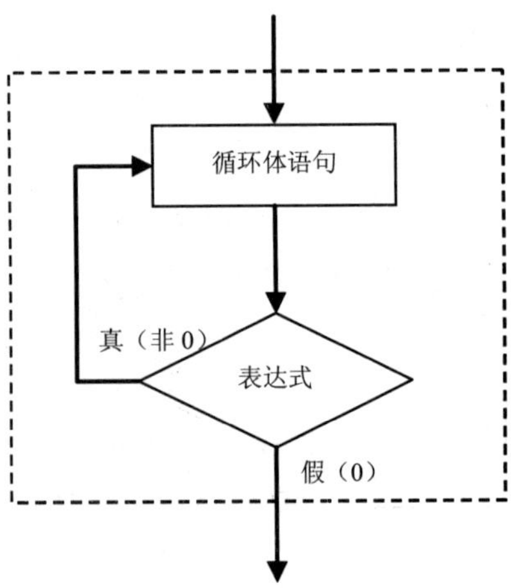

图 5.4　do...while 流程图

【例 5.4】 用 do...while 语句求 1+2+3+4+…+99+100 的值并显示结果。

伪代码：

```
SET i to 1
SET sum to 0
DO
      COMPUTE sum AS sum+i
      INCREMENT i
WHILE i<=100
PRINT SUM
STOP.
```

流程图如图 5.5 所示。

源程序：

```
#include<stdio.h>
main()
{
    int i=1,sum=0;
    do
    {
        sum=sum+i;
        i++;
    } while (i<=100);
printf("1+2+3+...+99+100=%d",sum);
}
```

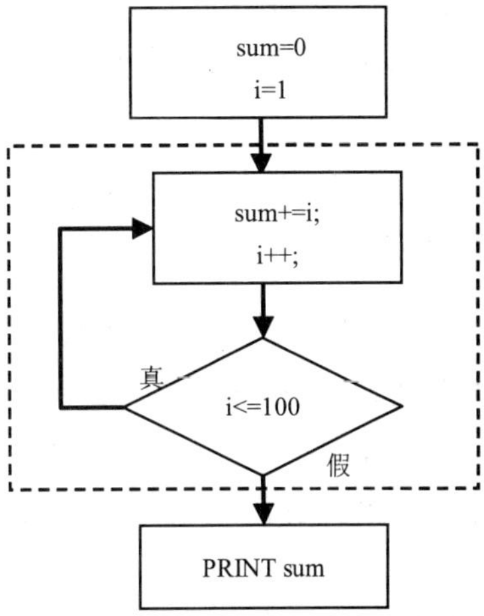

图 5.5　【例 5.4】流程图

运行结果：

```
1+2+3+...+99+100=5050
```

注意：

do...while 语句的使用与 while 语句的使用方法相同，不同的是，do...while 语句先执行循环体语句，后判断循环条件。即无论循环条件是否成立，循环体语句总会至少被执行一次。

5.4　for　语　句

for 语句是 C 语言所提供的功能最强、使用范围最广的一种循环语句。

1. for 语句的一般格式

for 语句的一般格式如下。

```
for (表达式 1; 表达式 2; 表达式 3) 循环体语句
```

说明：

(1) 表达式 1：通常用来给变量赋初值，一般为赋值表达式。表达式 1 可省略，省略表达式 1 时，应在循环语句前给相关变量赋初值。

(2) 表达式 2：通常是循环条件，一般为关系表达式或逻辑表达式，表达式 2 也可省略。当其省略时，应在循环体中用 if 语句设置退出循环的条件，否则会出现死循环。

(3) 表达式 3：通常用来修改循环变量的值，即处理步长。一般是赋值语句，表达式 3 也可省略。当其省略时，应在循环体中处理步长，否则会出现死循环。

(4) 无论省略哪个或哪些表达式，其后的分号不能省。所以 for 语句的括号内，有且只有两个分号。

(5) 每个表达式都可使用逗号表达式，但一般只在表达式 1 和表达式 3 中常用。

(6) 循环体只能是一个语句，当循环体超过一个语句时，应加上花括号({ })构成复合语句。

(7) 表达式 3 中，改变循环变量值时，一定要使循环趋于结束，否则会出现死循环。

在 for 语句中，可以直接处理循环变量的初值、终值、步长，在这方面比 while 语句和 do...while 语句都方便。

2. 执行流程

for 语句的执行顺序：表达式 1→表达式 2→循环体语句→表达式 3→表达式 2→循环体语句→表达式 3→…→表达式 2。

表达式 1 只执行一次。表达式 2 的值如果为真，则循环继续执行，否则结束循环。如果循环正常结束，则最后执行的一定是表达式 2，即一般情况下表达式 2 是循环的唯一出口。具体如下。

(1) 先求表达式 1。

(2) 求解表达式 2，若此条件表达式为真(非 0)，则执行 for 语句中的循环体，然后执行第(3)步。若为假(0)，则结束循环，转到第(5)步。

(3) 求解表达式 3。

(4) 转回步骤(2)继续执行。

(5) 循环结束，执行 for 语句下面的一条语句。

可以用图 5.6 来表示 for 语句的执行过程。

【例 5.5】 用 for 语句求 1+2+3+4+…+99+100 的值并显示结果。

解题思路：

程序流程图如图 5.7 所示。

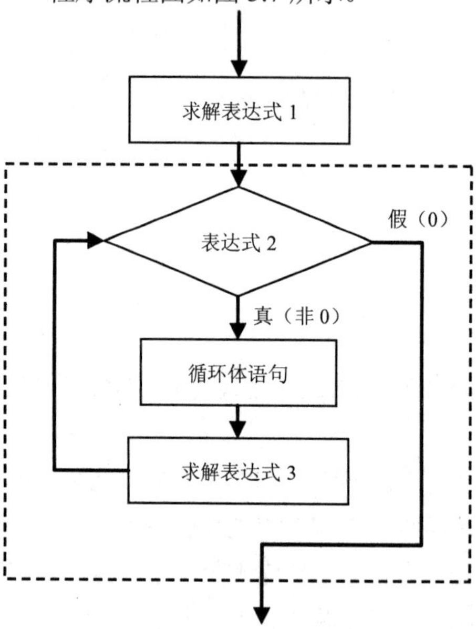

图 5.6　for 语句流程图

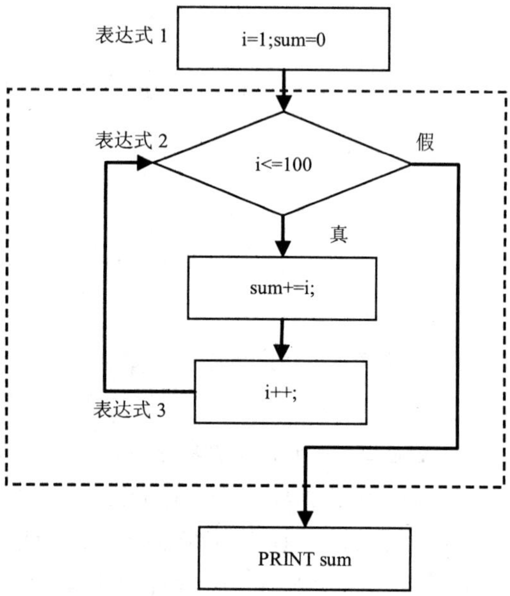

图 5.7　【例 5.5】流程图

伪代码：

```
SET i to 1
```

```
SET sum to 0
FOR i=1 to 100
     COMPUTE sum AS sum+i
END FOR
PRINT SUM
STOP.
```

源程序：

```
#include<stdio.h>
main( )
{
     int i,sum;
     for (i=1,sum=0;i<=100;i++)
     {
     sum=sum+i;
     }
printf("1+2+3+...+99+100=%d",sum);
}
```

运行结果：

```
1+2+3+...+99+100=5050
```

5.5　break 语句与 continue 语句

在 C 语言中，有两个重要的语句：break 和 continue，用来打断一个程序的正常流程。一般来说，循环一直执行直到条件为假为止，但有的时候程序设计者想让程序跳过一段代码不执行或立即中断退出循环体。在这种情况下，break 和 continue 这两条语句就派上用场了。

5.5.1　break 语句

(1) break 语句的一般格式如下。

```
break;
```

(2) 语句功能：break 语句只能用于 switch 语句或循环语句中，其功能是跳出 switch 语句或跳出本层循环，转去执行其他后继语句。当循环次数不确定，需要在循环语句的执行过程中提前结束循环，或需要循环语句中提供多个出口时，可用 break 语句。break 语句使循环结构编程更加灵活、方便。

(3) 使用方法：在循环语句中，break 语句一般可与 if 语句配合使用，用 if 语句设置退出条件，break 语句则执行退出操作。在同一个循环语句中可以使用多个 break 语句。

break 语句流程如图 5.8 所示。

【例 5.6】 编程求 1+2+3+…+n 之和大于 500 的最小 n 值及总和。

解题思路：

显然应该用循环来处理。实际循环的次数事先不能确定，在循环体中累计 sum=sum+i(i=

1,2,3,...)，用 if 语句检查 sum 是否超过 500，如果超过就调用 break 语句终止循环，输出结果。

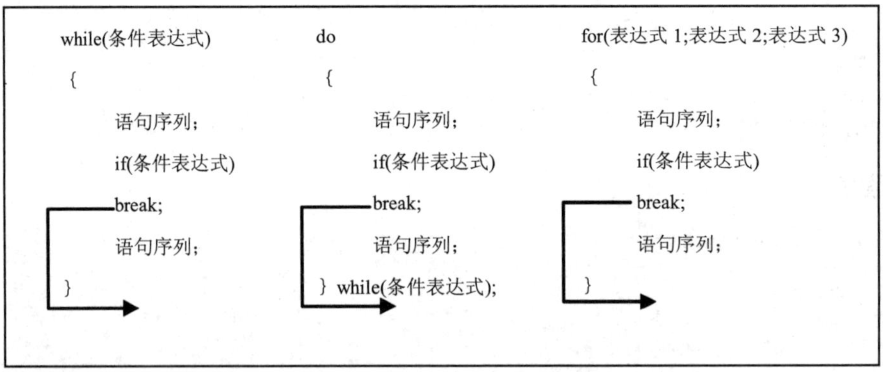

图 5.8　break 语句在 3 种循环语句中的工作流程图

源程序：

```
#include <stdio.h>
main( )
{
     int n=0,sum=0;
     while (1)  /* 循环条件为恒真*/
     {
         n++;
         sum+=n;
         if (sum>500) break ;
     }
     printf("sum=%d,n=%d\n", sum,n);
}
```

运行结果：

```
sum=528,n=32
```

5.5.2　continue 语句

(1) continue 语句的一般格式如下。

```
continue;
```

(2) 语句功能：continue 语句只能用在循环体中，结束本次循环。即不再执行循环体中 continue 语句之后的循环语句，转入下一次循环条件的判断与执行，如图 5.9 所示。

【例 5.7】 把 100~200 之间被 3 整除的数输出。

解题思路：

题目要求被 3 整除的数输出，即 n%3==0 条件成立时，执行 printf 语句，其他整数可以用 continue 语句跳过 printf 语句。

源程序：

```
#include<stdio.h>
main( )
```

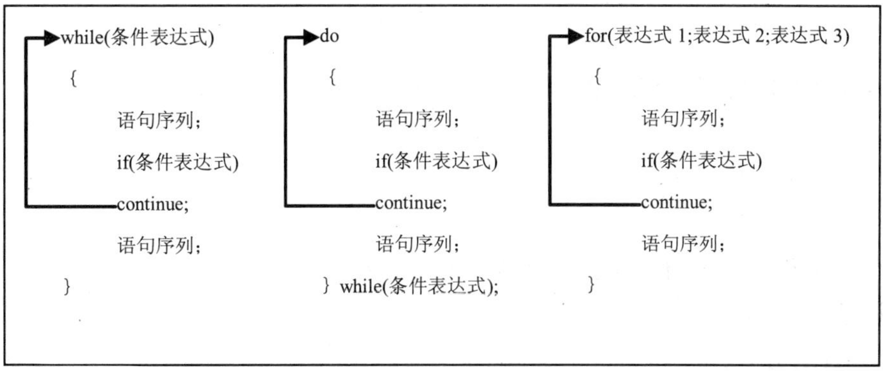

图 5.9　continue 语句在 3 种循环语句中的工作流程图

```
{
    int i=99;
    while (i++)
    {
        if (i>200)  break;
        if (i%3!=0) continue;
        printf("%5d",i);
    }
}
```

运行结果：

```
102 105 108 111 114 117 120 123 126 129 132 135 138 141 144 147
150 153 156 159 162 165 168 171 174 177 180 183 186 189 192 195
198
```

程序分析：

通过上面的程序可以看出，continue 语句只结束本次循环，而 break 语句则是结束整个循环，不再判断执行循环的条件是否成立。这也是 break 语句与 continue 语句的主要区别。

5.6　循环的嵌套

在一个循环结构中，又包含另一个完整的循环结构称为循环的嵌套。内嵌循环的循环体中还可以出现新的循环，这就构成了多重循环。

C 语言提供的 for 语句、while 语句和 do...while 语句，不但可以嵌套循环语句自身，而且可以相互嵌套。所以在 C 语言中，循环的嵌套有多种形式。

循环嵌套的执行：外层循环体每执行一次，内层循环要整体循环一次(从初值开始，一直执行到不满足循环条件为止)。

【例 5.8】 编程，求 1!+2!+3!+4!+5!的值并输出结果。

解题思路：

本题需要用到循环的嵌套，外层循环要求计数器 i 从 1 到 5，可用如下程序段实现。

```
for(i=1;i<=5;i++)
```

内层循环实现数 i 的阶乘。i!是一个典型的累乘问题，可用以下程序段来实现。

```
t=1;
for(j=1;j<=i;j++)
t=t*j;
```

显然外层循环体每执行一次，需要累加 i 的阶乘 t，即 sum=sum+t;。

源程序：

```
#include <stdio.h>
main( )
{
    int i,j,sum=0,t;
    for(i=1;i<=5;i++)            /*外循环*/
    {
        t=1;                     /*思考：此语句为什么要放在该位置？*/
        for(j=1;j<=i;j++)        /*内循环*/
            t=t*j;
        sum=sum+t;               /*外循环语句*/
    }
    printf("sum=%d\n",sum);
}
```

运行结果：

```
sum=153
```

5.7　本 章 小 结

1. 本章主要介绍了几种常用的循环结构，其中包括 while 循环、do...while 循环和 for 循环。使用 goto 语句和 if 语句也可以构成循环，但很少使用。

2. while 和 do...while 语句通常用于循环次数未知的循环控制，while 语句先判断条件，再执行循环体，它的循环体可能一次也不被执行；而 do...while 语句先执行循环体然后再进行条件判断，它的循环体至少被执行一次。

3. for 语句通常用于能够确定循环次数的循环控制，但凡是能用 while 实现的循环都能用 for 语句实现。for 语句后面的括号一般有 3 个表达式，表达式 1 通常用来循环变量的初始化，表达式 2 是一个用来做循环控制的条件，表达式 3 是用来修改循环变量的。

4. 多重循环：如果一个循环语句的循环体中又出现了循环控制语句，则形成多重循环，称为循环嵌套。任何循环控制语句实现的循环都允许嵌套，但在循环嵌套时，要注意外循环和内循环在结构上不能出现交叉。

5. break 和 continue 语句是循环体中的控制语句。break 语句的作用是结束当前的循环；continue 语句的作用是使当前的一次循环不再执行其后的循环体语句，继续下一次循环。

5.8 习　题

1. 选择题

(1) for(i=1;i<9;i+=1);，该循环共执行了_________次。

a. 7　　b. 8　　c. 9　　d. 10

(2) int a=2;while(a=0) a--;，该循环共执行了_________次。

a. 0　　b. 1　　c. 2　　d. 3

(3) 执行完循环 for(i=1;i<100;i++);后，i 的值为_________。

a. 99　　b. 100　　c. 101　　d. 102

(4) 以下 for 语句中，书写错误的是_________。

a. for(i=1;i<5;i++);　　b. i=1;for(;i<5;i++);

c. for(i=1;i<5;) i++;　　d. for(i=1,i<5,i++);

(5) 语句________在循环条件初次判断为假，还会执行一次循环体。

a. for　　b. while　　c. do...while　　d. 以上都不是

2. 有以下程序：

```
#include <stdio.h>
main( )
{   int a=1,b=2;
      while(a<6) {b+=a;a+=2;b%=10;}
      printf("%d,%d\n",a,b);
}
```

程序运行后的输出结果是__________________。

3. 有以下程序：

```
#include <stdio.h>
main( )
{   int y=10;
      while (y--) ;
      printf("y=%d\n",y);
}
```

程序运行后的输出结果是__________________。

4. 有以下程序：

```
#include <stdio.h>
main( )
{
      int i,j,m=1;
      for(i=1;i<3;i++)
      {
           for(j=3;j>0;j--)
           {
                if(i*j>3) break;
```

```
                m*=i*j;
            }
        }
        printf("m=%d\n",m);
}
```

程序运行后的输出结果是________________。

5. 有以下程序：

```
#include <stdio.h>
main( )
{   int a=1,b=2;
    for(;a<8;a++) {b+=a; a+=2;}
    printf ("%d,%d\n",a,b);
}
```

程序运行后的输出结果是________________。

6. 有以下程序：

```
# include <stdio.h>
main( )
{   int c=0, k;
    for(k=1; k<3; k++)
        switch (k)
        {
            default: c+=k;
            case 2: c++; break;
            case 4: c+=2; break;
        }
    printf("%d\n", c);
}
```

程序运行后的输出结果是________________。

7. 有以下程序：

```
# include <stdio.h>
main( )
{
    int a=1,b=7;
    do {
        b=b/2; a+=b;
    } while (b>1);
    printf ("%d\n",a);
}
```

程序运行后的输出结果是________________。

8. 阅读下列程序，当输入 ab*AB%cd#CD$时，写出程序运行的输出结果。

```
# include <stdio.h>
main ( )
```

```
{   char c;
     while((c=getchar( ))!='$')
     {
          if('A'<=c && c<'Z') putchar(c);
          else if('a'<=c && c<='z') putchar(c-32);
     }
}
```

输出结果是________________。

9. 有以下程序：

```
#include <stdio.h>
main()
{
int x,y;
for (x=1,y=1;x<=100;x++)
{
 if (y>=20) break;
 if (y%3) {y+=3;continue;}
 y-=5;
}
printf("x=%d,y=%d\n",x,y);
}
```

程序运行后的输出结果是________________。

10. 程序填空，下面程序的功能是将十进制数据转换为二进制并输出。

```
#include <stdio.h>
main()
{
   int n,rem,i=1,binary=0;

   printf("Enter a decimal number: ");
   scanf("%d", __________);
   printf("%d in decimal =",n);
   while (n!=0)
    {
       rem=n%2;
       n/=__________;
       binary+=rem*i;
       i*=10;
   }
   printf(" %d in binary", binary);
}
```

11. 编程，求 2+4+6+…+200 的值。

12. 编程，从键盘输入一个正整数 n，计算该数的各位数之和并输出。例如，输入数是 5246，则计算 5+2+4+6=17，并输出 17。

第6章　数　　组

在编程过程中，经常遇到的一个问题是：如何处理类型一致的大量数据，如存储 100 名学生的考试成绩，这需要定义 100 个变量。这个过程非常烦琐，对这类问题，编程者就可以用数组来解决，数组是一组相同类型数据的有序集合。

本章的教学目标是掌握数组的定义和数组元素的引用方法；掌握一维数组、二维数组在程序设计中的应用；掌握字符数组和字符串的应用及常见的一些字符串处理函数。

在 C 语言中，数组和指针有着极密切的联系。本章介绍一些数组的基本应用，在第 8 章还要进行详细的讨论。

6.1　一 维 数 组

数组是一组相同类型数据的有序集合，每一个数据称为数组元素，这些数组元素有一个共同的名字称为数组名。不同元素由其在数组中的序号即下标来标识，C 语言中数组元素的下标从 0 开始计数。用 1 个下标确定元素的数组称为一维数组，用两个下标确定元素的数组称为二维数组，用 3 个及 3 个以上的下标确定元素的数组称为多维数组。图 6.1 演示了含有 4 个元素的一维整型数组 a。

数组名	数组元素	元素值	下标
a	a[0]	10	0
	a[1]	20	1
	a[2]	30	2
	a[3]	40	3

图 6.1　一维数组示意图

6.1.1　一维数组的定义

C 语言中，变量必须先定义，然后才能使用。数组也一样，在使用数组前要对它加以定义。数组定义的主要目的是确定数组的名称、数组的大小和数组的类型。

一维数组定义的一般形式如下。

```
类型说明符 数组名 [常量表达式];
```

说明：

(1) 类型说明符，实际上说明的是数组元素的取值类型，同一个数组，所有数组元素的数据类型一致。

(2) 数组名，属于标识符，其命名应符合标识符的命名约定。

(3) 常量表达式，必须用方括号括起来，而不是圆括号。常量表达式表示数组元素的个数。

(4) 不能在方括号中用变量来表示数组元素的个数，只能是符号常量或常数。

下面是一些数组的定义。

```
int a[5],b[5];          /*正确，同时定义两个数组*/
int c[2+8];             /*正确，可以用常量表达式*/
#define N 10
int score[N];           /*正确，可以使用符号常量*/
float 3d[5];            /*错误，数组名不符合规范*/
double c[n];            /*错误，数组长度不能为变量*/
long e(5);              /*错误，数组定义不能用圆括号*/
```

数组定义后，C语言编译系统就在内存中为数组分配一块连续的存储空间，用来依次存放数组中各元素的值。

示例代码如下。

```
int a[10];
```

表示定义了数组a，数组的类型是整型。该数组包含10个整型元素，分别是a[0]、a[1]、a[2]、a[3]、a[4]、a[5]、a[6]、a[7]、a[8]、a[9]。每一个元素可以用来表示1个int类型的数据，C语言编译系统在内存中为int类型数组a分配10*sizeof(int)字节的连续空间，作为这10个元素的存储区域。数组名a表示这一片连续存储空间的开始地址。

6.1.2 一维数组的引用

数组定义后，就可以在程序中使用了。对数组的使用是通过引用数组元素实现的。数组中的每个元素相当于一个变量。

一维数组元素的引用方式如下。

```
数组名[下标]
```

下标可以是整型常量或整型表达式，还可以是整数变量(其实还可以为字符型数据，不过很少使用)。

注意：

a数组的下标从0开始，在引用数组元素时，下标可用变量。而定义时，不可用变量作为数组的定义长度。另外注意下标不要越界。

在C语言中引用数组元素可以逐个使用下标。例如，输出有10个元素的数组可以使用循环语句逐个输出各元素的值。

```
for(i=0; i<10; i++)    printf("%d",a[i]);
```

使用下标引用数组元素的方法叫下标法(有的资料也称为索引法)。

6.1.3　一维数组的初始化与赋值

一维数组除了用赋值语句对数组元素逐个赋值外，还可采用初始化的方法。数组初始化赋值是指在数组定义时给数组元素赋予初值。

1. 一维数组的初始化

一维数组初始化的一般形式如下。

类型说明符 数组名[常量表达式]={值 1，值 2，... ,值 n}；

在{ }中的各数据值即为各元素的初值，各值之间用逗号间隔。

例如：int a[10]={0,1,2,3,4,5,6,7,8,9}；相当于 a[0]=0；a[1]=1；... a[9]=9；

C 语言对数组的初始赋值还有以下几点规定。

(1) 可以只给部分元素赋初值。当{ }中值的个数少于元素个数时，只给前面部分元素赋值。例如：int a[10]={0,1,2,3,4};表示只给 a[0]~a[4]5 个元素赋值，而后 5 个元素自动赋 0 值。

(2) 如给全部元素赋值，则在数组说明中可以省略数组元素的个数。示例如下。

```
int a[5]={1,2,3,4,5};
```

可写为如下形式。

```
int a[ ]={1,2,3,4,5};
```

2. 一维数组的赋值

一维数组的赋值是指数组已经定义完毕，对数组元素作动态赋值。

示例代码如下。

```
int a[5];                    /* 定义一维数组 a，每个元素的值是不确定的 */
a[0]=1;a[1]=2;a[2]=3;        /* 逐个赋值 */
```

注意：

数组定义后再赋值，没有赋值的元素值是不确定的。上面的例子 a[3],a[4]不能引用，因为它们的值目前是不确定的。数组定义后，不能一次性给数组名赋值，如 int a[5];a＝{1,2,3,4,5};是错误的。一般用循环语句配合 scanf 函数逐个读取数据对数组元素赋值。

【例 6.1】 编程，输入 10 个整数，计算最大值并输出。

解题思路：

(1) 用一个循环语句逐个从键盘读入 10 个数到数组 a 中。

(2) 把 a[0]赋值给 max。

(3) 从 a[1]到 a[9]逐个与 max 中的值比较，若比 max 的值大，则把该元素值赋值给 max。

(4) 比较结束，输出 max 的值。

源程序：

```
#include <stdio.h>
main( )
{
    int i,max,a[10];
    printf("Input 10 numbers:\n");
    for(i=0;i<10;i++)
        scanf("%d",&a[i]);
    max=a[0];
    for(i=1;i<10;i++)
        if(a[i]>max)
            max=a[i];
    printf("Max=%d\n",max);
}
```

运行结果：

```
Input 10 numbers:
3 6 9 1 10 56 84 0 7 23↙
Max=84
```

6.1.4　一维数组的应用举例

数组在 C 语言程序设计中有着广泛的应用价值，排序算法很多时候就是借助一维数组来实现的。

【例 6.2】 输入 n 个整数，用冒泡排序法将它们按从小到大的次序排列后输出。

解题思路：

这是一个数组排序问题。数组排序的算法很多，一种简单的算法称为“冒泡法”。冒泡排序方法如图 6.2 所示(n＝5)。从第 1 个元素开始，将两两相邻元素进行比较，每次比较时将大的一个值放到后面，比较 n-1 次后，n 个数中最大的一个值被移到最后一个元素的位置上，称为“冒泡”。下一轮比较仍然从第 1 个元素开始，对余下的 n-1 个元素重复上述过程 n-2 次，当第二轮比较结束后，n 个数中次大的一个值被移到倒数第二个元素上；然后进行第三轮比较，此时对 n-3 个数进行排序，这样的过程一直进行到第 n-l 轮比较结束。此时 n 个数全部排序完毕。输出排序后的数组即为所求。

数组	a[0]	a[1]	a[2]	a[3]	a[4]
数组的初始状态	82	31	65	9	47
第一轮比较结束	31	65	9	47	82
第二轮比较结束	31	9	47	65	82
第三轮比较结束	9	31	47	65	82
第四轮比较结束	9	31	47	65	82

图 6.2　冒泡排序算法演示图

源程序：

```
#include <stdio.h>
#define  N  10          /* 待排序元素个数 */
main ( )
{
     int a[N], i,j,temp;
     printf("Please input %d numbers:\n", N);
     for(i=0; i<N; i++)
         scanf("%d",&a[i]);   /* 从键盘接收数组 a 的各元素的值 */
     for(i=0; i<N-1; i++)
         for(j=0; j<N-i-1; j++)
             if(a[j]>a[j+1])       /* 交换两个相邻元素 a[j]与 a[j+1]的值 */
             {
                 temp=a[j];
                 a[j]=a[j+1];
                 a[j+1]=temp;
             }
     for(i=0; i<N; i++)        /* 输出排序后数组 a 的各元素 */
         printf("%d ",a[i]);
     printf("\n");
}
```

运行结果：

```
Please input 10 numbers:
25 15 20 35 10 40 45 5 55 50↙
5 10 15 20 25 35 40 45 50 55
```

6.2　二 维 数 组

至此，所讨论的数组变量只能存储数值的列表，但有时需要存储数据表。如表 6.1 所示，显示了 5 名同学 3 门课程的成绩。

表 6.1　学生成绩表

姓　　名	高 等 数 学	大 学 英 语	C 语言程序设计
王青	80	82	86
陈丹	78	89	80
赵乐	76	72	81
李磊	53	67	70
罗鹏	87	82	91

该表共有 15 个数值，编程者可以把它看作是由 5 行 3 列组成的矩阵。在数学中，可以使用双下标变量来表示矩阵中的某个值，其中一个变量表示行，另一个变量表示列。

在 C 语言中可以使用二维数组来定义这样的表。该表在 C 语言中可以通过以下方法来定义。

```
int v[5][3];  /* v 是二维数组名称，5 表示行数，3 表示列数，int 表示元素类型 */
```

6.2.1 二维数组的定义

与一维数组相同，二维数组也必须先定义，后使用。

二维数组定义形式如下。

```
数组类型 数组名[常量表达式 1] [常量表达式 2];
```

说明：

数组类型为 C 语言的类型说明符，标识数组元素的类型；数组名为 C 语言的合法标识符；常量表达式 1 表示数组的行数，常量表达式 2 表示列数。

示例代码如下。

```
float a[3][4];
```

上述代码格式表示定义了二维数组 a，数组的类型是 float。该数组包含 3 行 4 列共 12 个元素，分别是 a[0][0]、a[0][1]、a[0][2]、a[0][3]、a[1][0]、a[1][1]、a[1][2]、a[1][3]、a[2][0]、a[2][1]、a[2][2]、a[2][3]，每一个元素可以用来表示 1 个 float 类型的数据。C 语言编译系统在内存中为 float 类型数组 a 分配 3*4*sizeof(float)字节的连续空间，作为这 12 个元素的存储区域。

同样，不能用变量定义数组长度，如 int n=3, m=4, a[n][m]; 是错误的；另外在定义二维数组时，行、列长度要分别用一对方括号括起来，写成 int a[3,4]是不正确的。

定义数组后，C 语言编译系统就在内存中为二维数组分配一块连续的存储空间，其存储区域的首地址由数组名表示。元素在该区域内的存放顺序为以行为主序存放，即先依次存放第 1 行各元素，再依次存放第 2 行各元素，依此类推。

6.2.2 二维数组的引用

二维数组元素的引用格式如下。

```
数组名 [下标表达式 1][下标表达式 2]
```

说明：

(1) 下标表达式可以是整型常量、整型变量及其表达式；

(2) 对基本数据类型的变量所能进行的各种操作，也都适合于同类型的二维数组元素；示例代码如下。

```
int a[2][3],b[2][3];
a[1][1]=10;
b[1][1]=a[1][1]*3;
```

(3) 从键盘上为二维数组元素输入数据，一般需要使用双重循环。

下面一段代码完成从键盘读取数据为二维数组的每个元素赋值。

```
...
```

```
int a[2][3];
for(i=0;i<2;i++)
    for(j=0;j<3;j++)
        scanf("%d",&a[i][j]); /* &a[i][j]表示a[i][j]元素的地址 */
```

6.2.3 二维数组的初始化与赋值

1. 二维数组的初始化

二维数组初始化的一般形式如下。

```
类型说明符 数组名[行下标][列下标]= {常量表达式表};
```

二维数组初始化的具体形式如下。

(1) 初值按行的顺序排列，每行都用一对花括号括起来，各行之间用逗号隔开。示例代码如下。

```
int x[3][2]={{1,2},{3,4},{5,6}};
```

语句中第一对花括号内的各数据依次赋给第 1 行中的各元素，第二对花括号内的各数据依次赋给第 2 行中的各元素，第三对花括号内的各数据依次赋给第 3 行中的各元素。元素 x[0][0]、x[0][1]、x[1][0]、x[1][1]、x[2][0]、x[2][1]的初值分别为 1、2、3、4、5、6。

这种初始化方式，也可以只为每行中的部分元素赋初值，未赋值的元素初值为相应类型的默认值。示例代码如下。

```
int a[3][4]={{1},{3},{5}};
```

语句中 a[0][0]的初值是 1，a[1][0]的初值是 3，a[2][0]的初值是 5，余下元素的初值将自动设置为 0。

(2) 可以像一维数组那样，将所有元素的初值写在一对花括号内，编译系统将这些有序数据按数组元素在内存中排列的顺序(按行)依次为各元素赋初值。示例代码如下。

```
int a[2][3]={1, 2, 3, 4, 5, 6};
```

语句中 a 数组经过上面的初始化后，数组元素 a[0][0]、a[0][1]、a[0][2]、a[1][0]、a[1][1]、a[1][2]的初值分别是 1、2、3、4、5、6。

注意：

C 语言允许在定义二维数组时不指定第一维的长度(即行数)，但必须指定第二维的长度(即列数)。由于第一维的长度可以由系统根据赋初值的个数来确定(初值个数 ÷ 列数)，所以，在常量表达式中必须要给出所有数组元素的初值。示例代码如下。

```
int a[][3]={1, 2, 3, 4, 5, 6};
```

此时，编译系统会根据数组初值的个数来分配存储空间，由于 a 数组共有 6 个初值。列数为 3，所以可确定第一维的长度为 2，即 a 为 2 行 3 列的整型二维数组。

在定义二维数组没有赋初值时，行列下标均不能省略。

示例代码如下。

```
int a[][3];                          /* 错误 */
int a[3][]={1, 2, 3, 4, 5, 6};       /* 错误 */
```

2. 二维数组的赋值

二维数组定义以后再赋值时，通常只能给单个元素进行逐个赋值。示例代码如下。

```
int a[3][2];
a[0][0]=1;
a[0][1]=2;
a[1][0]=3;
a[1][1]=4;
a[2][0]=5;
a[2][1]=6;
```

通常利用两重循环完成二维数组元素的赋值。

【例 6.3】 求一个 4×4 矩阵的主对角线上各元素之和。

解题思路：

方阵主对角线上元素的特征是：行标值等于列标值。

源程序：

```
#include <stdio.h>
main( )
{
     int a[4][4]={{1,2,3,4},{5,6,7,8},{9,10,11,12},{13,14,15,16}};
     int i,j,sum=0;
     for(i=0;i<4;i++)
          for(j=0;j<4;j++)
               if(i==j)
                    sum=sum+a[i][j];
     printf("sum=%d",sum);
}
```

运行结果：

```
sum=34
```

思考：如果计算 sum=a[0][0]+a[1][1]+a[2][2]+a[3][3]，是否正确？

6.3　字符数组与字符串

用来存放字符量的数组称为字符数组。字符数组类型说明的形式与前面介绍的数值数组相同。

C 语言中有字符常量和字符变量，有字符串常量，但没有字符串变量。如何存储字符串？C 语言中可以用字符数组存放字符串。字符数组中的各数组元素依次存放字符串的各字符，字符数组的数组名代表该数组的首地址，这为处理字符串中个别字符和引用整个字符串提供了极大的方便。

6.3.1　字符数组的定义

字符数组的定义形式与前面介绍的数值数组相同。

示例代码如下。

```
char c[10];
```

由于字符型和整型通用，也可以定义为 int c[10]，但这时每个数组元素占用内存单元比较多。

字符数组也可以是二维或多维数组。

示例代码如下。

```
char c[5][10];
```

以上语句便为二维字符数组。

6.3.2　字符数组的初始化与赋值

字符数组允许在定义时作初始化，也可以在定义后给元素赋值，与其他类型数组的操作是一样的。示例代码如下。

```
char c[10]={'c', ' ', 'p', 'r', 'o', 'g', 'r', 'a', 'm'};
```

赋值后各元素的值如下：

c[0]	c[1]	c[2]	c[3]	c[4]	c[5]	c[6]	c[7]	c[8]	c[9]
'c'	' '	'p'	'r'	'o'	'g'	'r'	'a'	'm'	0

其中，c[9]未赋值，系统自动赋予 0 值。

当对全体元素赋初值时也可以省去长度说明。

示例代码如下。

```
char c[ ]={'c',' ','p','r','o','g','r','a','m'};
```

这时 C 数组的长度自动定为 9。

二维字符数组定义时初始化如下。

```
char s[2][3]={{'o','n','e'},{'t','w','o'}};
```

【例 6.4】 输出字符数组中的所有字符序列。

源程序：

```
#include<stdio.h>
main()
{
     char ch[9]={'c',' ','p','r','o','g','r','a','m'};
     int i;
```

```
        for(i=0;i<9;i++)

            printf("%c",ch[i]);
    }
```

运行结果：

```
c program
```

6.3.3 字符串和字符数组

在 C 语言中没有专门的字符串变量，通常用一个字符数组来存放一个字符串。前面介绍字符串常量时，已说明字符串总是以'\0'作为串的结束符。因此，当把一个字符串存入一个数组时，也把结束符'\0'存入数组，并以此作为该字符串是否结束的标志。有了'\0'标志后，就不必再用字符数组的长度来判断字符串的长度了。

C 语言允许用字符串的方式对数组作初始化赋值。

示例代码如下。

```
char c[ ]={'c', ' ','p','r','o','g','r','a','m','\0'};
```

可写成如下形式。

```
char c[ ]={"C program"};
```

或去掉{}写成如下形式。

```
char c[ ]="C program";
```

用字符串方式赋值比用字符逐个赋值要多占一字节，用于存放字符串结束标志'\0'。

上面的数组 C 在内存中的实际存放情况如下：

C		p	r	o	g	r	a	m	\0

'\0'是由 C 语言编译系统自动加上的。由于采用了 '\0'标志，所以在用字符串赋初值时一般无须指定数组的长度，而由系统自行处理。

说明：

(1) 一般用字符数组存储字符串，字符数组是定长的(占用存储空间固定)，字符串具有变长特性，以空字符'\0'标志字符串的结束。使用这个标志使得位于字符数组中的字符串长度可以从 0 到比数组声明尺寸小 1。(想想为什么小 1？)

(2) 多个字符串(也称字符串数组)用二维数组存储，其中每一行都是一个字符串。每一行字符串的首地址是数组名[行下标]。

示例代码如下。

```
char s[5][10]= {"one","two","three","four","five"} ;
```

此时，每一个字符串的首地址分别是 s[0]、s[1]、s[2]、s[3]、s[4]。

注：关于数组名是数组首地址以及字符串的首地址问题，编程者在此处大概了解一下即可，这部分内容在第 8 章中还要进行详细阐述。

6.3.4　字符数组的输入/输出

在采用字符串方式后，字符数组的输入/输出将变得简单方便。

除了上述用字符串赋初值的办法外，还可用 printf 函数和 scanf 函数一次性输出/输入一个字符数组中的字符串，而不必使用循环语句逐个输入/输出每个字符。

字符串的输出是从字符串的首地址开始的第一个字符输出，直到遇字符串结束符'\0'为止。

示例代码如下。

```
char name[ ]="John";
printf("%s\n",name);
```

本例的 printf 函数中，使用的格式字符串为"%s"， 表示输出的是一个字符串。而在输出表列中给出数组名则可(因为数组名即为字符串的首地址)。不能写为如下形式。

```
printf("%s",name[ ]);      /* 错误*/
```

再来看看下面的一个小程序。

```
main( )
{
    char str[15];
    printf("Input string:\n");
    scanf("%s",str); /* 第 2 参数不能为&str,想想为什么？*/
    printf("%s\n",str);
}
```

本例中由于定义数组长度为 15， 因此输入的字符串长度必须小于 15，以留出一字节用于存放字符串结束标志'\0'。

对于字符串数组，也可以用 printf 输出，格式符用"%s"，输出时每一行字符串的首地址是数组名[行下标]。

【例 6.5】 输出字符串数组。

源程序：

```
#include <stdio.h>
main( )
{char s[5][10]={"one","two","three","four","five"};
     int i;
     for (i=0;i<=4;i++)
         printf("%s\n",s[i]);
}
```

运行结果：

```
one
two
three
four
five
```

6.3.5　字符串处理函数

C 语言提供了一些字符串处理函数，用于字符串处理，包括字符串的输入/输出、连接、复制和比较等运算。使用这些函数(gets 和 puts 函数除外，它们的声明在头文件 stdio.h 中)时，需要在程序中包含头文件 string.h。

1. 字符串输入函数 gets

函数原型如下。

```
char *gets(char *str)
```

编程者可简单理解为 gets(字符数组名 str)。

功能：读入一串以回车键结束的字符，顺序存入到以 str 为首地址的内存单元，最后写入字符串结束标志'\0'。gets 支持带空格的字符串的输入。

说明：

gets()函数不执行边界检查，因此这个功能很容易受到缓冲区溢出攻击，它不能被安全地使用。出于这个原因，C99 标准和 C11 标准建议用 fgets()和 gets_s()替代该函数，编程者可以查阅相关文献。

2. 字符串输出函数 puts

函数原型如下。

```
int puts(char* str)
```

编程者可简单理解为 puts(字符数组名 str)。

功能：输出内存中从地址 str 起的若干字符，直到遇到'\0'为止，最后输出一个换行符。

【例 6.6】 输入一行字符，将其中的小写字母转换成大写字母，其余字符不变。

解题思路：

(1) 定义字符数组。

(2) 利用 gets 获取字符串。

(3) 从字符数组的第一个元素开始判断是否是小写字母，如果是则转换成大写。

(4) 输出处理后的字符串。

源程序：

```
#include <stdio.h>
main( )
{
    char c[81];
    int i;
    gets(c);
    for(i=0;c[i]!='\0';i++)
        if (c[i]>='a'&&c[i]<='z')
            c[i]-=32;
    puts(c);
}
```

运行结果：

```
Welcome!↙
WELCOME!
```

3. 字符串连接函数 strcat

函数原型如下。

```
char* strcat(char *str1, char *str2)
```

功能：把 str2 字符串中的字符(包括'\0')复制到字符串 str1 后。str1 为字符数组名，并且长度必须定义得足够大，使其能存放连接 str2 后的字符串，返回值为 str1 的首地址。

例如，有下列程序段。

```
char str1[18]="Hello,";
char str2[ ]="World! ";
...
strcat(str1,str2);
puts(str1);
```

输出：Hello,World!

执行语句“strcat(str1,str2);”前后 str1 中各元素的值如图 6.3 所示。

(1) 执行前

H	e	l	l	o	,	\0	\0	\0	\0	\0	\0	\0	\0	\0	\0	\0	\0

(2) 执行后

H	e	l	l	o	,	W	o	r	l	d	!	\0	\0	\0	\0	\0	\0

图 6.3　执行 strcat 前后 strl 中各元素的值

4. 字符串拷贝函数 strcpy

C 语言不允许将字符串用赋值表达式赋值给数组名。示例代码如下。

```
char c[10]; c="Hello"
```

上述语句是非法的。在 C 语言中，一个表达式可以是左值(lvalue)，或者是右值(rvalue)，当对象试图接收值的时候，必须用左值表达式。当要提供值时，可以使用右值表达式。例如，b=a+3;，a+3 是右值表达式，b 是左值表达式。数组名表示在内存中所占的存储区域的首地址，不属于左值表达式，不能试图接收值。以下字符串赋值也是非法的。

```
char str1[20];
char str2[ ]="Hello";
str1="Hello";      /*错误*/
str1=str2;         /*错误*/
```

如果要将一个字符串存入字符数组中，除了初始化和输入外，还可以调用字符串拷贝函数来实现。

函数原型如下。

```
char* strcpy(char *str1,char *str2)
```

功能：将从地址 str2 起的字符到'\0'止的若干个字符(包括'\0')复制到从地址 str1 起的内存单元内，返回值为 str1 的首地址。str2 也可以是一个字符串常量，这时相当于把一个字符串赋予一个字符数组。

例如，有如下程序段。

```
char str1[11]="0123456789";
...
strcpy(str1,"Hello!");
puts(str1);
```

运行的输出结果为 Hello!

执行语句“strcpy(str1,"Hello!");”后，前后数组 str1 中的字符信息如图 6.4 所示。

(1)执行前

0	1	2	3	4	5	6	7	8	9	\0

(2)执行后

H	e	l	l	o	!	\0	7	8	9	\0

图 6.4　执行 strcpy 前后 strl 中各元素的值

5. 字符串比较函数 strcmp

函数原型如下。

```
int strcmp(char *str1,char *str2)
```

功能：依次对 str1 和 str2 对应位置上的字符按 ASCII 码值的大小进行比较，直到出现不同字符或遇到字符串结束标志'\0'。如果两个字符串所有字符都相同，则认为两个字符串相等，若出现不同的字符，在 TC 环境下，则将第一个不相同字符的 ASCII 码差值作为两个字符串比较的结果。在 VC 环境下略有不同，查阅 MSDN(微软开发文档)，该函数返回值如下。

```
    0 if the two strings are identical, 1 if the first string sorts earlier,
or -1 if the second string sorts earlier.
```

因此，在比较两个字符串时，一般遵循以下规则。

字符串 1＝字符串 2，返回值＝0；

字符串 1>字符串 2，返回值>0；

字符串 1<字符串 2，返回值<0。

示例如下。

strcmp("abc","abcd")的返回值在 TC2.0 环境下为-100(即表达式'\0' – 'd'的值)，在 VC6 环境下为-1。

strcmp("abc","aBxy")的返回值在 TC2.0 环境为 32(即表达式'b' – 'B'的值)，在 VC6 环境

下为 1。

strcmp("ABC","ABC")的返回值为 0(即表达式'\0' - '\0'的值)。

C 语言中，两个字符串不能进行关系运算，示例代码如下。

```
    if (str1==str2) printf("yes!");
```

上述语句虽没有语法错误，但进行字符串比对时常用 strcmp 函数，如下形式。

```
    if (strcmp(str1, str2)==0) printf("yes!");
```

6. 求字符串长度函数 strlen

函数原型如下。

```
    int strlen(char *str)
```

功能：求字符串的长度即所包含的字符个数(不计'\0')。

例如：strlen("China")的返回值为 5。

6.4　本章小结

数组是同类型数据的集合。同一个数组的数组元素具有相同的数据类型，可以是整型、实型、字符型，以及后面将介绍的指针型、结构型等。引用数组就是引用数组的各元素，通过下标的变化可以引用任意一个数组元素。其实还可以通过指针引用数组元素，这将在第 8 章介绍。需要注意的是，不要进行下标越界的引用，那样会带来意外的副作用。

数组类型在数据处理和数值计算中有十分重要的作用，许多算法不用数组这种数据结构就难以实施。

字符串常量是以双引号引起来的一串字符，并且系统自动在串尾加一个字符串结束符'\0'；字符数组可以存放字符串。二维数组可以存放多个字符串(每行存放一个字符串)。字符串的输出是从指定的地址开始输出，直到遇字符串结束符'\0'为止，因此，定义字符数组时，一定要预留一个数组元素存放'\0'。输入字符串时，要注意不加特殊的标记 scanf 函数不能输入带空格的字符串，应采用 gets 函数。字符串处理函数为字符串操作提供了方便，应正确掌握和使用它们。从学习编程的角度出发，还应自己试着编程实现这些函数的功能。

6.5　习　　题

1. 选择题

(1) int a[4]={5,3,8,9};中 a[3]的值为________。

a. 5　　b. 3　　c. 8　　d. 9

(2) 数组定义为 int a[3][2]={1,2,3,4,5,6}，值为 6 的数组元素是________。

a. a[3][2]　　b. a[2][1]　　c. a[1][2]　　d. a[2][3]

(3) 下列选项中，能够正确定义数组的语句是________。

a. int num[0..2008];

b. int num[];

c. int n=2008;int num[n];

d. #define N 10

int num[N];

(4) 下列各语句定义了数组，其中不正确的是________。

a. char a[3][10]={"China","American","Asia"};

b. int x[2][2]={1,2,3,4};

c. float x[2][ ]={1,2,4,6,8,10};

d. int m[][3]={1,2,3,4,5,6};

2. 有以下程序：

```
#include <stdio.h>
main( )
{
    int a[5]={1,2,3,4,5}, b[5]={0,2,1,3,0},i,s=0;
    for(i=0;i<5;i++)
        s=s+a[b[i]];
    printf("%d\n",s);
}
```

程序运行后的输出结果是________________。

3. 有以下程序：

```
#include <stdio.h>
main()
{
    char s[]={"1x2y3z"};
    int i, n=0;
    for (i=0; s[i]!=0; i++)
        if(s[i]>='a' &&s[i]<='z')
            n++;
    printf("%d\n",n);
}
```

程序运行后的输出结果是________________。

4. 有以下程序：

```
#include <stdio.h>
main ( )
{
    int i,j,a[][3]={1,2,3,4,5,6,7,8,9};
    for (i=1;i<3;i++)
        for(j=1;j<3;j++)
            printf("%d",a[i][j]);
```

```
    printf("\n");
}
```

程序运行后的输出结果是__________________。

5. 有以下程序：

```
#include <stdio.h>
#include <string.h>
main()
{
    char s[12] = "string";
    printf("%d,%d\n", sizeof(s),strlen(s));
}
```

程序运行后的输出结果是__________________。

6. 以下程序按下面指定的数据给 x 数组的下三角置数，并按如下形式输出，请填空。

4
3　7
2　6　9
1　5　8 10

```
#include <stdio.h>
main()
{
    int x[4][4],n=0,i,j;
    for(j=0;j<4;j++)
        for(i=3;i>=j; ____________________)
            {n++;x[i][j]= ____________________;}
    for(i=0;i<4;i++)
    {
        for(j=0;j<=i;j++)
            printf("%3d",x[i][j]);
    printf("\n");
    }
}
```

7. 下面程序的功能是将一个字符串 str 的内容颠倒过来，请填空。

```
#include <string.h>
#include <stdio.h>
void main( )
{
    unsigned int i, j;
    ____________________
    char str[ ]= "1234567" ;
    /* 头尾交换，直到中间*/
for(i=0, j=strlen(str)-1; ____________________; i++, j--)
        { k=str[i]; str[i] =str[j]; str[j]=k;}
```

```
        printf("%s",str);
    }
```

8. 编程，输入单精度型一维数组 a[10]，计算并输出 a 数组中所有元素的平均值。

9. 编程，从键盘输入 10 个整数，存放于一维数组中。输入一个整数，在数组中查找与该数相等的元素，并将元素下标值输出，若没找到，输出-1。

10. 编程，计算任意从键盘输入的字符串长度并输出(不使用系统函数 strlen)。

第7章　函　　数

在人们的日常生活中，碰到比较复杂的问题时，总是习惯性地将其分解成小问题，然后逐个解决。其实，这种思想也早已应用到程序设计中。编程者经常将一个较大的系统分解成若干个模块，如果模块仍较大，还可将其分解成更小的模块，然后每个模块设计一个函数或过程。在编程过程中，函数是将一组语句序列组合在一起完成特定功能的一段代码。在程序设计时，尽量将一些常用的功能模块编写成函数，在需要时只要调用该函数就可实现指定功能。使用函数可减少编码的工作量，精简代码，提高效率。本章主要介绍函数的概念、函数声明、定义、调用、变量的作用域、变量的存储类别等。

7.1　函数概述

在进行 C 语言程序设计时，通常将相对独立又经常使用的操作编写成函数(Functions)。用户通过函数调用来实现其具体的功能。C 语言程序的函数有两种：标准库函数(Library function)和自定义函数(User-defined function)。

1. 标准库函数

C 语言编译系统将一些常用的操作或计算功能定义成函数，如 printf、scanf、sqrt、fabs 等，这些函数称为标准库函数，放在指定的“库文件”中。例如，“stdio.h”中描述了输入/输出库函数的函数原型，“math.h”中描述了常用数学函数的函数原型，等等。用户在设计程序时只需要用“#include”命令将相应的“库文件”包含进来，就可以在自己的程序中直接调用这些库函数，实现函数功能。

2. 自定义函数

除了使用系统提供的标准库函数外，用户也可以自己编写函数，完成特定的功能。本章将着重介绍这类函数的定义及其调用方法。

下面我们通过一个计算阶乘的和这样的程序来认识函数。

【例 7.1】 计算 5!+6!+7!，并输出结果。

源程序：

```
#include <stdio.h>
main( )
{
```

```
        int i,t,num1=5,num2=6,num3=7,sum=0;
        for (i=1,t=1;i<=num1;i++)
            t=t*i;
        sum=sum+t;
        for (i=1,t=1;i<=num2;i++)
            t=t*i;
        sum=sum+t;
        for (i=1,t=1;i<=num3;i++)
            t=t*i;
        sum=sum+t;
        printf("5!+6!+7!=%d\n",sum);
    }
```

运行结果：

```
5!+6!+7!=5880
```

程序分析：

上面的程序主要是计算一个数 num 的阶乘，计算阶乘的核心代码如下：

```
for (i=1,t=1;i<=num;i++)
     t=t*i;
```

在【例 7.1】中，要计算 5!,6!和 7!，它们的核心代码是一样的，所以出现了代码的大量重复。编程者可以把计算阶乘设计成一个自定义函数，计算哪个数的阶乘，直接调用该阶乘函数即可。下面是利用自定义函数实现上述功能的源程序。

【例 7.2】 计算 5!+6!+7！并输出结果，阶乘用函数实现。

源程序：

```
#include <stdio.h>
 int fac( int num);            /* 对函数 fac 的声明语句 */
 main( )
 {
     int t1,t2,t3,sum=0;
     t1=fac(5);                /* 对 fac 函数的调用,5 是实参,将返回值赋值给 t1 */
     t2=fac(6);
     t3=fac(7);
     sum=t1+t2+t3;
     printf("5!+6!+7!=%d\n",sum);
}
int fac( int num)              /* 定义 fac 函数，num 是形参 */
{
     int i,t;
     for(i=1,t=1;i<=num;i++)
         t=t*i;
     return t;                 /*  函数的返回值  */
}
```

运行结果：

```
5!+6!+7!=5880
```

程序分析：

(1) 定义 fac 函数实现计算阶乘的功能。

```
int fac( int num)
{
      int i,t;
      for(i=1,t=1;i<=num;i++)
          t=t*i;
      return t;
}
```

此时的 num 相当于变量名，它的值在调用前还不能确定，可以把它称之为形式参数(简称形参)。fac 前的 int 表示函数的返回值类型为整型。

(2) 在 main 函数中，实现对 fac 函数的调用，用于计算 5、6 和 7 的阶乘。此时 5、6 和 7 是具体的值，称之为实际参数(简称实参)。发生函数调用 t1=fac(5);时，发生参数的传递过程，num←5(相当于拷贝，见图 7.1)，此时形参 num 有了确定的值。

```
t1=fac(5);
t2=fac(6);
t3=fac(7);
```

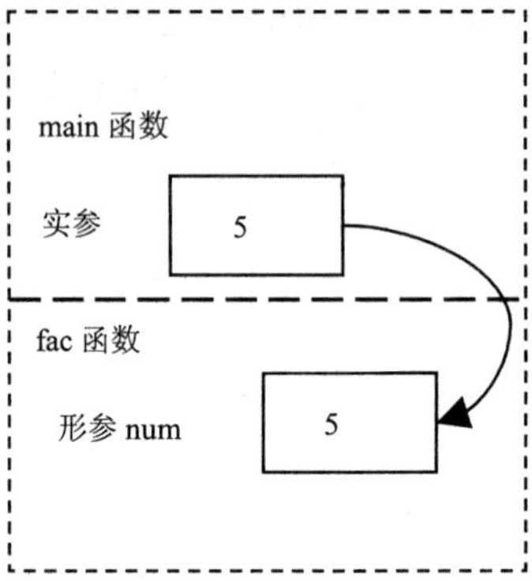

图 7.1　参数传递过程

(3) 步骤(1)代码中的 return t;中的 return 语句用于将计算结果 t 返回。t1=fac(5);则将返回值赋值给主函数中的 t1，变量 t 的类型与函数返回值类型一致。

(4) 第二行的 int fac(int num);表示对函数 fac 的声明，作用是把函数名、参数个数和类型以及返回值类型等信息通知编译系统。

通过【例 7.2】，可以认为 C 语言模块化程序的一般形式如下。

```
#include <stdio.h>    /*  头文件包含部分         */
...
int fac( int num);    /*  自定义函数的声明部分     */
...
```

```
main( )                /*  主函数                */
{
int i,t,   ...   ; /*  变量的定义及初始化       */
t1=fac(5);        /*  自定义函数的调用部分*/
     ...
}
int fac( int num)      /*  自定义函数的定义部分      */
{   ...   }
...
```

7.2 函 数 声 明

在【例 7.2】中，以下代码中的 int fac(int num);表示对函数 fac 的声明。

```
#include <stdio.h>
 int fac( int num);  /* 对函数 fac 的声明语句 */
 main( )
{
     ...
}
```

在函数中，若需调用其他函数，调用前要对被调用的函数进行函数声明(Function declaration)。函数声明的目的是通知编译系统有关被调用函数的一些特性，便于在函数调用时检查调用是否正确。

函数声明的一般形式如下。

```
类型标识符 函数名(类型 形参名 1, 类型 形参名 2,…);
```

或

```
类型标识符 函数名(类型, 类型,…);
```

通过函数声明语句，向编译系统提供的被调函数信息包括：函数返回值类型、函数名、参数个数及各参数类型等，称为函数原型。编译系统以此与函数调用语句进行核对，检验调用是否正确。如果函数调用时，实参的类型与形参类型不完全一致时，系统自动先将实参值类型转换，再复制给形参。

注意：
如果函数的定义部分在函数被调用的前面，则可省略函数声明。

与【例 7.2】等价的源码如下。

```
#include <stdio.h>
 int fac( int num)    /* 定义 fac 函数, num 是形参  */
{
     int i,t;
     for(i=1,t=1;i<=num;i++)
```

```
        t=t*i;
    return t;         /*  函数的返回值  */
}
main( )
{
    int t1,t2,t3,sum=0;
    t1=fac(5);        /*  对 fac 函数的调用,5 是实参,将返回值赋值给 t1  */
    t2=fac(6);
    t3=fac(7);
    sum=t1+t2+t3;
    printf("5!+6!+7!=%d\n",sum);
}
```

由于 fac 的定义在主调函数 main 的前面，可以省略函数声明部分。

7.3　函数定义和函数调用

7.3.1　函数定义

函数定义(Function definition)就是对函数所要完成的操作进行描述，即编写一段程序，使该段程序完成所指定的操作。

函数定义的一般形式如下。

```
类型标识符 函数名(类型 形参 1, 类型 形参 2,…)
{
    函数体
}
```

图 7.2 显示了函数定义的形式。

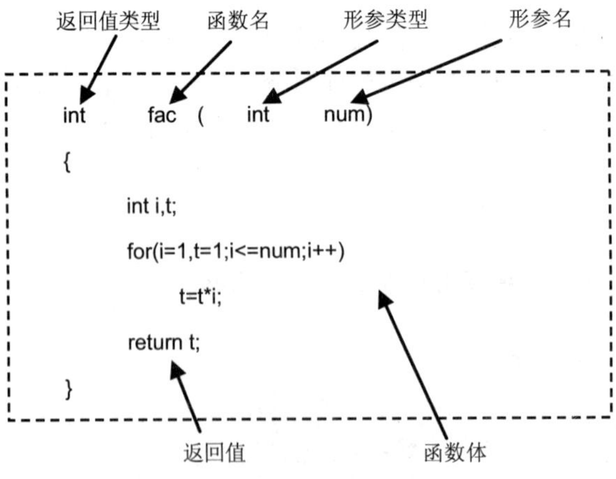

图 7.2　函数定义的一般形式

1. 类型标识符

类型标识符用来定义函数类型，即指定函数返回值的类型。函数类型应根据具体函数的功能确定。如果定义函数时，默认类型标识符，则系统指定的函数返回值为 int 类型。

函数值通过 return 语句返回。return 语句一般放在函数体内最后。函数执行时一旦遇到 return 语句，则结束当前函数的执行，返回到主调函数的调用点。

return 语句的一般形式：①return;②return 表达式;或 return (表达式);。

return 语句的作用是结束函数的执行，使控制返回到主调函数的调用点。如果是带表达式的 return 语句，则同时将表达式的值带回到主调函数的调用点。

函数执行后也可以没有返回值，而仅仅是完成一组操作。无返回值的函数，函数类型标识符用“void”，称为“空类型”。空类型函数，函数体执行完后不返回值。

2. 函数名

函数名是由用户为函数所取的名字，函数名符合标识符的命名规则。在函数定义时，函数体中不能再出现与函数名同名的其他对象名(如变量名)。

3. 形参及其类型的定义

函数首部括号内的参数称为形参，形参的值来自函数调用时所提供的参数(称为实参)值。

形参个数及形参的类型由具体的函数功能决定。函数可以有形参，也可以没有形参。形参的数量与类型由实参的数量与类型决定。定义无参函数时，函数名后面的括号中是空的，也可以在函数名后面的括号内加入 void 关键字。

7.3.2　函数调用

程序中使用已定义好的函数，称为函数调用(Function call)。如果函数 A 调用函数 B，则称函数 A 为主调函数，函数 B 为被调函数。

函数调用的一般形式如下。

```
有参函数的调用：函数名(实参 1,实参 2,…);
无参函数的调用：函数名();
```

其中实参可以是常量、变量或表达式。

函数名(实参 1，实参 2，…)是有参函数的调用方式，调用时实参与形参的个数必须相等，类型应一致(若形参与实参类型不一致，系统按照类型转换原则，自动将实参值的类型转换为形参类型)。C 程序通过对函数的调用来转移控制，并实现主调函数和被调函数之间的数据传递。即在函数被调用时，自动将实参值对应传给形参变量，控制从主调函数转移到被调函数；当调用结束时，控制又转回到主调函数的调用点，继续执行主调函数的后续语句。

下面来看一下函数定义与函数调用的一些小例子。

(1) 定义一个函数，用于求两个数中的大数，可写代码如下。

```
int max(int a, int b)
{
     if (a>b) return a;
     else return b;
}
```

程序说明:

第一行说明 max 函数是一个整型函数，其返回的函数值是一个整数。形参 a、b 均为整型量。a、b 的具体值是由主调函数在调用时传送过来的。在 max 函数体中的 return 语句是把 a(或 b)的值作为函数的值返回给主调函数。有返回值函数中至少应有一个 return 语句。调用 max 函数的形式如下。

① maxnum=max(10,20);　　/* 实参为常量，返回值赋值给变量 maxnum */

② maxnum=max(x,y);　　/* 实参为变量，返回值赋值给变量 maxnum */

③ maxnum=max(m+n,x+y);　　/* 实参为表达式，返回值赋值给变量 maxnum */

④ maxnum=max(x,y)+100;　　/* 返回值构成表达式，赋值给变量 maxnum */

⑤ printf("Max=%d\n",max(x,y));　/* 返回值作为另外一个函数的参数 */

(2) 编写函数，在一行上输出 8 个“*”字符。

```
void printstar(void)
{
    int i;
    for(i=1;i<=8;i++)
        printf("%c",'*');
    printf("\n");
    return; /* 返回主调函数 */
}
```

程序说明:

printstar 函数是无参函数。函数不需要外部数据传入函数，只需完成在屏幕上输出一行 8 个“*”字符的操作。函数无返回值，所以函数类型为 void 空类型。对函数 printstar 的调用形式如下。

```
printstar( );
```

7.3.3 参数传递

1. 参数传递的方式

参数传递(Parameter passing)主要有两种方式：值传递(Call by value)和引用传递(Call by reference)。编程者目前学习的都是值传递(传值)，实参将其值复制到形参中。还有一种方式是把实参的存储地址传递到形参中去(传址)，从而可以达到在被调函数中修改实参的目的。这种方式称为引用传递，我们在第 8 章中作介绍。

【例 7.3】 编程，从键盘输入两个整数，比较大小，输出较大数。

源程序:

```
#include <stdio.h>
int max(int a,int b); /* 函数原型的声明 */
int main( )
{
    int x,y,z;
    printf("input two numbers:\n");
```

```
        scanf("%d%d",&x,&y);
        z=max(x,y);         /*  函数的调用语句  */
        printf("maxmum=%d",z);
        return 0;
    }
    /*以下是函数的定义部分*/
    int max(int a,int b)
    {
        if(a>b) return a;
        else return b;
    }
```

运行结果：

```
input two numbers:
10 20
maxmum=20
```

程序分析：

程序先对 max 函数的原型(Prototypes)进行声明，然后再进行定义。可以看出函数声明与函数定义中的函数头部分相同，但是末尾要加分号。程序中调用 max 函数，并把 x、y 中的值传送给 max 的形参 a、b。

a←x　b←y　参数传递示意图如图 7.3 所示。

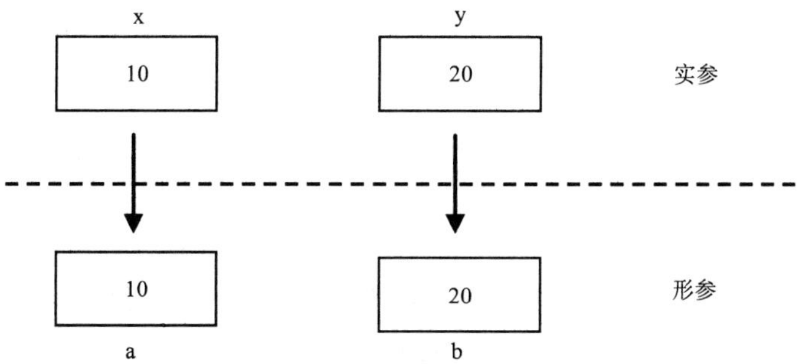

图 7.3　参数传递示意图

函数的形参和实参具有以下特点。

(1) 形参变量只有在被调用时才分配内存单元，在调用结束时，即刻释放所分配的内存单元。因此，形参只在函数内部有效。函数调用结束返回主调函数后则不能再使用该形参变量。

(2) 实参可以是常量、变量、表达式、函数等。无论实参是何种类型的量，在进行函数调用时，它们都必须具有确定的值，以便把这些值传送给形参。因此应预先用赋值、输入等办法使实参获得确定值。

(3) 实参和形参在数量、类型、顺序上应严格一致，否则会发生类型不匹配的错误。

(4) 函数调用中发生的数据传送是单向的。即只能把实参的值传送给形参，而不能把形参的值反向地传送给实参。因此，在函数调用过程中，形参的值发生改变，而实参中的值不会变化。

分析下面程序的运行结果。

【例 7.4】 单向值参数传递编程示例。

源程序:

```
#include <stdio.h>
void swap( int a,int b);  /*  对 swap 函数的原型声明  */
int main( )
{
     int  x=20,y=30;
     printf("x=%3d y=%3d\n",x,y);
     swap(x,y); /*  调用 swap 函数  */
     printf("x=%3d y=%3d\n",x,y);
     return 0;
}
void swap(int  a,int  b) /*  定义函数  */
{
     /*以下代码实现交换 a 与 b 的值*/
     int temp;
     temp=a;
     a=b;
     b=temp;
     printf("a=%3d b=%3d\n",a,b);
}
```

运行结果:

```
x= 20 y= 30
a= 30 b= 20
x= 20 y= 30
```

程序分析:

swap 函数交换的只是两个形参变量的值。函数调用时，当实参传给形参后，函数内部实现了两个形参变量 a、b 值的交换。但由于实参变量与形参变量是各自独立的，因此实参值并没有被交换。参数传值过程如图 7.4 所示。

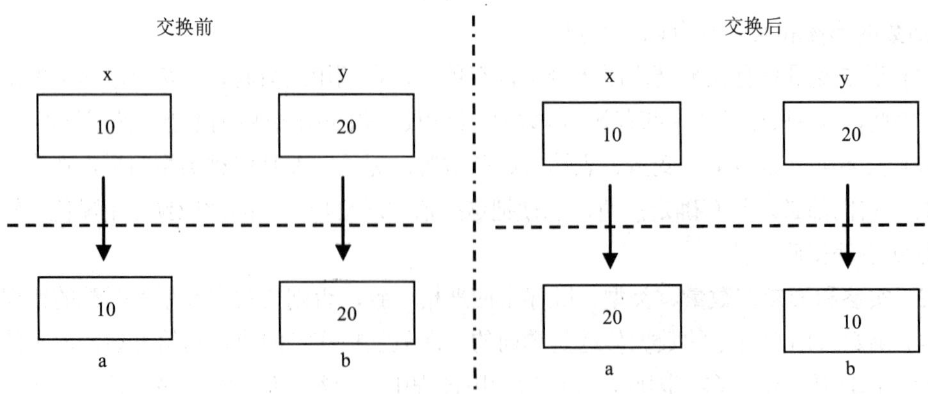

图 7.4　参数传值示意图

2. 数组作为函数参数

数组作为函数参数主要有两种方式。

(1) 数组元素作为函数参数。

(2) 数组名作为函数参数。

数组元素作为函数参数与变量作为参数是一样的，实参是数组元素，与之对应的形参是同类型的变量名，规则符合参数单向值传递规则。因为数组名表示数组存储空间的首地址，所以数组名作为函数参数属于参数引用传递的一种形式。这部分内容留在第8章进行讨论。

下面来看一下数组元素作为参数传递的一个示例。

【例7.5】 编程，输入学生姓名和四门课程的成绩，输出平均分，利用函数计算平均分。

源程序：

```
#include <stdio.h>
/*   avg函数声明 */
float avg(int ,int ,int ,int);
int main( )
{
     char name[20];
     int score[4];
     float average_score;
     printf("Input student name:\n");
     gets(name);
     printf("Please input four course scores:\n");
     scanf("%d%d%d%d",&score[0],&score[1],&score[2],&score[3]);
     /*   avg函数调用   */
     average_score=avg(score[0],score[1],score[2],score[3]);
     printf("%s\'s average score is %.2f.\n",name,average_score);
     return 0;
}
/*   avg函数定义  */
float avg(int a,int b,int c,int d)
{
     return (float)(a+b+c+d)/4;
}
```

运行结果：

```
Input student name:
Smith↙
Please input four course scores:
80 85 90 95↙
Smith's average score is 87.50.
```

7.4　程序举例

【例 7.6】 编程，根据菜单选择实现两个数的相加(add)或相乘(multiply)。

解题思路：

(1) 显示主菜单。利用 printf 显示菜单选择字符串，为了一直显示主菜单，将菜单显示放入循环体内。

(2) 用户选择菜单，利用多分支选择语句实现根据用户的选择调用不同的函数 add()和 multiply()。

(3) 定义 add()和 multiply()函数，分别实现两个数的相加和相乘。

源程序：

```
/*  头文件包含部分 */
#include <stdio.h>
#include <stdlib.h>  /* exit 函数的头文件 */
/*  函数声明部分   */
void add(void);
void multiply(void);
/*  主函数部分     */
int main( )
{
     int choice = 0; /*存放用户选项的变量*/
     /*====功能及操作的界面提示====*/
     while(1)
     {
         printf("    1. Add two numbers        \n");
         printf("    2. Multiply two numbers    \n");
         printf("    0. Exit                    \n");
         scanf("%d",&choice);

         /*根据用户选项调用相应函数*/
         switch(choice)
             {
             case 1:
                 add();  /*  调用 add 函数  */
                 break;
             case 2:
                 multiply(); /*  调用 multiply 函数  */
                 break;
             case 0:
                 exit(0);  /*  调用系统库函数，参数 0 表示正常退出程序  */
             default:
             break;
         }
     }
     return 0;
```

```
}
/* 函数定义部分    */
/*实现两个数的相加*/
void add(void)
{
    int num1,num2;
    printf("Please input two numbers:\n");
    scanf("%d%d",&num1,&num2);
    printf("%d+%d=%d\n",num1,num2,num1+num2);
}
/*实现两个数的相乘*/
void multiply(void)
{
    int num1,num2;
    printf("Please input two numbers:\n");
    scanf("%d%d",&num1,&num2);
    printf("%d*%d=%d\n",num1,num2,num1*num2);
}
```

运行结果：

```
    1. Add two numbers
    2. Multiply two numbers
    0. Exit
1↙
Please input two numbers:
20 30↙
20+30=50
    1. Add two numbers
    2. Multiply two numbers
    0. Exit
2↙
Please input two numbers:
20 30↙
20*30=600
    1. Add two numbers
    2. Multiply two numbers
    0. Exit
0↙
```

7.5　函数的嵌套调用和递归调用

通过以上内容，编程者已经了解到，在主函数 main 中可以调用诸如 scanf、printf 以及用户自定义函数。在 C 语言程序中，允许在一个函数的定义中实现对另一个函数的调用，这样就出现了函数的嵌套(Nesting of functions)调用。而当一个函数直接或间接地调用它自身时，称为函数的递归(Recursion)调用。

7.5.1　函数的嵌套调用

C 语言各函数之间是平行的，不允许嵌套的函数定义，但是允许在一个函数的定义中出现对另一个函数的调用，这样就出现了函数的嵌套调用。即在被调函数中又调用其他函数。下面来看一个函数嵌套调用的示例，见【例 7.7】。

【例 7.7】 输入两个整数，输出较大值。

源程序：

```
#include <stdio.h>
void process(void);
int larger(int n1,int n2);
int main( )
{
process();
}
void process(void)
{
int num1,num2,max;
printf("Enter two integers:");
scanf("%d%d",&num1,&num2);
max=larger(num1,num2);
printf("Maximum number is %d\n",max);
}
int larger(int n1,int n2)
{
     return (n1>n2?n1:n2);
}
```

运行结果：

```
Enter two integers:20 30↙
Maximum number is 30
```

【例 7.7】的函数调用过程如图 7.5 所示。

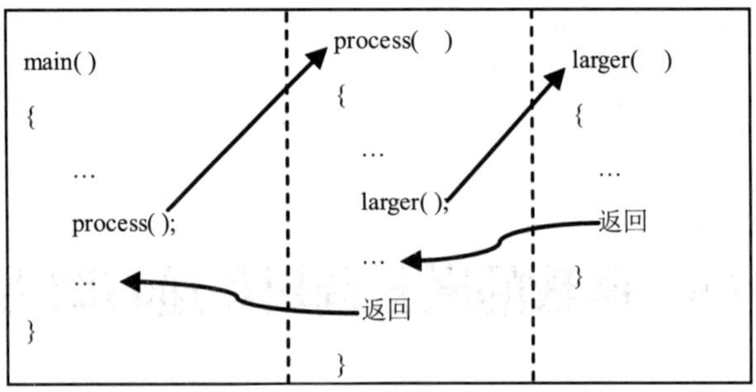

图 7.5　函数嵌套调用的执行过程

main 函数中调用 process 函数，在 process 函数中又调用 larger 函数。嵌套调用程序的执行是一个逐层深入，然后再逐层退出的过程，具体过程如下。

(1) 程序开始执行 main 函数，顺序执行 main 函数中的语句。当执行到调用 process 函数时，main 函数停止执行，转而去执行 process 函数。

(2) 顺序执行 process 函数中的语句，在 process 函数中遇到调用 larger 函数的语句。process 函数停止执行，转而去执行 larger 函数。

(3) 顺序执行 larger 函数中的语句，当 larger 函数执行完毕，返回到主调函数 process 的断点继续执行剩下的语句。

(4) 当 process 函数执行完毕，返回到主调函数 main 的断点继续执行剩下的语句。直到 main 函数结束，则程序结束。

7.5.2　函数的递归调用

1. 递归方法

递归是一种特殊的解决问题的方法。其基本思想是：将要解决的问题分解成比原问题规模小的类似子问题；而解决这个类似子问题时，又可以用到原有问题的解决方法，按照这一原则，逐步递推转化下去，最终将原问题转化成较小且有已知解的子问题。这就是递归求解问题的方法。递归方法适用于一类特殊的问题，即分解后的子问题必须与原问题类似，能用原来的方法解决问题，且最终的子问题是已知解或易于解的。

用递归求解问题的过程分为递推和回归这两个阶段。

(1) 递推阶段：将原问题不断地转化成子问题，逐渐从未知向已知推进。最终到达已知解的问题，递推阶段结束。

(2) 回归阶段：从已知解的问题出发，按照递推的逆过程，逐一求值回归。最后到达递归的开始处，结束回归阶段，获得问题的解。

例如：求 5！。

递推阶段 5！=5×4！→4！=4×3！→3！=3×2！→2！=2×1！→1！停止，其中 1!=1。

回归阶段 5!=5×4!=120←4!=4×3!=24←3!=3×2!=6←2!=2×1!=2←1!=1。

2. 函数的递归调用

用递归解决问题的思想体现在程序设计中，可以用函数的递归调用实现。在函数定义时，函数体内出现直接调用函数自身，称为直接递归调用；或通过调用其他函数，由其他函数再调用原函数则称为间接递归调用。上述该类函数称为递归函数。若求解的问题具有可递归性时，即可将求解问题逐步转化成与原问题类似的子问题，且最终子问题有明确的解，则可采用递归函数，实现问题的求解。由于在递归函数中，存在着调用自身的过程，控制将反复进入自身函数体执行，因此在函数体中必须设置终止条件。当条件成立时，终止调用自身，并使控制逐步返回到主调函数。

递归算法解决问题的基本特色如下。

① 每次调用在规模上都有所缩小。

② 相邻两次重复之间有紧密的联系。

③ 必须有一个明确的递归结束条件，称为递归出口。

在本章中仅介绍递归的简单应用。如果要深入学习递归算法，需要研究数据结构和算法等知识，这些已超出本书范围。

下面以计算 n 的阶乘这一经典案例为例子，阐述一下递归算法。总的来说，实现 n 的阶乘可以有两种方法，一种方法是循环，即迭代法；另一种是递归。

(1) 迭代方法

一个数的阶乘从 1 到这个数的各整数之乘积。这个定义如公式(7-1)所示。

$$factorial(n)=\begin{cases}1 & 若n=1\\ n*(n-1)*(n-2)\cdots3*2*1 & 若n>1\end{cases} \tag{7-1}$$

编写一个程序用迭代方法来计算阶乘，这个方法通常包含一个循环，如程序【例 7.8】所示。

【例 7.8】 迭代求阶乘函数。

源程序：

```
long factorial(int n)
{
     int i=1;
long factN=1;
     for (i=1;i<=n;i++)
         factN=factN*i;
     return factN;
}
```

(2) 递归方法

计算 n 的阶乘的数学递归定义如公式(7-2)所示。

$$factorial(n)=\begin{cases}1 & 若n=1\\ n*factorial(n-1) & 若n>1\end{cases} \tag{7-2}$$

用公式(7-2)来分解 4 的阶乘，如图 7.6 所示。仔细研究这幅图，注意这个问题的递归解法包含两个行程：一个是自顶向下地分解问题，一个是自底向上地解决问题。

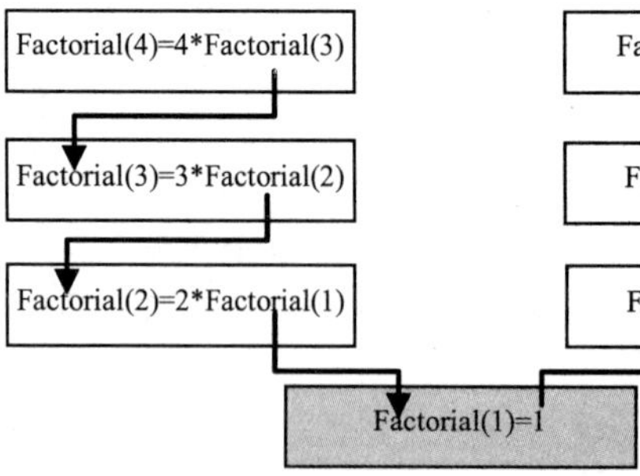

图 7.6　4 的阶乘递归

阶乘的递归解法如程序【例 7.9】所示。这个程序不需要循环，它本身就包含了重复。

【例 7.9】 递归求阶乘函数。

源程序：

```
long factorial (int n)
{
     if (n==1)
return 1;
     else
          return (n*factorial(n-1));
}
```

程序分析：

上述求 n!的方法是递归方法求解的典型应用。在递归的版本中，让函数 factorial 调用自己。每次改变一下参数，图 7.7 展示了每次调用时的递归执行参数。

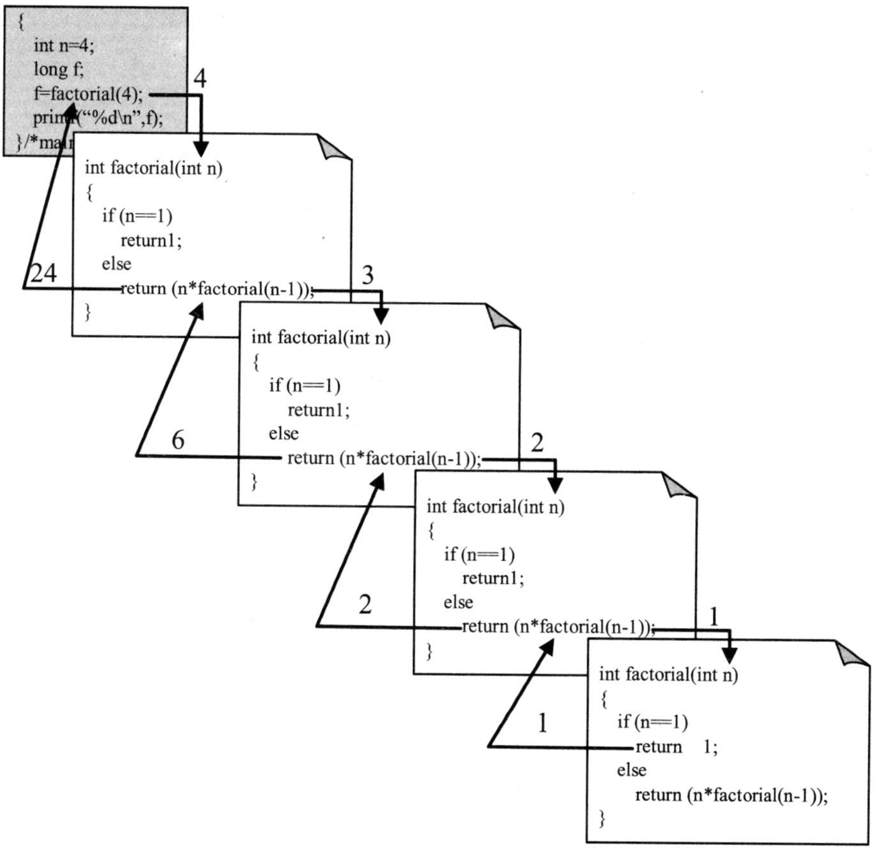

图 7.7　调用递归函数

7.6　变量的作用域

在讨论函数的参数传递时曾提到，形参变量只有在被调用时才分配内存单元。在调用结束时，即刻释放所分配的内存单元。这一点说明形参变量只有在函数内才有效。这种变量有效性的范围称作变量的作用域。不仅对于形参变量，C 语言中所有的变量都有它的作用域。

观察以下程序的运行结果。

源程序：

```
#include <stdio.h>
int a=8; /*位置① */
int main( )
{
    int b=7; /*位置② */
    {
        int a=12,b=16; /*位置③ */
        printf("a=%d,b=%d\n",a,b);
    }
    printf("a=%d,b=%d\n",a,b);
    return 0;
}
```

运行结果：

```
a=12, b=16
a=8, b=7
```

程序分析：

完全一样的语句，在不同位置输出的结果完全不同，为什么？ 这是因为在 C 语言中，两处打印语句中变量 a 和 b 虽然同名，但它们却是不同的变量。位置③定义的变量 a 和 b，只在其所在复合语句中有效，在该复合语句外，它已经不存在。这说明每个变量都有它的作用范围。

变量有效范围称变量的作用域。C 语言中所有的量都有自己的作用域。

C 语言中的变量，按其作用域范围不同可分为两种：局部变量和全局变量。关于局部变量和全局变量的关系，可以这样理解：全局变量是一个中央政府官员，可以管辖全国各个省。而局部变量是一个地方官，它只能管辖一部分区域，而且地方官有省、市、县等不同级别，局部变量也一样，存在不同级别。在上例中，位置②和位置③都是局部变量，但它们的作用范围还是不同，后者作用范围更小。

7.6.1　局部变量

局部变量也称作内部变量，它是在函数内部定义的变量。局部变量的作用域仅限于函数内部，离开该函数后再使用这种变量是非法的。

关于局部变量要注意以下几点。

(1) 在主函数中定义的变量，只能在主函数中使用，不能在其他函数中使用，主函数中也不能使用其他函数中定义的变量。

(2) 形参变量是属于被调函数的局部变量。

(3) 不同函数中可使用同名局部变量，它们分配不同的存储单元，代表不同对象，互不干扰。

(4) 复合语句内也可定义自己的局部变量，其作用域只在复合语句范围内。

(5) 不同作用域可以定义同名变量，局部变量同名时，作用域范围广的同名变量暂被屏蔽，使用的是同名的最内部的局部变量。

【例 7.10】 局部变量编程示例。

源程序：

```
#include <stdio.h>
int main( )
{
    int a=1,b=2;
    {
        int c=3;
        b+=c;
        printf("a=%d,b=%d,c=%d\n",a,b,c);
    }
```

c 的作用域

a、b 的作用域

运行结果：

```
a=1,b=5,c=3
a=1,b=5
```

【例 7.10】中共有 a、b、c 三个局部变量，它们的作用域上面也已经标出。

7.6.2 全局变量

全局变量也称作外部变量，它是在函数外部定义的变量。全局变量不同于局部变量，它不属于某一个函数，可在多个函数中使用。

关于全局变量要注意以下几点。

(1) 全部变量的定义必须在所有的函数之外，且只能定义一次。其定义的一般形式如下。

```
类型说明符 变量名;
```

(2) 全局变量增加了各个函数模块之间的数据联系渠道。

使用全局变量方便函数间数据共享，增加了程序设计的灵活性。但全局变量在加强函数模块之间数据联系的同时，会增加函数间的依赖性，降低函数的独立性。另外，它还会占用系统资源，降低程序的清晰性。因此，在不必要时尽量不要使用全局变量。

(3) 在同一源文件中，允许全局变量和局部变量同名。

当局部变量与全局变量同名时，在局部变量的作用域内，局部变量有效，全局变量不起作用。在局部变量的作用域外，局部变量不再有效，全局变量起作用。

(4) 如果在全局变量的定义位置之前或其他文件中的函数要引用该全局变量时，必须对变量用 extern 声明。

(5) 全局变量定义时如果未初始化，则系统赋初值为 0。

1. 全局变量的作用域

全局变量的作用域是整个程序，但在全局变量定义位置之前或其他文件中的函数要引用该全局变量时，必须对该变量用 extern 声明。

源程序：

```
#include<stdio.h>
void fun();
int main( )
{
      extern int a;
      fun();
      printf("%d",a);
      return 0;
}
int a; /*  全局变量 */
void fun()
{
      a=80;
}
```

程序运行：

```
80
```

因全局变量 a 定义在 main 函数后面，main 函数中必须用 extern 对全局变量 a 进行声明，目的是告诉编译系统在函数内要引用的全局变量属性(如全局变量名及类型)，以便编译系统检验函数中对全局变量引用是否正确。

注意：
用 extern 声明变量时，不再对该变量分配存储空间。

2. 全局变量与局部变量同名

在同一个函数中不能定义具有相同名字的变量，但在同一个文件中全局变量名和函数中的局部变量名可以同名。当全局变量名与函数内的局部变量同名时，在该函数体内部的同名全局变量暂被屏蔽，函数内使用的是同名局部变量，而同名全局变量在该函数中不可见。

【例 7.11】 读程序，注意全局变量名与局部变量名同名时函数的处理方式。

源程序：

```
#include<stdio.h>
float add, mult; /*  全局变量  */
void fun(float x,float y)
{
```

```
    float add,mult; /*  局部变量 */
    add=x+y;
    mult=x*y;
}
int main( )
{
    float a,b;
    scanf("%f%f",&a,&b);
    fun(a,b);
    printf("%.2f %.2f\n",add,mult);
    return 0;
}
```

运行结果：

```
7 5↙
0.00 0.00
```

程序分析：

全局变量 add、mult 与 fun 函数中局部变量同名，函数 fun 中，引用的是局部变量，即给局部变量 add、mult 赋值，全局变量值未被改变，返回主函数后，引用的是全局变量 add、mult，由于全局变量定义时如果未初始化，则系统赋初值为 0，所以输出全局变量 add 和 mult 为 0.00 和 0.00。

7.7　变量的存储类别

从变量的作用域(即从空间)角度，将变量划分为局部变量和全局变量。其实，变量还可以从其值存在的时间(即生存期)角度，分为静态存储方式和动态存储方式。静态存储方式是指在程序运行期间，分配固定的内存空间。动态存储方式则是指在程序运行期间，根据需要动态地分配存储空间。

在 C 语言中，变量有两个重要属性：数据类型和存储类别。数据类型是指变量存储时所占空间的多少，如整型一般占 2 字节。变量的存储类别是指变量占用内存空间的方式，也称为变量的存储方式。

在 C 语言中，对变量的存储类别声明有 4 种类型：自动变量(auto)、静态变量(static)、外部变量(extern)、寄存器变量(register)。

1. 自动变量(auto)

C 语言规定，函数内凡未加存储类别声明的变量均视为自动变量，即自动变量可省去声明符 auto。自动变量是 C 语言默认的存储类型，使用最广泛。前面各章程序中，所定义的变量都是自动变量(未加存储类型声明符)。

自动变量属于动态存储方式。只有在使用它即定义该变量的函数被调用时，才给它分配存储单元，开始它的生存期。当函数调用结束后，立即释放其所占的存储单元，结束其生存期。自动变量的值会随着其生存期的结束而丢失，在程序设计时，一定要特别注意这一点。并且自动变量都是局部变量，没有给自动变量初始化赋值或定义后赋值，其值是不确定的。

2. 静态变量(static)

有时希望函数中局部变量的值在函数调用结束后仍然保存在内存中。即其所占用存储单元不释放，在下次再调用该函数时，变量的值就是该函数上次调用后的值。这时，应将变量指定为静态变量。

静态变量包括静态局部变量和静态全局变量。

(1) 静态局部变量

在局部变量的说明前，加上 static 关键字就构成静态局部变量。

静态局部变量属于静态存储方式。静态局部变量在整个源程序运行期间始终存在，即它的生存期为整个源程序运行时间。

静态局部变量的生存期虽然为整个源程序的运行时间，但是其作用域仍只能在定义该变量的函数的范围之内。退出该函数后，尽管该变量还继续存在，但不能使用它。对于基本类型的静态局部变量，如果没有初始化，则系统会自动赋初值 0；而对自动变量，若不初始化系统、不赋初值，则其值不定。

(2) 静态全局变量

在全局变量的说明之前，加 static 关键字可构成静态全局变量。非静态全局变量的作用域是整个源程序。当一个源程序由多个源文件组成时，非静态全局变量在各个源文件中都有效。静态全局变量可限制变量的作用域，只在定义该变量的源文件内有效，而在同一源程序的其他源文件内无效。在多人共同开发的大型项目中，为了防止别人错误修改变量值，可将其设为静态全局变量。

注意：

把局部变量改为静态变量，是改变了变量的存储方式，即生存期；把全局变量改为静态变量，是改变了变量的作用域，即限制了变量的使用范围。

【例 7.12】 分析下列程序的运行结果。

源程序：

```
#include<stdio.h>
int fun()
{
     static int x=1;
     x+=1;
     return x;
}
int main( )
{
     int i,s=1;
     for (i=1;i<=5;i++)
     s=s+fun();
```

```
        printf("%d\n",s);
        return 0;
    }
```

运行结果：

```
    21
```

程序分析：

本程序 fun()函数中定义的变量 x 为静态局部变量，第一次循环后 x 的值为 2，s 的值为 3；第二次循环后 x 的值为 3(因为静态局部变量在整个源程序运行期间始终存在，所有原来的值还保留，增加 1 后，x 的值变为 3)，s 的值为 6；第三次循环后 x 的值为 4，s 的值为 10；第四次循环后 x 的值为 5，s 的值为 15；第五次循环后 x 的值为 6，s 的值为 21。

3. 外部变量(extern)

外部变量和全局变量是一样的，只是从不同的角度来命名。从变量的作用域角度，称为全局变量；从变量的生存期角度，称为外部变量。外部变量定义在函数体外，且只能定义一次，外部变量的作用域是从该变量定义处开始，到该程序末尾结束。如果在该变量定义前的函数中或其他文件想使用该全局变量，则需要使用关键字 extern 来进行声明。

4. 寄存器变量(register)

寄存器变量与前面 3 种类型不同，它的值不是存储在计算机内存中，而是直接存储在 CPU 的寄存器中。因此，寄存器变量的读取速度比其他 3 种类型更快，效率更高，一般用于存放读/写频率很高的简单变量。

寄存器变量在使用时，要注意以下几点。

(1) 只有局部自动变量和形参才可以定义为寄存器变量。寄存器变量属于动态存储方式，凡是需要采用静态存储方式的变量均不能定义为寄存器变量。

(2) 寄存器变量数量的约定。一个计算机系统中的寄存器变量的数目是有限的，不能定义任意多个寄存器变量。不同系统允许使用的寄存器个数不同，且对寄存器变量的处理方法也不同。当没有足够的寄存器来存放指定变量，或 C 语言程序认为指定的变量不适合放在寄存器中时，将按自动变量(auto)处理。其实，寄存器变量的说明只是对编译程序提出的一种建议，不具备强制性。

(3) 一般只将定点数(整型或字符型)定义为寄存器变量。

(4) 寄存器变量的说明，应放在尽量靠近其使用的地方。同时，用完后尽快释放，以提高寄存器的利用效率。

7.8 本章小结

1. 结构化程序设计是 C 语言的重要特征。C 语言中的函数按函数定义的角度可分为库函数和用户自定义函数；根据函数是否有返回值可分为有返回值函数和无返回值函数；从数据传送的角度又可分为无参函数和有参函数。

2. 书写自定义函数时，要注意返回值的类型(无返回值为 void)、函数的名称、形参的个数以及形参的数据类型(无参数时要有空括号)，在函数体中可以书写完成函数功能的代码。

3. 在调用函数前要进行函数声明，调用函数时数据传递的过程是实参对形参的一一对应单向的值传递。函数的嵌套调用是函数间分层的调用关系，递归调用是一个函数间接或直接地调用了本身。注意递归调用要有终止条件，否则就是无限递归。

4. 变量按作用域可分为全局变量(也称外部变量)和局部变量。全局变量定义在函数外部，作用域为从定义开始到当前文件结束，可以使用 extern 关键字扩展全局变量的作用域。局部变量的作用范围是整个函数或者是它所定义的复合语句内部。

5. 变量按照生存周期(存储类型)可以分为动态存储变量和静态存储变量。动态存储变量是程序执行进入它的作用域时才分配存储空间，当程序出了它的作用域就回收内存。动态存储变量分为自动变量和寄存器变量。自动变量在内存中动态分配存储空间，寄存器变量在 CPU 的寄存器中动态分配存储空间。静态变量是从程序开始运行前就分配存储空间供程序使用，当整个程序结束时才释放内存。全局变量采用的是静态存储方式。静态变量包括静态全局变量(外部变量)和静态局部变量。静态全局变量是不能扩展作用域的全局变量，静态局部变量作用域为函数范围内，但函数调用结束并不释放内存，值保留，影响函数的下一次调用。

7.9 习　　题

1. 有以下程序：

```
#include <stdio.h>
void fun (int p)
{
      int d=2;
      p=d++;
      printf("%d",p);
}
main()
{
      int a=1;
      fun(a);
      printf("%d\n",a);
}
```

程序运行后的输出结果是________。

2. 有以下程序：

```
# include <stdio.h>
fun(int x)
{
      if(x/2>0)
         fun(x/2);
      printf("%d", x);
```

```
}
main()
{
    fun(6);
    printf("\n");
}
```

程序运行后的输出结果是________。

3. 有以下程序：

```
#include <stdio.h>
long fib(int n)
{
    if (n>2) return (fib(n-1)+fib(n-2));
    else return (2);
}
main( )
{
    printf("%ld\n",fib(6));
}
```

程序运行后的输出结果是________。

4. 以下程序的功能是：通过函数 func 输入字符并统计输入字符的个数。输入时用字符@作为输入结束标志。请填空。

```
#include <stdio.h>
long__________________;     /* 函数声明语句 */
main( )
{
    long n;
    n=func();               /* 函数调用语句 */
    printf("n=%ld\n",n);
}
/* 函数定义部分 */
long func()
{
    long m;
    for( m=0; getchar()!='@'; __________________);
        return m;
}
```

5. 有以下程序：

```
# include <stdio.h>
int f(int n);
main()
{
    int a=3,s;
    s=f(a);s=s+f(a);printf("%d\n",s);
```

```
}
int f(int n)
{
     static int a=1;
     n+=a++;
     return n;
}
```

程序运行后的输出结果是________________。

6. 有以下程序：

```
#include <stdio.h>
main( )
{
     int i=1,j=3;
     printf("%d,",i++);
     {
         int i=0;
         i+=j*2;
         printf("%d,%d,",i,j);
     }
     printf("%d,%d\n",i,j);
}
```

程序运行后的输出结果是________________。

7. 有以下程序：

```
#include <stdio.h>
main( )
{
     int a=3,b=2,c=1;
     c-=++b;
     b*=a+c;
     {
         int b=5,c=12;
         c/=b*2;
         a-=c;
         printf("%d,%d,%d,",a,b,c);
         a+=--c;
     }
     printf("%d,%d,%d\n",a,b,c);
}
```

程序运行后的输出结果是________________。

8. 编程，从键盘输入 3 个整数，输出 3 个数中的最大数。比较数的大小用函数实现。

9. 编程，请用递归函数，求 1+2+3+…+n，n 由键盘输入。(递归式：sum(n)=sum(n-1)+n)

10. 编程，将输入的整数转换成二进制字符串并输出。用函数实现整数转换成对应的二进制字符串并输出。

第8章　指　　针

在 C 语言中，指针(Pointers)是一个重要的概念，可用指针来直接访问内存和操作内存地址。指针可以使程序简洁、紧凑、高效，可以有效地表示复杂的数据结构，可以动态分配内存，灵活使用数组和字符串以及进行函数间数据传递。本章将介绍指针的基本知识及其常见的使用方法。

8.1　指针概述

内存(Memory)是计算机用于存储数据的存储器。计算机的内存是一系列的“存储单元”的集合，如图 8.1 所示。每个单元有一个称为地址的数字与之关联。通常，地址是从 0 开始依次编号的，最后一个地址编号取决于内存的大小。一个具有 64KB 内存的计算机的最后一个地址是 65535。

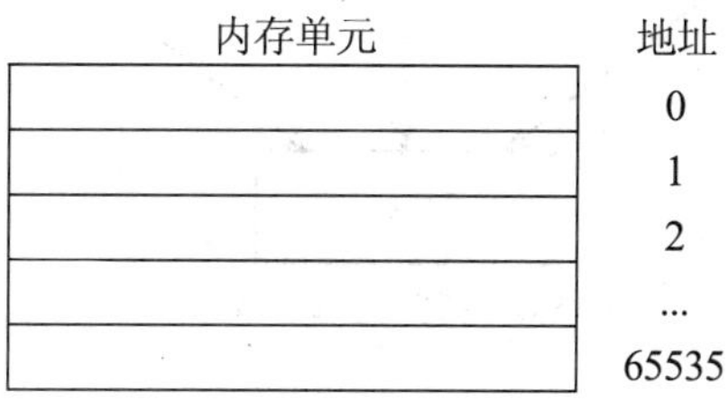

图 8.1　内存的结构

当声明一个变量时，系统会在内存中分配适当的存储空间，以保存该变量的值。由于每字节都有一个唯一的地址编号，因而内存存储空间都有自己的地址编号。请看下面的语句：

```
int age=20;
```

上述语句指示系统为整型变量 age 分配存储空间，并把数值 20 存放在其中。假设系统为 age 分配的地址编号为 2000，就可以用如图 8.2 所示来表示该变量。

程序运行时，系统总是把变量名 age 与地址 2000 关联(类似于房间号与房间名一样)。要访问数值 20，可以使用变量名 age 或地址 2000。由于内存地址只是一个编号，因而又可以把它们赋给变量。这种保存内存地址的变量就称为指针变量。因此，指针变量只是一个保存地址的变量，而该地址则是另一个变量在内存中的存储位置。

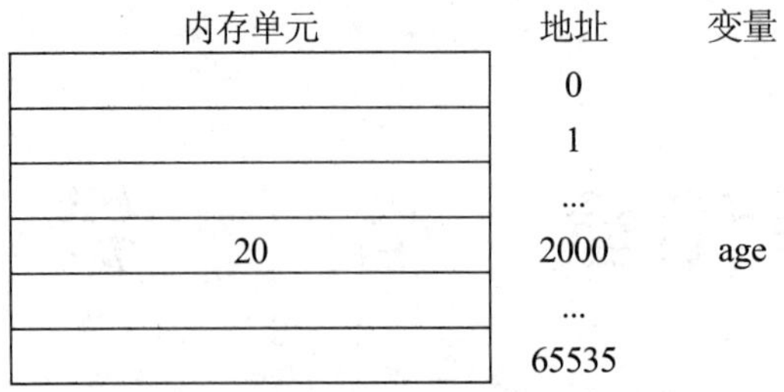

图 8.2　变量的表示

由于指针也是一个变量，因而它的值也可以存储在内存的另一个地方。假设把变量 age 的地址赋给变量 p，变量 p 存储的值为 2000。这里，假设 p 的地址为 5000，该值可以用另一个变量 q 存储，这样就构成了指针链，如图 8.3 所示。

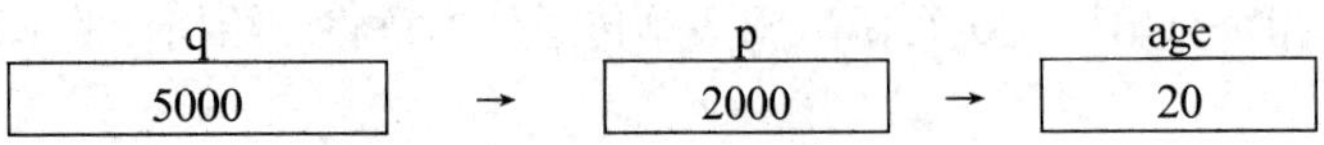

图 8.3　指针链

由于变量 p 的值是变量 age 的地址，这样就可以利用 p 的值来访问 age 的值，称 p 指向变量 age(指针也因此而命名)。人们不关心指针变量的实际值，其值是会发生变化的，人们关心的是 p 与 age 之间的关系。

指针是建立在如图 8.4 所示的 3 个基本概念的基础上的。

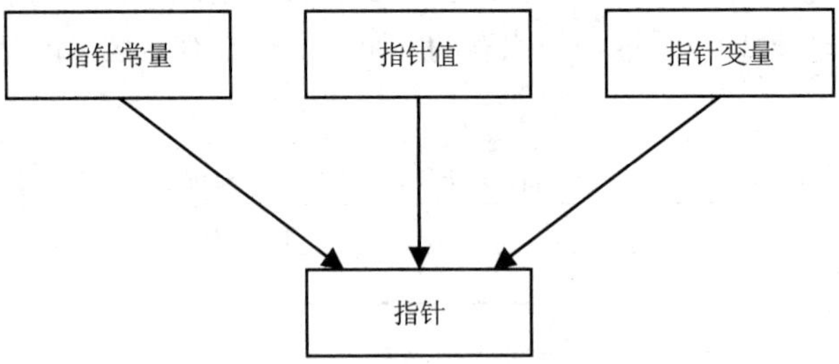

图 8.4　指针的基本概念

计算机的内存地址指的是指针常量，编程者不能修改它们。通过地址运算符&可以获得变量的地址，这个获得的值称为指针值。编程者可以把它存储在另一个变量中，包含指针值的变量就称为指针变量。

8.2　访问变量的地址

变量在内存中的实际地址与具体的系统有关，因而编程者并不能立即知道某个变量的地址。那么如何确定变量的地址呢？这可以利用 C 语言的运算符&来完成，&被称为取地址运算符。在 scanf 函数中，读者已经了解到取地址运算符的使用了。位于变量之前的地址运算符返回该变量的地址。

例如，如下语句。

```
p=&age;
```

把地址 2000(age 的地址)赋给变量 p。运算符&可以记作为“...的地址”。

运算符&只能用于单个变量或一个数组元素。下面的地址运算符使用是非法的。

(1) &20　(指向了常量)

(2) int x[10];

&x　(数组名本身就表示数组的首地址)

(3) &(a+b) (指向了表达式)

如果 x 是一个数组，那么&x[0]和&x[i]是合法的，表示元素 x[0]和 x[i]的地址。

【例 8.1】 编写一个程序，显示变量的值及其地址。

源程序：

```
#include <stdio.h>
int main(void)
{
     char x;
     int y;
     float z;

     x='a';
     y=10;
     z=12.3;
     printf("%c is stored at addr %p.\n",x,&x);/* 输出地址时转换码用 p */
     printf("%d is stored at addr %p.\n",y,&y);
     printf("%.2f is stored at addr %p.\n",z,&z);
     return 0;
}
```

运行结果：

```
a is stored at addr 0012FF7C.
10 is stored at addr 0012FF78.
12.30 is stored at addr 0012FF74.
```

8.3　指针变量的定义与运算

8.3.1　指针变量的定义

C 语言规定所有变量在使用前必须先定义，指定其类型，并按此分配内存单元。指针变量虽不同于前面已学过的变量，其是专门用来存放地址的，但也要在使用前事先定义，且必须定义为“指针类型”。

指针变量定义的一般形式如下。

```
类型 *指针变量名;
```

示例代码如下。

```
int *p1;
float *p2;
char *p3;
```

说明：

(1) 类型是指针变量所指向(或“所引用”)的变量的数据类型，指针变量只能指向该类型的变量，不能指向其他类型的变量。我们把这个类型称为指针的“基类型”。

(2) 指针变量名前有一个“*”，表示该变量是指针类型的，它是指针变量的标志。

(3) 指针变量名要满足标识符的命名约定。

8.3.2　指针变量的初始化与赋值

如下是指针变量的定义。

```
int *p1, *p2;
float *p3;
```

上面两行说明语句仅仅定义了指针变量 p1、p2、p3，但这些指针变量指向的变量(或内存单元)还不明确。因为这些指针变量还未被赋予确定的地址值，这时指针变量里的地址值是随机的。只有将某一具体变量的地址赋给指针变量之后，指针变量才能指向确定的变量。

在定义指针变量的同时给指针一个初始值，称为指针变量初始化。

示例代码如下。

```
int a=10, b=20  ;       /* 定义两个整型变量 a,b 并初始化 */
int *pa= &a;            /* 将变量 a 的地址赋给指针变量 pa */
int *pb= &b;            /* 将变量 b 的地址赋给指针变量 pb */
```

第一行先定义了整型变量 a，并为之分配了存储单元；第二行再定义一个指向整型变量的指针变量 pa，在内存中就为指针变量分配了一个存储空间，同时通过取地址运算符&把变量 a 的地址赋给 pa。这样，指针变量 pa 就指向了确定的变量 a。同理，指针变量 pb 指向变量 b。

在定义指针变量之后，也可以对其进行赋值。

示例代码如下。

```
int *p1,*p2;
int a=10;
p1=&a;
p2=p1;
```

指针变量可以有空值，即该指针变量不指向任何变量，表示成 int * p=NULL。其中，NULL 是整数 0。

8.3.3　通过指针访问变量

一旦把变量的地址赋给指针后，剩下的问题是如何使用指针来访问变量的值了。这可以使用一元运算符*(星号)来实现，通常称它为间接寻址运算符(习惯上也称为间接引用或间接访问运算符)。当它作用于指针时，将访问指针所指向的对象。请看下面的语句。

```
int age1,*p,age2;
age1=19;
p=&age1;
age2=*p;
```

第一条语句把 age1 和 age2 声明为整型变量，p 为指向整数的指针变量；第二条语句把整数 19 赋给 age1；第三条语句把 age1 的地址赋给变量 p；第四条语句使用了间接寻址运算符*。当在表达式等号的右边把运算符*放在指针变量之前时，可返回该指针变量所指向的变量的值。上面语句中*p 表示变量 age1 的值，因为 p 保存变量 age1 的地址。

星号*可以记作“存储地址所保存的值”。

【例 8.2】 通过指针变量的引用输出变量的值。

源程序：

```
#include <stdio.h>
int main(void)
{
      int a, b;
      int *pa, *pb;
      a = 66;
      b = 88;
      pa = &a; /*把变量 a 的地址赋给指针变量 pa*/
      pb = &b; /*把变量 b 的地址赋给指针变量 pb*/
      printf("%d, %d\n", a, b);
      printf("%d, %d\n", *pa, *pb);
      return 0;
}
```

运行结果：

```
66, 88
66, 88
```

在程序的开始处，由语句“int *pa, *pb;”定义了两个指针变量 pa 和 pb，这表明它们可以指向整型变量。不过，在该语句中并没有对 pa 和 pb 进行初始化，所以 pa 与 pb 未指向任何整型变量。语句“pa = &a;”与“pb = &b;”的作用是使 pa 指向 a，pb 指向 b。此时，pa 的值为&a，pb 的值为&b。

函数调用语句“printf("%d, %d\n", *pa, *pb);”中的*pa 和*pb，实际上就是变量 a 和 b。所以，程序最后的两个 printf()函数的作用是完全相同的。

在该程序中，有两处出现了*pa 和*pb，但它们的含义不同。程序前端的*pa 和*pb 表示定义指针变量 pa 和 pb，其前面的*表示它们是指针变量。而 printf()函数中的*pa 和*pb 中的*号表示间接访问运算符，代表 pa 和 pb 所指向的变量 a 和 b，如图 8.5 所示。

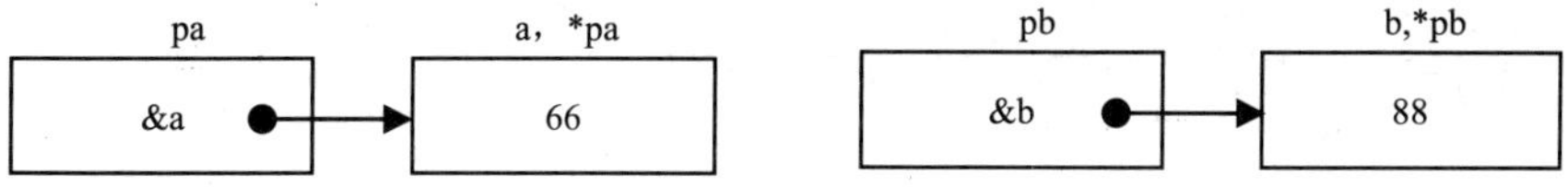

图 8.5　指针变量的引用

【例 8.3】 用指向变量的指针进行输入与输出。

源程序：

```
#include <stdio.h>
int main(void)
{
      int n1,n2;
      int *p1 = &n1,*p2=&n2;  /*使 p1 指向 n1,p2 指向 n2*/
      scanf("%d", p1);  /*  p1 中保存有变量 n1 的地址，可以替代&n1  */
      *p2=200;         /*  利用指针间接访问变量 n2,相当于 n2=200   */
      printf("%d,%d\n", *p1,*p2);  /*  间接访问 */
      return 0;
}
```

程序的运行情况如下。

```
100↙
100,200
```

下面通过程序举例来阐述一下应用指针间接访问变量的一些注意事项。

(1) 请分析下列程序中的错误。

```
#include <stdio.h>
int main(void)
{
      int *p, n;
      scanf("%d", p);
      p = &n;
      printf("%d\n", n);
      return 0;
}
```

如图 8.6 所示，该程序的错误之处在于指针 p 没有初始化就被引用。如果指针变量没有初始化就被引用，虽然程序可以运行，但得到的结果往往是错误的。而且还可能造成致命的运行时错误或意外修改重要数据。

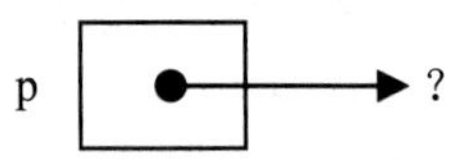

图 8.6　错误程序示例

(2) 比较下面两个程序的输出结果有什么不同。

源程序 1：

```
#include <stdio.h>
int main(void)
{
      int a=10,b=20,*pa,*pb,*temp;
      pa=&a;
      pb=&b;
```

```
        temp=pa;
        pa=pb;
        pb=temp;
        printf("a=%d,b=%d",a,b);
        return 0;
    }
```

运行结果：

```
a-10,b=20
```

源程序 2：

```
#include <stdio.h>
int main(void)
{
        int a=10,b=20,*pa,*pb,temp;
        pa=&a;
        pb=&b;
        temp=*pa;
        *pa=*pb;
        *pb=temp;
        printf("a=%d,b=%d",a,b);
        return 0;
}
```

运行结果：

```
a=20,b=10
```

程序分析：

源程序 1 中的代码 temp=pa;pa=pb;pb=temp;实现了指针变量 pa 和 pb 的交换。交换完成后，pa 指向 a，pb 指向 b，而 a 和 b 对应的变量值未发生改变，如图 8.7 所示。

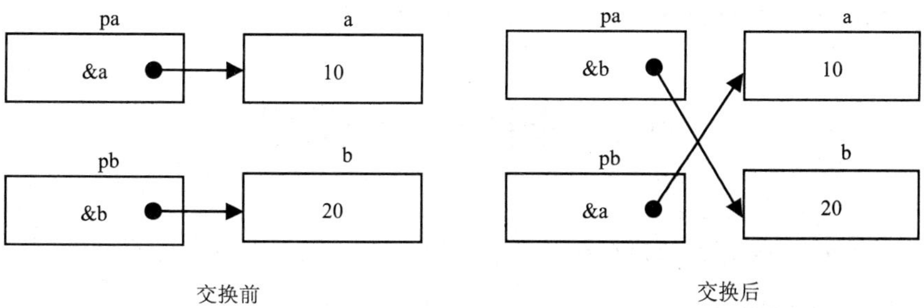

图 8.7　指针变量的交换

源程序 2 中的代码 temp=*pa;*pa=*pb;*pb=temp;，其中*pa ⇔ a，*pb ⇔ b 实现了指针变量 pa 和 pb 存储地址所保存的值的交换(即 a,b 的值)。交换完成后，pa 仍然指向 a，pb 仍然指向 b，而 a 和 b 对应的值进行了交换，如图 8.8 所示。

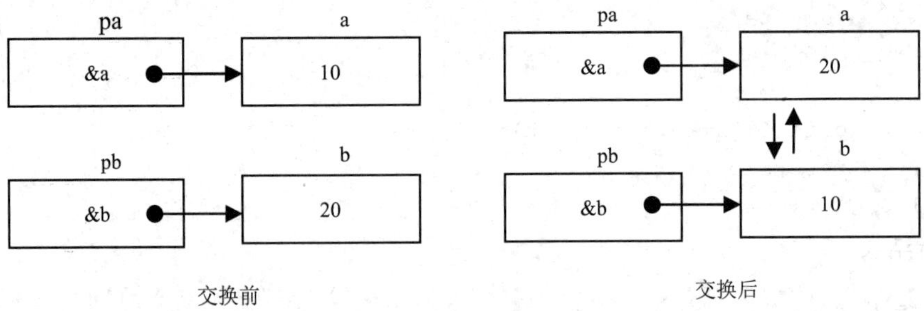

图 8.8　指针变量的交换

8.3.4　指针的运算

1. 指针的算术运算

可以对指针变量进行的算术运算有以下两种情况。

(1) 指针变量可与一个整数相加减。

(2) 两个同类型的指针变量可以相减。

规则：指针变量 p±n 得到相应于另一个引用位置(相距 n 个元素远)，n 表示偏移量。指针变量的算术运算结果是改变指针的引用位置。指针的运算一般与数组相结合，本书在第 8.4 节会详细介绍。两个同类型的指针变量可以相减表示计算偏移量。

指针变量算术运算的过程如下。

```
p 新值 =p 原值 ±n*sizeof(指针基类型)
```

例如，假设整型数据占用内存大小为 4 字节，有定义如下。

int a=10; int *p=&a;，如果变量 a 的地址为 2000，则 p+1 的值为 2000+1*4=2004。

2. 指针的关系运算

作用：用于标识指针目标变量在内存中的前后位置。

8.4　指针与一维数组

在本节对指针的算术运算进行进一步的讨论，进行指针定义的一般形式如下。

```
类型 * 指针变量名;
```

其中，指针的类型人们习惯上称为“指针的基类型”，定义指针时指定基类型。另一方面通知编译器，指针指向何种类型的数据，如 int 型指针指向整型变量。示例代码如下。

```
int a;
int *p=&a;
```

上面的代码示例表示基类型为整型的指针 p 指向整型变量 a。指定基类型的另外一个目的是，当指针进行算术运算时(即指针发生移动时)，其地址值的变化，也就是地址的偏移幅度。先来分析下面的程序。

源程序：

```
#include <stdio.h>
int main(void)
{
    char a;
    short int b;
    long int  c;
    char *pa=&a;
    short int  *pb=&b;
    long int *pc=&c;
    printf("sizeof(char)=%d\n",sizeof(char));
    printf("sizeof(short int)=%d\n",sizeof(short int));
    printf("sizeof(long int)=%d\n",sizeof(long int));
    printf("pa:%ld,pa+1:%ld\n",pa,pa+1);
    printf("pb:%ld,pb+1:%ld\n",pb,pb+1);
    printf("pc:%ld,pc+1:%ld\n",pc,pc+1);
    return 0;
}
```

运行结果：

```
sizeof(char)=1
sizeof(short int)=2
sizeof(long int)=4
pa:1245052,pa+1:1245053
pb:1245048,pb+1:1245050
pc:1245044,pc+1:1245048
```

通过以上结果可以发现，pa、pb、pc 同样是指针，但增加 1 时，pa 值增加了 1，pb 增加了 2，pc 增加了 4。1、2、4 正好和用运算符 sizeof 测定不同数据类型所占的字节数相符，因为程序输出了字符型、短整型、长整型数据所占用的存储空间如下所示。

```
sizeof(char)=1
sizeof(short int)=2
sizeof(long int)=4
```

也就是说，当指针增加 1(偏移量为 1)时，其地址值增加了 sizeof(指针基类型)。

如果存储整型数据需要 4 字节，有定义：int a=10;int *p=&a;。如果 a 的地址为 5000，那么 p+1 的值是多少呢？很显然是 5000+sizeof(int)=5004。

所以，指针变量算术运算 p±i 的过程如下。

p 新值=p 原值±i*sizeof(指针基类型)(注：i 表示偏移量)。

当指针指向一个变量时，指针发生偏移没有实际意义，但是如果指针与数组结合，其算术运算就有意义了。因为在 C 语言中，当定义一个一维数组时，编译器会给所有数组元素分配连续的内存空间。

假设如下定义 x 数组。

```
short int x[5]={1,2,3,4,5};
```

假定 x 的第一个元素的地址为 1000，并假设每个短整型数据需要 2 字节的存储空间，于是该数组的 5 个元素的存储形式如图 8.9 所示。

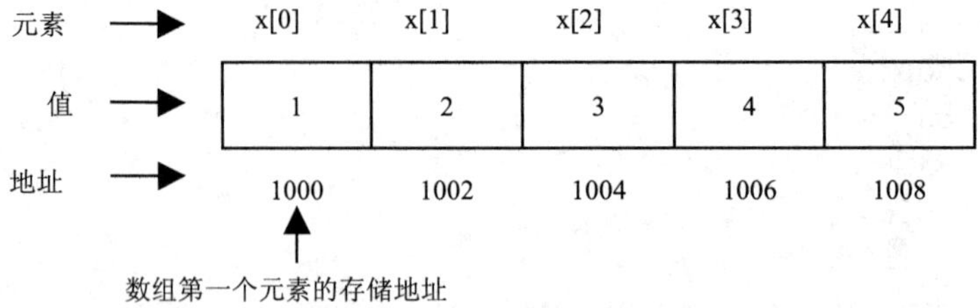

图 8.9　数组元素的存储

C 语言标准作了如下规则说明。

规则 1：表达式中的数组名被编译器当作一个指向数组第一个元素的指针。

规则 2：下标总是与存储地址(指针)的偏移相同。

如图 8.10 所示，x 数组的第 1 个元素的地址就是数组的首地址 1000，没有地址偏移，所以下标为 0。第 2 个元素的存储地址应该是首地址加上元素 x[0]所占用的存储字节数(也就是需要偏移一个整型数据所占用的存储字节数)，因此第 2 个元素的下标为 1，其地址值增加了 1*2=2，第 2 个元素的地址为 1002。依此类推，第 3 个元素，偏移量为 2，下标为 2，地址为 1000+2*2=1004；第 4 个元素，偏移量为 3，下标为 3，地址为 1006；第 5 个元素，下标为 4，地址为 1008。由规则中的说明可知，x 是指向第一个元素的指针，其基类型与元素类型一致，根据刚才讨论的指针算术运算，x+1 的值应该是元素 x[1]的地址，x+2 的值是 x[2]的地址，x+3 的值是 x[3]的地址，x+4 的值是 x[4]的地址。根据间接访问运算符*可取得对应元素的值如下。

```
x[0] ⇔ *(x+0) ⇔ *x
x[1] ⇔ *(x+1)
x[2] ⇔ *(x+2)
x[3] ⇔ *(x+3)
x[4] ⇔ *(x+4)
```

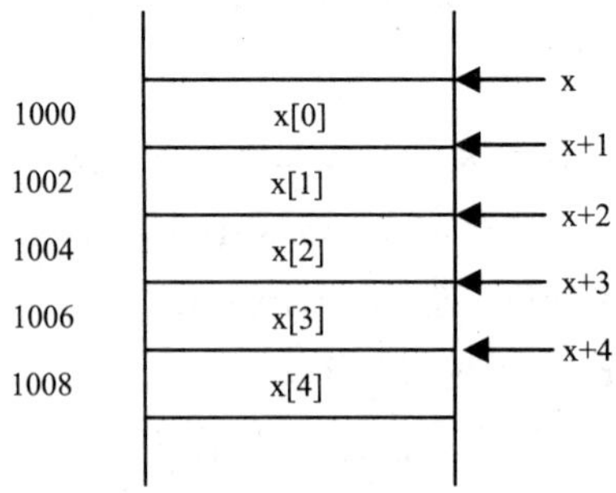

图 8.10　一维数组名与地址

用户可以定义一个与数组类型一致的指针变量，然后将数组名或第一个元素的地址赋给指针变量，这样就可以用指针遍历数组元素了。

假设有如下定义。

```
int x[5]={1,2,3,4,5};
int *p;
p=x;     /*  或 p=&x[0]; */
```

由于指针 p 的基类型与数组类型一致，所以 p+1⇔x+1⇔&x[1]，p+i⇔x+i⇔&x[i]。

指针变量 p 已指向数组中的第一个元素，p+1 表示指向同一数组的第二个元素，依此类推。因此，指针变量可以与数组名等价的方式遍历所有数组元素。数组 x 的 5 个元素分别如下。

```
x[0] ⇔ *(p+0) ⇔ *p
x[1] ⇔ *(p+1)
x[2] ⇔ *(p+2)
x[3] ⇔ *(p+3)
x[4] ⇔ *(p+4)
```

总结一下，引用数组元素有下标法和指针法两种方法。

例如，有定义：int a[10];int *p=a;。

(1) 下标法(也称为索引法)

例如：a[1],a[i],p[1],p[i]。

(2) 指针法

例如：*(p+1),*(a+1),*(p+i),*(a+i)。

若 p 的初值为 a 或&a[0]，则 a+i 和 p+i 是数组元素 a[i]的地址，*(a+i)和*(p+i)是 a+i 和 p+i 指针所指向的数组元素。因此要表示数组 a 中下标为 i 的数组元素有 4 种方法，如下。

```
a[i] ⇔ p[i] ⇔ *(p+i) ⇔ *(a+i)
```

用指针法引用数组元素，使得数组和指针都更加通用。

例如，假设用如下形式声明 a。

```
int a[10];
```

用 a 作为指向数组第一个元素的指针，可以修改 a[0]。

```
*a=7; /*将 7 存储在 a[0]中*/
```

可以通过指针 a+1 来修改 a[1]。

```
*(a+1)=12; /*将 12 存储在 a[1]中*/
```

利用指针使得编写从头到尾单步操作数组的循环更加容易。下面代码用于计算 10 个元素的一维数组元素之和。

```
for (p=&a[0];p<=&a[9];p++)
     sum+=*p;
```

一般的惯用法如下。

```
for (p=a;p<a+10;p++)
```

```
    sum+=*p;
```

数组名不能用作左值，所以不能给数组名赋新的值。以下代码是错误的。

```
int a[10];
...
a++;     /***错误***/
```

可以利用指针变量来完成上述功能。

```
p=a;
...
p++;
```

【例 8.4】 编程，读入 10 个数，然后反序输出这些数。

源程序：

```
#include <stdio.h>
int main(void)
{
     int a[10],*p;
     printf("Enter 10 numbers: ");
     /*   从键盘读入 10 个数  */
     for (p=a;p<a+10;p++)
         scanf("%d",p);
     printf("In reverse order:");
     /*   反序输出这 10 个数  */
     for (p=a+9;p>=a;p--)
         printf(" %d",*p);
     printf("\n");
     return 0;
}
```

运行结果：

```
Enter 10 numbers: 1 2 3 4 5 6 7 8 9 10
In reverse order: 10 9 8 7 6 5 4 3 2 1
```

8.5　指向指针的指针与指针数组

8.5.1　指向指针的指针

迄今为止，所有介绍的指针都是直接指向数据的。但很有可能会用到指向指针的指针(习惯称为二级指针)，这在高级数据结构中常常是必要的。示例代码如下。

```
int a=58;
int *p=&a;
int **q;
q=&p;
```

上述语句中，q 存储的是指针 p 的地址，称之为指向指针的指针。指针 p 引用到 a，用 *p，指针 q 引用到 a，则用**q，如图 8.11 所示。

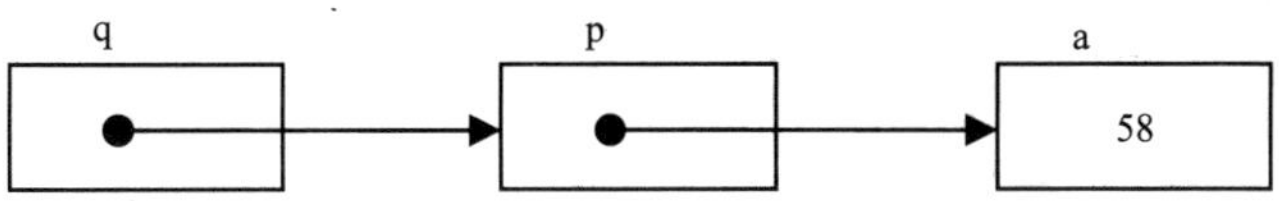

图 8.11　指向指针的指针

以下语句输出变量 a 的值。

```
printf("%d",a);
printf("%d:,*p);
printf("%d",**q);
```

指向指针的指针变量定义的一般格式如下。

```
数据类型符 **指针变量名
```

通过指向指针的指针访问变量时，需要用到双重间接运算符**，其一般形式如下。

```
 * * 指针变量名
```

【例 8.5】 二级指针的使用。

源程序：

```
#include <stdio.h>
int main(void)
{
    int a,*p,**q;
    printf("a=?\n");
    scanf("%d",&a);
    p=&a;
    q=&p;
    printf("&q=\t%ld\n",&q);
    printf("q=\t%ld\n",q);
    printf("&p=\t%ld\n",&p);
    printf("*q=\t%ld\n",*q);
    printf("p=\t%ld\n",p);
    printf("&a=\t%ld\n",&a);
    printf("**q=\t%d\n",**q);
    printf("*p=\t%d\n",*p);
    printf("a=\t%d\n",a);
    return 0;
}
```

运行结果：

```
a=?
10↙
&q=   1245044
```

```
q=   1245048
&p=  1245048
*q=  1245052
p=   1245052
&a=  1245052
**q= 10
*p=  10
a=   10
```

通过上述程序，可以清晰地看出：q=&p，*q=p=&a，**q=*p=a(为阐述方便，有时用=表示等于，不是赋值，读者注意区别开)。其指针链如图 8.12 所示。q 的值是一个指针(&p)，*q 的值(p)仍然是一个指针(&a),**q 的值(a)才是变量的值。下面来看一个公式。

```
**q=**&p=*p=*&a=a （注意：*&相互抵消）
```

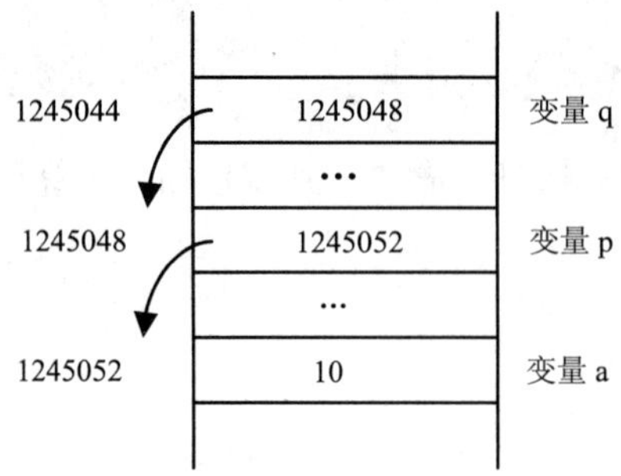

图 8.12　指针链

8.5.2　指针数组

1. 指针数组的定义

指针数组是指一个数组的各个元素均为指针类型数据，即指针数组中的每一个元素都相当于一个指针变量。一维指针数组的定义形式如下。

```
类型名 *数组名[数组长度]
```

示例代码如下。

```
int *num[4];
```

相当于定义了 4 个指针变量，分别是 num[0],num[1],num[2],num[3]，它们存储 4 个整型变量的地址。

由于运算符[ ]比*优先级高，因此 num 先与[4]结合，形成 num[4]形式，这显然是数组形式，它有 4 个元素。然后再与 num 前面的“*”结合，“*”表示此数组是指针类型的。每个数组元素都是一个指针变量，可指向一个整型变量。

2. 指针数组元素存储普通变量的地址

指针数组和其他类型的数组是一样的，都是数组，只不过其元素存储的是若干变量的地址(指针)。

示例代码如下。

```
int a=10,b=20,c=30;
int *n[3]={&a,&b,&c};
```

其中，n[0]存储变量 a 的地址，n[1]存储变量 b 的地址，n[2]存储变量 c 的地址，如图 8.13 所示。因此，从键盘输入变量 a,b,c 的值，可以用下面的代码来实现。

```
scanf("%d%d%d",n[0],n[1],n[2]);
```

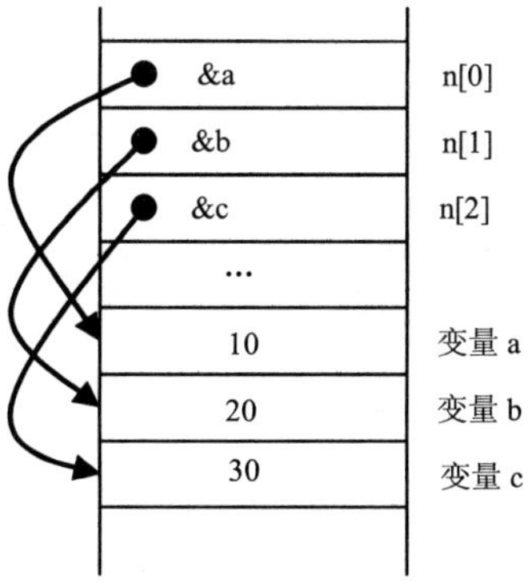

图 8.13　指针数组

用循环方式就是如下表达方式。

```
for (i=0;i<3;i++)
      scanf("%d",n[i]);
```

由于 n[i]的指针法表示为*(n+i)，上面的代码也可以使用下面的方式表示。

```
scanf("%d%d%d",*n,*(n+1),*(n+2));
```

用循环方式就是如下表达方式。

```
for (i=0;i<3;i++)
      scanf("%d",*(n+i));
```

若要通过指针数组引用变量，例如引用变量 a，因为 n[0]是变量 a 的地址，引用变量 a 需要用到间接运算符*，即*n[0]。同理，*n[1]=b,*n[2]=c。由于 n[0] ⇔*(n+0) ,n[1] ⇔*(n+1),n[2] ⇔*(n+2)，所以有如下语句。

```
a=*n[0]=**n
b=*n[1]=**(n+1)
c=*n[2]=**(n+2)
```

也就是说，n，n+1，n+2 都是二级指针(即指向指针的指针)。

【例 8.6】 编程，输出 5 个数中的最大值。

源程序：

```
#include <stdio.h>
int main(void)
```

```
{
    int a,b,c,d,e;
    int i,max;
    int *p[5]={&a,&b,&c,&d,&e};
    printf("Please input five numbers:");
    for (i=0;i<=4;i++)
        scanf("%d",p[i]);
    for(i=1,max=*p[0];i<=4;i++)
        if (max<**(p+i)) max=**(p+i);
    printf("max is %d ",max);
    return 0;
}
```

运行结果：

```
Please input five numbers:10 20 30 25 15↙
max is 30
```

3. 指针数组元素存储一维数组的首地址

只要指针数组元素的基类型与一维数组元素的类型一致，就可以用指针数组元素存储数组的首地址(第一个元素的地址)，这种用法很常见。示例代码如下。

```
int a[3]={1,2,3};
int b[3]={4,5,6};
int *p[2];
```

C 语言规定数组名就是数组第一个元素的指针，所以可进行如下赋值。

```
p[0]=a;
p[1]=b;
```

指针数组 p 与一维数组 a,b 的指向关系如图 8.14 所示。下面来看一下怎样用指针数组 p 来表示一维数组中的元素，以 b[2]为例。

因为有 p[1]=b，p[1]是指针变量，其基类型与数组 b 的类型一致，所以有如下语句。

```
&b[2] ⇔ b+2 ⇔ p[1]+2 ⇔ *(p+1)+2
b[2] ⇔ *&b[2] ⇔ *(*(p+1)+2)
```

也就是说，有如下结果。

```
*(*(p+1)+2)    等价于 b[2]
```

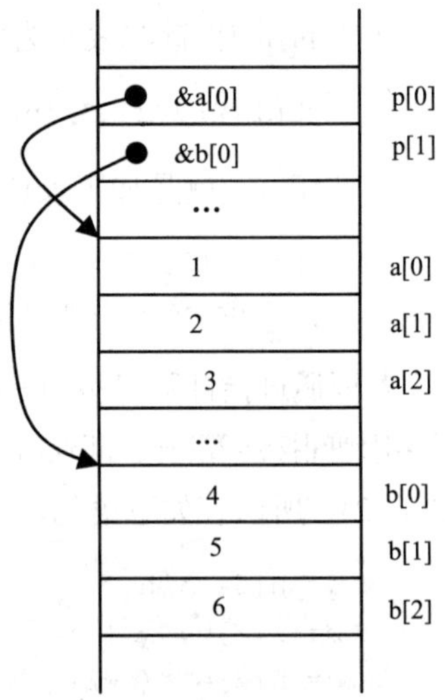

图 8.14　指针数组 p 与一维数组 a,b 的指向关系

【例 8.7】 编程，输出两个数组元素的值。

源程序：

```
#include <stdio.h>
int main(void)
{
```

```
    int a[3]={1,2,3};
    int b[3]={4,5,6};
    int *p[2]={a,b};
    int i,j;
    for (i=0;i<2;i++)
        for (j=0;j<3;j++)
            printf("%-3d",*(*(p+i)+j));
    return 0;
}
```

运行结果：

```
1  2  3  4  5  6
```

8.6　指针与二维数组

8.6.1　指向二维数组元素的指针

C 语言始终按照行为主的顺序存储二维数组，先是第 1 行元素，接着是第 2 行的，依此类推。*r* 行的数组将会有如图 8.15 所示的存储表现形式。

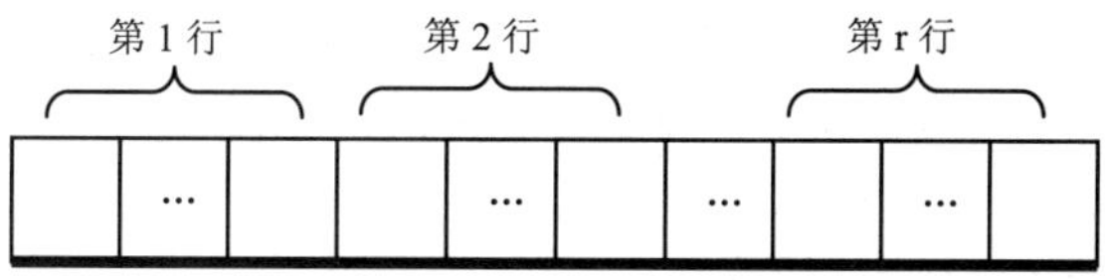

图 8.15　二维数组元素的存储

在用指针工作时可以利用这个优势。如果使得指针 p 指向二维数组中的第一个元素(即第 0 行第 0 列的元素)，就可以通过重复自增 p 的方法访问到数组中的每一个元素。

作为示例，一起来看看二维数组的所有元素初始化为 0 的问题。假设数组具有如下的声明。

```
int a[3][4];
```

显而易见的方法是用嵌套的 for 循环。

```
int row,col;
for (row=0;row<3;row++)
    for (col=0;col<4;col++)
        a[row][col]=0;
```

根据二维数组按行顺序存储的特性，那么就可以用一个指针变量存储该数组的首地址，用一个循环来遍历所有数组元素了。

```
int *p;
for (p=&a[0][0];p<=&a[2][3];p++)
*p=0;
```

循环从 p 指向的 a[0][0]处开始。对 p 的连续自增可以使指针 p 指向 a[0][1]、a[0][2]等。当 p 达到 a[0][3]时(即第 1 行的最后一个元素)，此时再次对 p 自增将使得它指向 a[1][0](也就是第 2 行的第一个元素)，如图 8.16 所示。处理过程直到 p 指向 a[2][3]为止，也就是到达数组中的最后一个元素。虽然处理二维数组就像处理一维数组，但是它在 C 语言中是合法的，但这类方法会明显破坏程序的可读性。

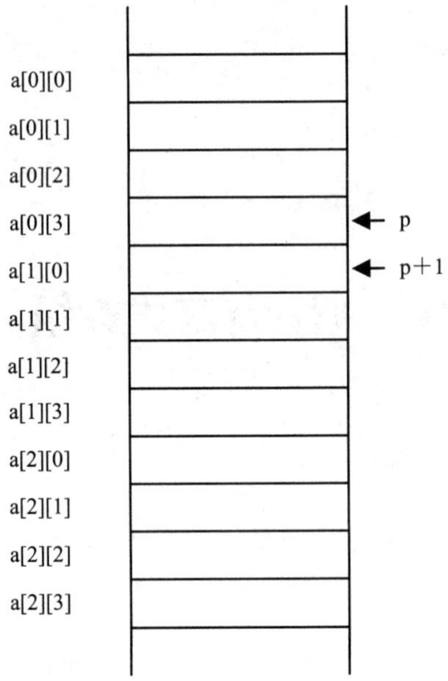

图 8.16　指向二维数组元素的指针

8.6.2　二维数组名与指针

C 语言的方法多少有点独特：定义和引用多维数组唯一的方法就是使用数组的数组。

定义 3 行 4 列的二维数组 a 如下。

```
int a[3][4]={{1,3,5,7},{9,11,13,15},{17,19,21,23}};
```

a 是二维数组，相当于包含 3 个行元素的一维数组：a[0],a[1],a[2]。而每一个行元素又是一个一维数组，它包含 4 个元素(即 4 个列元素)。示例如下。

a[0]所代表的一维数组又包含 4 个元素：a[0][0],a[0][1],a[0][2],a[0][3]，a[0]是数组名。

a[1]所代表的一维数组又包含 4 个元素：a[1][0],a[1][1],a[1][2],a[1][3]，a[1]是数组名。

a[2]所代表的一维数组又包含 4 个元素：a[2][0],a[2][1],a[2][2],a[2][3]，a[2]是数组名。

a 数组所有元素按行优先存储，存储形式如图 8.17 所示。

a[0],a[1],a[2]是一维数组名，表示对应一维数组的首地址的指针，其指针基类型为 int 型。所以有：a[0] ⇔ &a[0][0],a[0]+1 ⇔ &a[0][1]，a[1]+1 ⇔ &a[1][1],a[1]+2 ⇔ &a[1][2]。

a[i]等价于*(a+i)，所以用指针法表示元素 a[1][2]的公式如下。

```
a[1][2] ⇔ *(&a[1][2]) ⇔ *(a[1]+2) ⇔ *(*(a+1)+2)
```

也就是说，元素 a[i][j]的指针表示法为*(*(a+i)+j)。

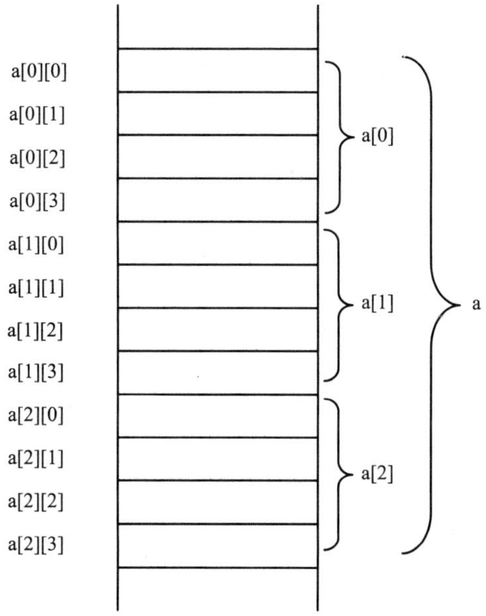

图 8.17　二维数组在内存中的存放形式

下面来讨论一下二维数组名作为指针常量，它的基类型是什么。

对于定义：int a[3][4]={{1,3,5,7},{9,11,13,15},{17,19,21,23}};来进行讨论。

二维数组 a 由 3 个一维数组 a[0],a[1],a[2]组成，根据 C 语言标准的规定，a 是指向第一个元素的指针，即 a⇔&a[0](它的值和&a[0][0]是相等的)。现在关键是判断一下指针 a 的基类型是什么。将 a 向下移动一个存储单元，计算 a+1，可以知道 a+1=&a[1],&a[1]是一维数组 a[1][0],a[1][1],a[1][2],a[1][3]的首地址。同理，a+2 是数组 a[2][0],a[2][1],a[2][2],a[2][3]的首地址，指针 a 向后移动存储单元的情况如图 8.18 所示。

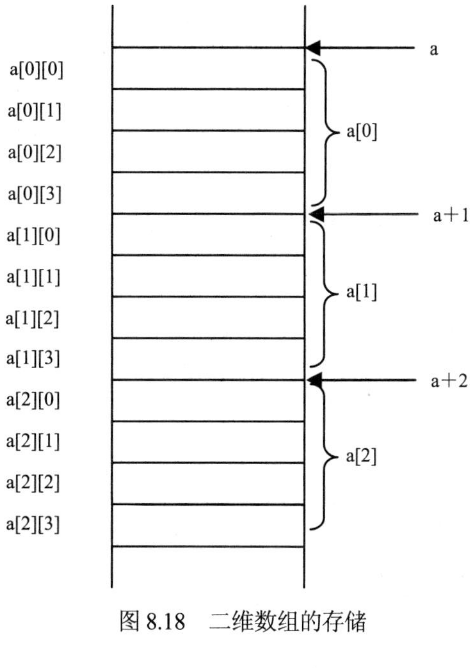

图 8.18　二维数组的存储

由上面分析可知，a 向后移动一个存储单元，相当于移动了一个一维数组所有元素的存储位置，这个一维数组的元素个数就是数组 a 的列下标。由此可以认为二维数组名作为指针而言，其基类型是一维数组。对于 a 而言其基类型是具有 4 个整型元素的一维数组。如果 a 数组的首地址是 2000，a+1 的值就是 2000+4×sizeof(int)。假设 int 类型占用 4 字节的存储单元，a+1 的值是 2016，a+2 的值是 2032，如图 8.19 所示。

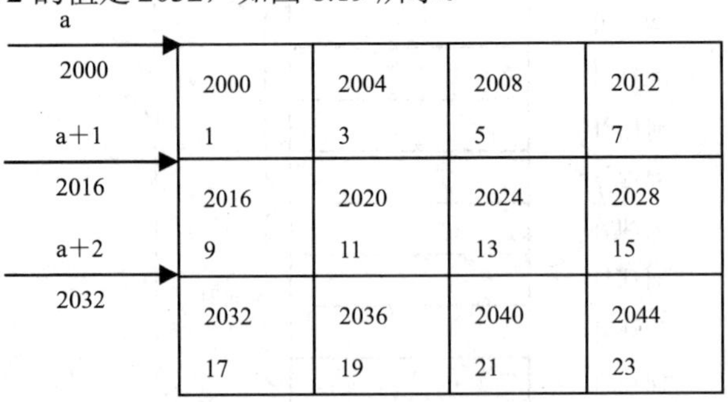

图 8.19　字节的存储

下面把针对二维数组 a 的不同表示法所代表的含义总结如表 8.1 所示。

表 8.1　二维数组 a 不同表示法所代表的含义

表 示 形 式	含　义
a	二维数组首地址，基类型是一维数组的指针
a[0],*(a+0),*a	第 1 行第 1 列的元素的地址，基类型是整型的指针
a+1,&a[1]	第 2 行的首地址，基类型是一维数组的指针
a[1],*(a+1)	第 2 行第 1 列元素地址，基类型是整型的指针
a[1]+2,*(a+1)+2,&a[1][2]	第 2 行第 3 列元素地址，基类型是整型的指针
(a[1]+2),(*(a+1)+2),a[1][2]	第 2 行第 3 列元素的值

上表中 a，a+i，&a[i]这些指向一维数组的指针习惯上称为行指针，而如 a[i],a[i]+j,*(a+i),&a[i][j]都是基类型与元素类型一致的指针，习惯上称为列指针。两者可以相互转换，行指针通过加*运算符变成列指针，列指针加&运算符变成行指针。

为了加深印象，以更好地理解指针与二维数组的关系，分析下面的例子。

【例 8.8】 输出二维数组的有关数据。

源程序：

```
#include <stdio.h>
int main( )
{int a[3][4]={{1,3,5,7},{9,11,13,15},{17,19,21,23}};
     printf("%d\n",a);
     printf("%d,%d\n",a[0],a[1]);
     printf("%d,%d\n",a,a+1);
     printf("%d,%d,%d\n",a+1,*(a+1),a[1]);
     printf("%d,%d\n",*(a+1)+2,a[1]+2);
     printf("%d,%d,%d\n",a[1][2],*(a[1]+2),*(*(a+1)+2));
     return 0;
}
```

运行结果：

```
1245008
1245008,1245024
1245008,1245024
1245024,1245024,1245024
1245032,1245032
13,13,13
```

8.6.3　二维数组与指向一维数组的指针变量

对于如下定义，

```
int a[3][4]={{1,3,5,7},{9,11,13,15},{17,19,21,23}};
int *p;
```

如果有语句 p=a;则是错误的，编译系统会发出警告，内容如下。

```
warning C4047:'initializing':'int *' differs in levels of indirection from
'int (*)[4]'
```

为什么会这样呢？原因很简单，刚才已经讨论过了，a 的基类型是一维数组，而 p 的基类型是 int 型变量，相当于指向二维数组列元素的指针。

以下赋值是正确的，想一想为什么是正确的？

```
p=a[1];
p=*(a+1);
p=*(a+1)+2;
```

C 语言提供了指向一维数组的指针(基类型为一维数组)，其定义格式如下。

```
类型说明符 (*指针变量名)[长度];
```

说明：

(1) 括号不能省略，如果省略就变成指针数组的定义语句了。

(2) 长度等于一维数组元素的个数。

对于定义：int a[3][4]={{1,3,5,7},{9,11,13,15},{17,19,21,23}};有如下说明。

用指针变量来取代 a，该指针变量的基类型必须是具有 4 个元素的一维数组(因为数组 a 的列下标为 4)。所以指向一维数组的指针变量的定义与赋值的形式如下。

```
int (*p)[4];
```

p 被定义为指向一维整型数组的指针变量，一维数组有 4 个元素，其基类型是一维数组，其长度是 16 字节(假设 sizeof(int)等于 4)。

p=a; 将常量指针 a 赋值给指针变量 p。

【例 8.9】 编程，按行输出一个 3*4 的二维数组中存放的 12 个数值。

源程序：

```
#include <stdio.h>
int main( )
```

```
{int num[3][4]={1,2,3,4,5,6,7,8,9,10,11,12};
     int (*p)[4]; /* 注意括号不能省略，4 与上面列的数值 4 相同  */
     int i,j;
     p=num;     /* 注意 p=num */
     for(i=0;i<3;i++)
     {
         for(j=0;j<4;j++)
             printf("%4d",*(*(p+i)+j));
         printf("\n");
     }
     return 0;
}
```

运行结果：

```
1  2  3  4
5  6  7  8
9 10 11 12
```

二维数组元素的引用也可以用指针数组实现，分析下面的程序并与【例 8.9】进行比较，看看区别在哪里。

源程序：

```
#include <stdio.h>
int main( )
{
int num[3][4]={1,2,3,4,5,6,7,8,9,10,11,12};
int *p[3]={num[0],num[1],num[2]}; /* 注意 3 与上面行的数值 3 相同 */
int i,j;
for(i=0;i<3;i++)
{
for(j=0;j<4;j++)
printf("%4d",*(*(p+i)+j));
printf("\n");
}
return 0;
}
```

运行结果：

```
1  2  3  4
5  6  7  8
9 10 11 12
```

8.7　指针与字符串

在前面的课程中讲过字符数组，即通过数组名来表示字符串，数组名就是数组的首地址，是字符串的起始地址。下面的例子用于简单字符串的输入和输出。

源程序：

```
#include <stdio.h>
int main( )
{
     char str[20];
     gets(str);
     printf("%s\n",str);
     return 0;
}
```

运行结果：

```
Hello,World!↙
Hello,World!
```

现在将字符数组名赋给一个指向字符型的指针变量，让字符类型指针存储字符串的首地址，对字符串的操作就可以用指针来实现。

其定义的方法如下。

```
char str[20],*p=str;
```

这里定义了一个字符数组 str 和一个字符指针 p，并用*p=str 语句将字符数组 str 的首地址赋值给了字符指针 p。

下面的程序中字符串 str 用指针变量 p 来表示。

```
#include <stdio.h>
int main( )
{
     char str[20],*p=str;
     gets(str);
     printf("%s\n",p);
     return 0;
}
```

在 C 语言中，可以直接定义一个字符指针变量，然后将字符串地址存储在字符串指针变量中。一般形式如下。

```
char *指针变量名=字符串
```

示例代码如下。

```
char *pstr="China";
```

用字符指针变量存储字符串时，指针指向字符串的第一个字符，字符串存储在以指针为首地址的连续区域内，如图 8.20 所示。

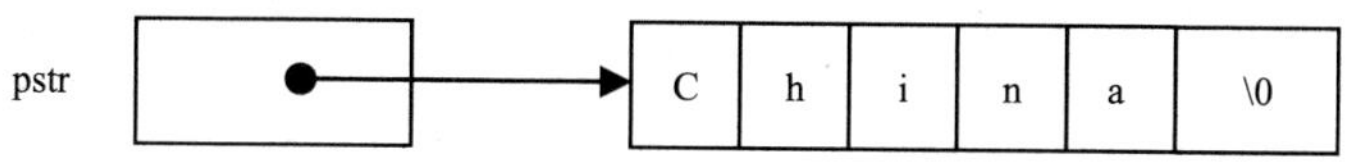

图 8.20　字符指针变量存储字符串

在初始化时，可直接将字符串整体赋给字符数组或字符指针。但在一般赋值语句中，只能将字符串整体赋给字符指针变量，而不能整体赋给一个字符数组名。

示例代码如下。

```
(1) char mystr[20]="This is my book."; /*正确*/
(2) char *pstr="This is my book."; /*正确*/
(3) char *p;
    p="This is my book."; /*正确*/
(4) char str[80];
    str="This is my book."; /*错误*/
```

一般来说，利用字符串以"\0"作为结束符的特点，字符数组、字符串与字符指针结合在一起编程。

【例 8.10】 从键盘上输入一行字符，统计其中字母的个数。

源程序：

```
#include<stdio.h>
int main( )
{
      char s[80],*pstr=s;
      int count=0;
      gets(pstr);
      while(*pstr)
      {
          if(*pstr>='a' && *pstr<='z' || *pstr>='A' && *pstr<='Z')
              count++;
              pstr++;
      }
      printf("Total %d alphabets !\n",count);
      return 0;
}
```

运行结果：

```
a1b2c# dEF↙
Total 6 alphabets !
```

当处理多个字符串时，可以使用指向一维数组的指针，也可以使用指针数组。

【例 8.11】 输入 5 个字符串，原样输出，利用指向一维数组的指针。

```
#include<stdio.h>
int main( )
{
      char s[5][80],(* p) [80]=s;
      int i,j,ch;
      for(i=0;i<5;i++)
          gets(*(p+i));
          printf("The five strings are:\n");
      for(i=0;i<5;i++)
```

```
    {
        j=0;
        while (ch=*(*(p+i)+j++))  putchar(ch);
        putchar('\n');
    }
    return 0;
}
```

【例 8.12】 输入 5 个字符串，原样输出，利用指针数组。

```
#include<stdio.h>
int main( )
{
    char s[5][80],*p[5]={*s,*(s+1),*(s+2),*(s+3),*(s+4)};
    int i;
    for(i=0;i<5;i++)
        gets(p[i]);
    printf("\n");
    for(i=0;i<5;i++)
        puts(*(p+i));
    return 0;
}
```

通过上面两个程序，可以看出指针处理字符串的一些特点。

(1) 任何时候，指针存储的只是一个地址，它不能开辟存储空间。所以字符串很多时候都要结合字符数组，单个字符串用到一维字符数组，多个字符串用到二维字符数组。

(2) 指向一维字符数组的指针与字符指针数组均可以处理多个字符串，指向一维字符数组的指针主要规定了字符串的列数(每个串多少个字符)，而字符指针数组规定了字符串的个数(多少行)。

8.8　指针兼容性

8.8.1　指针大小兼容

所有指针的大小都相同。每个指针变量都包含计算机中一个内存单元的地址。指针具有相关的类型，这一点很重要。下面来看一个演示程序。

【例 8.13】 指针规模大小的演示程序。

源程序：

```
#include<stdio.h>
int main( )
{
    char c;
    char *pc;
    int sizeofc =sizeof(c);
```

```
        int sizeofpc=sizeof(pc);
        int sizeofstarpc=sizeof(*pc);
        int a;
        int *pa;
        int sizeofa =sizeof(a);
        int sizeofpa=sizeof(pa);
        int sizeofstarpa=sizeof(*pa);

        printf("sizeof(c): %3d | ",sizeofc);
        printf("sizeof(pc): %3d | ",sizeofpc);
        printf("sizeof(*pc): %3d\n",sizeofstarpc);

        printf("sizeof(a): %3d | ",sizeofa);
        printf("sizeof(pa): %3d | ",sizeofpa);
        printf("sizeof(*pa): %3d\n",sizeofstarpa);
        return 0;
    }
```

运行结果：

```
sizeof(c):   1 | sizeof(pc):   4 | sizeof(*pc):   1
sizeof(a):   4 | sizeof(pa):   4 | sizeof(*pa):   4
```

程序分析：

通过上面代码可以看出，a、c 没有被赋值，变量大小与变量中所包含的值没有关系。现在来看一下指针的大小，所有情况下都是 4，这是程序所运行的计算机上的一个地址的大小。但是，当输出指针当前所引用类型的大小时，要注意其大小与数据大小一致。这意味着，除了指针大小，系统还知道指针所指向对象的大小。

在 C 语言中，将一种类型的指针赋给另一种类型的指针是非法的，编译时编译器会发出类型不兼容的警告。

```
char c;
char *pc;
int a;
int *pa;
pc = &c; /* 合法 */
pa = &a; /* 合法 */
pc=&a;        /* 不合法 */
pa=&c;        /* 不合法 */
```

编译器对于 pc=&a;pa=&c;语句会发出如下警告。

```
warning C4133: '=' : incompatible types - from 'int *' to 'char *'
warning C4133: '=' : incompatible types - from 'char *' to 'int *'
```

8.8.2　void 指针

C99 标准允许使用基类型为 void 的指针类型。可以定义一个基类型为 void 的指针变量，如 void *p;。指向 void 的指针是一种不与某种基类型相关联的通用类型；也即，它并不是一个字符、整数、实数或其他任何类型的地址。但是，在仅以赋值为目的时，它与任何其他指针类型兼容。所以，任何基类型的指针都可以赋值给一个指向 void 类型的指针，并且一个指向 void 类型的指针也能够被赋值给任何基类型的指针。但是，存在一点限制：由于 void 指针没有对象类型，不能被间接引用。例如，下面代码段是错误的。

```
int a=10;
void *p=&a;
printf("%d",*p);  /* 错误，void 指针不能间接引用 */
```

8.8.3　指针转换

指针类型不兼容问题可以通过强制类型转换来解决。通过使用强制类型转换，可以实现不兼容指针类型间的显示赋值。示例代码如下。

```
void *pVoid;
int *pInt=NULL;
char *pChar=NULL;
```

编程者可以作强制转换，将 int 型指针 pInt 转换成 char 型指针赋给 pChar。

```
pChar=(char *)pInt;
```

分析下列程序的输出结果。

```
#include<stdio.h>
int main(  )
{
     int a=65;
     int *pInt=&a;
     char *pChar=NULL;
     pChar=(char *)pInt;
     printf("%c",*pChar);
     return 0;
 }
```

也可以用 void 指针进行指针类型转换，上面的例子可以改为如下形式。

```
#include<stdio.h>
int main( )
{
     int a=65;
     void *pVoid=NULL;
     int *pInt=&a;
     char *pChar=NULL;
     pVoid=pInt;
     pChar=pVoid;
     printf("%c",*pChar);
     return 0;
}
```

总结一下，指针类型转换的方法有两种。

(1) 强制转换，一般形式如下。

```
指针变量 1=(指针变量 1 的基类型 * )指针变量 2
```

(2) 利用 void 指针，一般形式如下。

```
void 指针=指针变量 2
指针变量 1=void 指针
```

8.9　指针与函数

8.9.1　指针作为实际参数

在第 7 章已经了解到，函数的参数传递有值传递和引用传递两种方式，值传递方式在函数调用中用作实际参数的变量无法改变。当希望函数能够改变主调函数参数变量时，使用引用传递。假设实参变量为 x，不再传递变量 x 作为函数的实际参数，而是提供&x，即指向 x 的指针，声明相应的形式参数 p 为指针。调用函数时，p 的值为&x，因此*p(p 指向的对象)将是 x 的别名。函数体内*p 的每次出现都将是对 x 的间接引用，而且允许函数既可以读取 x 也可以修改 x，参见下例。

【例 8.14】 引用传递编程示例。

源程序：

```
#include <stdio.h>
void fun(int *p);
int main( )
{
     int a=10;
     printf("调用前:\n");
     printf("a=%d\n",a);
     printf("变量 a 的地址:\t%#x\n",&a);
     printf("调用后:\n");
     fun(&a);
     printf("a=%d\n",a);
     return 0;
}
void fun(int *p)
{
     printf("指针 p 的值:\t%#x\n",p);
     *p=20;
}
```

运行结果：

```
调用前:
a=10
```

```
变量 a 的地址:      0x12ff7c
调用后:
指针 p 的值:        0x12ff7c
a=20
```

程序分析：

通过输出结果，可以清晰地看到发生调用函数 fun 时，指针 p 的值与实参 a 的地址相同。图 8.21 显示了引用传递过程。p 指向变量 a，因此可通过 p 修改变量 a 的值。

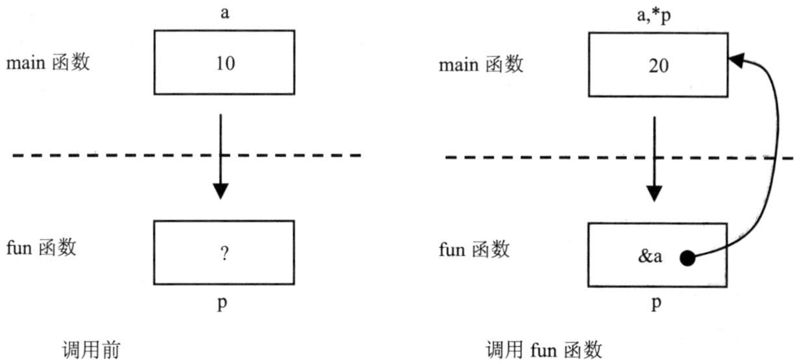

图 8.21　引用传递示意图

【例 8.15】 引用传递编程示例，输入两个整数，然后值交换并输出。

源程序：

```
#include <stdio.h>
void swap(int *p1,int *p2);
int main( )
{
     int a,b;
     printf("请输入两个数: \n");
     scanf("%d%d",&a,&b);
     printf("输入的这两个数是:\t%d 和%d\n",a,b);
     swap(&a,&b);
     printf("交换后，这两个数是:\t%d 和%d\n",a,b);
     return 0;
}
void swap(int *p1,int *p2)
 {   int temp;
     temp=*p1;
     *p1=*p2;
     *p2=temp;
}
```

运行结果：

```
请输入两个数:
10 20↙
输入的这两个数是:      10 和 20
交换后，这两个数是:    20 和 10
```

实际上，C 语言中实参变量和形参变量之间的数据传递仍然是单向的“值传递”方式，指针变量作为函数参数也要遵循这一规则。调用函数不能改变实参指针变量的值，但可以改变实参指针变量所指变量的值。

引用传递的一般形式为实参是地址(或指针变量)，形参为指针变量。因此只要是实参是地址，都符合引用传递规则。常见的引用传递方式还有用指针变量作实参，数组名作为实参等。

【例 8.16】 引用传递编程示例，自定义函数为变量输入值，然后输出。

源程序：

```
#include <stdio.h>
void input(int *p1,int *p2);
int main( )
{
      int a,b;
      int *pa=&a,*pb=&b;
      input(pa,pb);
      printf("a=%d,b=%d\n",a,b);
      return 0;
}
void input(int *p1,int *p2)
{
      printf("请输入两个数：\n");
      scanf("%d%d",p1,p2);
}
```

运行结果：

```
请输入两个数：
10 20↙
a=10,b=20
```

【例 8.17】 编程，将 5 个元素的一维数组每个元素的值增加 10 并输出。

源程序：

```
#include <stdio.h>
void add10(int *p);
int main( )
{
      int a[5]={1,2,3,4,5};
      int i;
      add10(a);
      for (i=0;i<5;i++)
          printf("a[%d]=%d\n",i,a[i]);
      return 0;
}
void add10(int *p)
{
      int i;
      for (i=0;i<5;i++)
```

```
        *p+++=10;
}
```

运行结果：

```
a[0]=11
a[1]=12
a[2]=13
a[3]=14
a[4]=15
```

【例 8.18】 输入 5 个字符串，调用函数实现这 5 个字符串的输入与输出。

源程序：

```
#include<stdio.h>
#define N 5
void input(char (*p)[80]);
void output(char (*p)[80]);
int main( )
{
     char s[N][80];
     input(s);
     output(s);
     return 0;
}
void input(char (*p)[80])
{
     int i;
     for(i=0;i<N;i++)
         gets(p[i]);
}
void output(char (*p)[80])
{
     int i;
     for(i=0;i<N;i++)
         puts(p[i]);
}
```

运行结果：

```
one↙
two↙
three↙
four↙
five↙
one
two
three
four
five
```

8.9.2　指针型函数

本书在前面的章节中介绍过，所谓函数类型是指函数返回值的类型。在C语言中允许一个函数的返回值是一个指针(即地址)，这种返回指针值的函数称为指针型函数。

定义指针型函数的一般形式如下。

```
类型说明符 *函数名(形参表)
{
    ……            /*函数体*/
}
```

其中函数名之前加了“*”号表明这是一个指针型函数，即返回值是一个指针。类型说明符表示了返回的指针值所指向的数据类型。

示例代码如下。

```
int *fun (int x,int y)
{
    ……        /*函数体*/
}
```

表示 fun 是一个返回指针值的指针型函数，它返回的指针指向一个整型变量。

【例 8.19】 编程，通过指针函数，输入一个 1~7 之间的整数，输出对应的星期名。

源程序：

```
#include <stdio.h>
char *day_name(int n);   /* 指针型函数的声明 */
int main( )
{
     int i;
     printf("input Day No:\n");
     scanf("%d",&i);
     printf("Day No:%2d-->%s\n",i,day_name(i));/* 指针型函数的调用 */
     return 0;
}
/* 指针型函数的定义 */
char *day_name(int n)
{
     static char *name[]={   "Illegal day!",
                             "Monday",
                             "Tuesday",
                             "Wednesday",
                             "Thursday",
                             "Friday",
                             "Saturday",
                             "Sunday"};
     return ((n<1||n>7) ? name[0] : name[n]); /* 返回的是指针 */
}
```

运行结果：

```
input Day No:
3↙
Day No: 3-->Wednesday
```

本例中定义了一个指针型函数 day_name，它的返回值是一个字符串的首地址(指针)。该函数中定义了一个静态指针数组 name。name 数组初始化赋值为 8 个字符串，分别表示各个星期名及出错提示。形参 n 表示与星期名所对应的整数。在主函数中，把输入的整数 i 作为实参，在 printf 语句中调用 day_name 函数并把 i 值传送给形参 n。day_name 函数中的 return 语句包含一个条件表达式，n 值若大于 7 或小于 1 则把 name[0]指针返回主函数输出出错提示字符串 Illegal day，否则返回主函数输出对应的星期名。

注意：

指针型函数返回的地址可以是实参中的指针，也可以是返回指向外部变量或指向声明为 static 的局部变量的指针。但是记住不要返回指向自动局部变量的指针。例如，下面的代码是错误的。

```
int *fun(void)
{
     int i;
     …
     return &i;
}
```

因为一旦 fun 返回，变量 i 就不存在了，所以指向变量 i 的指针将是无效的。

8.9.3　函数指针变量

在 C 语言中，一个函数总是占用一段连续的内存区，而函数名就是该函数所占内存区的首地址。编程者可以把函数的这个首地址(或称入口地址)赋予一个指针变量，使该指针变量指向该函数。然后通过指针变量就可以找到并调用这个函数。我们把这种指向函数的指针变量称为“函数指针变量”。

1. 函数指针变量的定义

函数指针变量的定义的一般形式如下。

```
类型说明符　(*指针变量名)( );
```

其中，“类型说明符”表示被指函数的返回值的类型。“(* 指针变量名)”表示“*”后面的变量是定义的指针变量。最后的空括号表示指针变量所指的是一个函数。

示例代码如下。

```
int (*pf)();
```

表示 pf 是一个指向函数入口的指针变量，该函数的返回值(函数值)是整型。

2. 函数指针的赋值

函数指针的赋值形式如下。

```
函数指针变量=函数名
```

3. 用指针形式实现对函数调用

用指针形式实现对函数调用的形式如下。

```
函数指针变量名(实参列表); 或 (*函数指针变量名)(实参列表)
```

【例 8.20】 编程，计算两个数的最大值，用指针形式实现对函数的调用。

源程序：

```
#include <stdio.h>
int max(int a,int b)
{
    if(a>b) return a;
    else return b;
}
int main( )
{
    int(*pmax)( );    /* 函数指针的定义 */
    int x,y,z;
    pmax=max;     /* 函数指针的赋值 */
    printf("input two numbers:\n");
    scanf("%d%d",&x,&y);
    z=(*pmax)(x,y);/* 用指针形式实现对函数的调用,也可以写成 z=pmax(x,y); */
    printf("maxmum=%d",z);
    return 0;
}
```

运行结果：

```
input two numbers:
10 20↙
maxmum=20
```

8.10　main 函数的参数

前面介绍的 main 函数都是不带参数的。因此 main 后的括号都是空括号或 void。实际上，main 函数可以带参数，这个参数可以认为是 main 函数的形式参数。C 语言规定 main 函数的参数只能有两个，习惯上这两个参数写为 argc 和 argv。C 语言规定 argc(第一个形参)必须是整型变量，argv(第二个形参)必须是字符型指针数组。所以，main 函数的函数头应写成如下形式。

```
main (int argc,char *argv[ ])
```

由于 main 函数不能被其他函数调用，因此不可能在程序内部取得实际值。那么，在何处把实参值赋予 main 函数的形参呢？实际上，main 函数的参数值是从操作系统命令行上获得的。当编程者要运行一个可执行文件时，在操作系统命令提示符下输入文件名，再输入实际参数即可把这些实参传送到 main 的形参中去。

假设操作系统为 Windows，当前目录为 c:\，则命令行提示符下命令行的形式如下。

```
c:\>可执行文件名　参数 1　参数 2 …
```

argc 参数表示了命令行中参数的个数(注意：文件名本身也算一个参数)，argc 的值是在输入命令行时由系统按实际参数的个数自动赋予的。argv 参数是字符串指针数组，其各元素值为命令行中各字符串(含可执行文件名，参数均按字符串处理)的首地址。指针数组的长度即为参数个数。

例如，有命令行，运行文件名为 mycopy，如下。

```
C:\>mycopy source  target
```

由于文件名 mycopy 本身也算一个参数，所以共有 3 个参数，因此 argc 取得的值为 3。argv 字符串指针数组表示如图 8.22 所示。

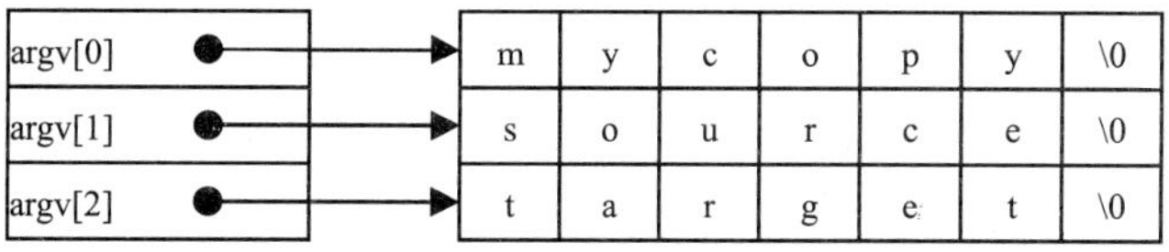

图 8.22　argv 字符串指针数组

【例 8.21】 编程，显示命令行中除程序名之外的参数字符串。

源程序：

```
/* 程序文件名：example.c  */
#include <stdio.h>
int main(int argc,char *argv[])
{
     while(argc-->1)
         printf("%s\n",*++argv);
     return 0;
}
```

程序运行：

```
命令行提示符：example source target↙
```

运行结果：

```
source
target
```

8.11　本 章 小 结

C 语言中的精华是指针，这也是 C 语言中唯一的难点。C 语言是对底层操作非常方便的语言，而底层操作中用到最多的就是指针。学习指针重要的是实践、多写和多分析代码。下面把指针变量的定义及其含义做个总结，如表 8.2 所示。

表 8.2　指针变量的定义及其含义

指 针 定 义	含　义
int *p	p 为指向整型数据的指针变量
int *p[n];	p 为指针数组，由 n 个指向整型数据的指针元素组成
int (*p)[n];	p 为指向含 n 个元素的一维数组的指针变量
int *p();	p 为返回整型指针的函数
int (*p)();	p 为指向返回整型值的函数指针
int **p;	p 为一个指向整型指针的指针变量

8.12　习　　题

1. 选择题

(1) 若有定义语句：double x[5]={1.0, 2..0, 3.0, 4.0, 5.0},*p=x;，则错误引用 x 数组元素的是________。

a. *p　　b. x[5]　　c. *(p+1)　　d. *x

(2) 设已有定义 float x;，则以下对指针变量 p 进行定义且赋初值的语句中正确的是________。

a. float *p=x;　　b. int *p=(float x);　　c. float p=&x;　　d. float *p=&x;

(3) 以下程序段的输出结果是________。

```
main()
{
     int num[4]={1,2,3,4},*p,**k;
     p=num;
     k=&p;
     printf("%d", *(p++));
     printf("%3d\n",**k);
}
```

a. 1　1　　b. 1　2　　c. 2　2　　d. 2　3

(4) 以下程序的输出结果是________。

```
main()
{
     int num[ ]={1,2,3,4,5,6,7,8,9},*pnum=&num[2];
     pnum++;
     ++pnum;
     printf("%d\n",*pnum);
}
```

a. 3　　b. 4　　c. 5　　d. 6

(5) 有以下函数：

```
int fun(char *s)
{
      char *t=s;
      while(*t) t++;
      return(t-s);
}
```

该函数的功能是________。

a. 比较两个字符的大小
b. 计算 s 所指字符串占用内存字节的个数
c. 计算 s 所指字符串的长度
d. 将 s 所指字符串复制到字符串 t 中

2. 有以下程序：

```
#include <stdio.h>
main()
{
      char *pstr="abcdefgh";
      int n=0;
      while(*pstr++!='\0')
         n++;
      printf("%d\n",n);
}
```

程序运行后的输出结果是____________。

3. 有以下程序：

```
#include <stdio.h>
int main()
{
      char ch[3][4]={"123","456","789"},*p[3];
      int i;
      for(i=0;i<3;i++)
          p[i]=ch[i];
      for(i=0;i<3;i++)
          printf("%s",p[i]);
      return 0;
}
```

程序运行后的输出结果是____________。

4. 有以下程序：

```
#include <stdio.h>
void f(int *q)
{
      int i;
```

```
        for(i=0;i<5;i++)
        {
            (*q)++;
            q++;
        }
}
int main()
{
        int a[5]={1,2,3,4,5},i;
        f(a);
        for(i=0;i<5;i++)
            printf("%-2d",a[i]);
        return 0;
}
```

程序运行后的输出结果是____________。

5. 有以下程序：

```
#include <stdio.h>
int main( )
{
        int a[3][3],*p,i;
        p=&a[0][0];
        for(i=0;i<9;i++) p[i]=i;
            for(i=0;i<3;i++) printf("%d",a[1][i]);
        return 0;
}
```

程序运行后的输出结果是____________。

6. 有以下程序：

```
#include <stdio.h>
int main( )
{
        int a[3][2]={0},(*ptr)[2],i,j;
        for(i=0;i<3;i++)
        {
            ptr=a+i;
            for(j=0;j<2;j++)
                scanf("%d",*ptr+j);
        }
        for(i=0;i<3;i++)
        {
            for(j=0;j<2;j++)
                printf("%-2d",a[i][j]);
        }
        return 0;
}
```

程序运行后输入 1 2 3 4 5 6 后的输出结果是____________。

7. 下列程序中，fun()函数的功能是求 3 行 4 列二维数组每行元素中的最大值。请填空。

```
#include <stdio.h>
void fun(int, int, int(*)[4],int*);
int main( )
{
    int a[3][4]={{12,41,36,28},{19,33,15,27},{3,27,19,1}},b[3],i;
    fun(3,4,a,b);
    for(i=0;i<3;i++) printf("%4d",b[i]);
    printf("\n");
    return 0;
}
void fun(int m, int n, int ar[ ][4], int *br)
{
    int i, j, x;
    for(i=0;i<m;i++)
    {
        x=ar[i][0];
        for(j=0;j<n;j++)
            if(x<ar[i][j]) x=ar[i][j];
        ____________=x;
    }
}
```

8. 有以下程序：

```
#include <stdio.h>
#include <string.h>
char *ss(char *s)
{
    char *p,t;
    p=s+1;t=*s;
    while(*p){*(p-1)=*p;p++;}
    *(p-1)=t;
    return s;
}
int main( )
{
    char *p,str[10]="abcdefgh";
    p=ss(str);
    printf("%s\n",p);
    return 0;
}
```

程序运行后的输出结果是____________。

9. 下面的程序计算两个数的和并输出，请填空。

```
#include <stdio.h>
int sum(int a,int b)
```

```
{
  return a+b;
}
int main( )
{
      int (*p)( );
      int x=10,y=20,z;
      ______________;
      z=(*p)(x,y);
      printf("sum=%d",z);
      return 0;
}
```

10. 编程，从键盘读取一个字符串，然后检查这个字符串是否回文(字符中从左到右的字母和从右到左的字母完全一样，如 abcba)。

第9章　编译预处理

在前面的章节中，已经用过#define 与#include 命令，但没有深入讨论过它们。这些命令都属于预处理(Preprocessor)命令。编程者用 C 语言进行编程的时候，可以在源程序中包括一些预处理命令，以告诉编译器对源程序如何进行编译。这些命令包括宏定义、文件包含和条件编译。由于这些命令是在源程序编译以前先处理的，所以，我们也把它们称为编译预处理。编译预处理命令虽然不能算是 C 语言的一部分，但它扩展了 C 语言程序设计的能力。合理地使用编译预处理功能，可以使得编写的程序便于阅读、修改、移植和调试。

本章学习者要理解编译预处理的概念及工作方式，掌握宏定义、文件包含及条件编译这 3 种编译预处理命令在 C 语言程序开发中的具体应用。

9.1　概　　述

9.1.1　预处理器的工作方式

所有的 C 语言编译器软件包都提供了预处理器。编译 C 语言程序时，程序首先由编译器中的预处理器进行处理。在大多数 C 语言编译器中，预处理器都被集成到编译器程序中。当运行编译器时，它将自动运行预处理器。

预处理器根据源代码中的命令(预处理器命令)对源代码进行修改。预处理输出修改后的源代码文件，然后，该输出被用作下一个编译输入。

图 9.1 说明了预处理器在编译过程中的作用。预处理器的输入是一个 C 语言程序，程序可能包含预处理命令。预处理器会执行这些命令，并在处理过程中删除这些命令。预处理器的输出是另一个程序：原程序的一个编辑后的版本，不再包含命令。预处理器的输出被直接交给编译器，编译器检查程序是否有错误，并经程序翻译为目标代码。

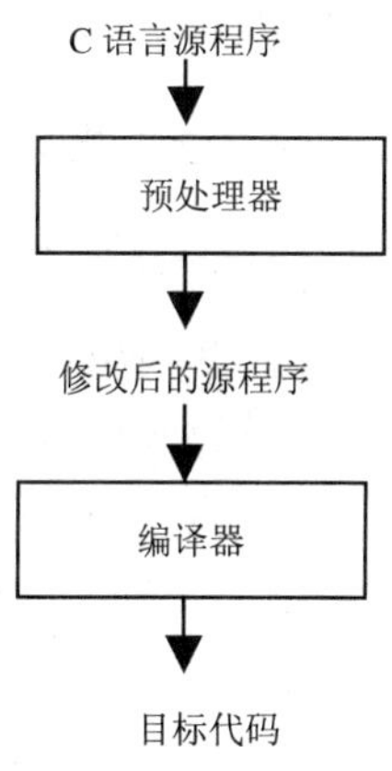

图 9.1　预处理器的工作过程

为了展现预处理器的作用，可以将它应用于下面计算圆的面积的程序。

```
#include <stdio.h>
```

```
#define PI 3.1415926
int main( )
{float r=3.0;
      float area;
      area=PI*r*r;
      printf("Area:%.2f\n",area);
      return 0;
}
```

预处理结束后，程序是下面的样子。

```
从 stdio.h 文件中引入的所有行
空行
int main( )
{
      float r=3.0;
      float area;
      area=3.1415926*r*r;
      printf("Area:%.2f\n",area);
      return 0;
}
```

预处理器通过加入 stdio.h 的内容来响应#include 指令。由于长度的原因，这里没有将 stdio.h 的内容显示出来。预处理器也删除了#define 指令，并且替换了该文件中稍后出现的 PI。

在 C 语言较早的时期，预处理器是一个单独的程序，并将它的输出提供给编译器。如今，预处理器通常和编译器集成在一起(为了提高编译的速度)。然而，我们仍然将它们认为是不同的程序。实际上，大部分 C 语言编译器提供一些方法，使用户可以看到预处理器的输出。一些编译器在打开特定的选项时仅产生预处理器的输出。其他一些编译器会提供一个独立的程序，这个程序的工作与集成的预处理器一致。如果需要更多的信息，可以查看编程者使用的编译器的文档。

9.1.2　编译预处理命令

常用的编译预处理命令有以下 3 种。

(1) 宏定义#define。

(2) 文件包含#include。

(3) 条件编译#ifdef 等。

编译预处理命令必须以“#”为首字符，尾部不得加分号，一行不得书写一条以上的编译预处理命令。

编译预处理命令可以出现在源程序中的任何位置，其作用范围是从它出现的位置直到所在源程序的末尾。

9.2 宏 定 义

符号常量的定义就是“宏”定义的特例。所谓“宏”就是在程序的开始将一个“标识符”定义成“一串符号”，称为“宏定义”，这个“标识符”称为“宏名”；在源程序中可以出现这个宏，称为“宏引用”或“宏调用”；在源程序编译前，将程序清单中每个“宏名”都替换成对应的“一串符号”，称为“宏替换”，也称为“宏扩展”。C语言提供了不带参数的宏和带参数的宏这两种宏定义方法。

9.2.1 不带参数的宏定义

不带参数的宏定义的一般形式如下。

```
#define 宏名 宏体
```

其中，宏名为标识符，宏体为一段文本。

功能：在预处理时，将程序中该命令后所有与宏名相同的文本用宏体置换(宏替换)。

示例代码如下。

```
#define PI 3.1415926
```

它的功能是在程序中用宏名PI来代替3.1415926这个字符串，在编译预处理时，将程序中在该命令以后出现的所有的PI都用3.1415926代替。使用宏定义编译预处理命令，可以用一个简单的名字(宏名)来代替一个较长的字符串(宏体)，以增加程序的可读性。

由此可见，将程序中多次用到的某一个量定义成符号常量，当需要改变这个量时，只需要改变#define命令中的值即可。它能做到“一改全改”，大大提高了程序的可维护性。

在包含文件stdio.h中有一些宏定义编译预处理命令，示例代码如下。

```
#define EOF -1
#define NULL 0
```

定义了宏名EOF和NULL，在程序被编译之前，程序中的标识符EOF均被-1置换，标识符NULL均被0置换，然后才开始编译。

关于宏定义和宏替换有以下几点说明。

(1) 为了与程序中其他关键字相区别，宏名一般使用大写字母。

(2) 一个宏名只能被定义一次，否则出错，被认为是重复定义。

(3) 在宏体中，可以出现已定义(在该命令前)的宏名。

(4) 对出现在字符串常量中的宏名不作宏替换。

(5) 宏体文本太长，换行时，需要在行尾加换行字符“\”。

(6) 宏定义的作用域：从定义开始到程序结束。例如，要终止其作用域可使用#undef命令。

下面的例题可以帮助我们理解以上规则。

【例 9.1】 计算圆的周长与面积。

源程序:

```
#include <stdio.h>
#define PI 3.1415926
#define R 4.5
#define L 2*PI*R
#define S PI*R*R
main( )
{
     printf("L=%.2f\nS=%.2f\n",L,S);
}
```

运行结果:

```
L=28.27
S=63.62
```

经过宏展开后，printf 函数中的输出项 L 和 S 被展开，变为如下形式。

printf("L=%f\nS=%f\n",2*3.1415926*4.5,3.1415926*4.5*4.5)，但字符串中的 L 和 S 不作宏替换。

9.2.2 带参数的宏定义

C 语言允许宏带有参数。在宏定义中的参数称为形式参数，在宏调用中的参数称为实际参数。对带参数的宏，在调用中，不仅要宏展开，而且要用实参去替换形参。

带参数宏定义的一般形式如下。

```
#define  宏名(形参表)  字符串
```

在字符串中含有各个形参。

带参数宏调用的一般形式如下。

```
宏名(实参表)
```

例如，用于计算 $f(x)=x^2+3x$ 的宏定义如下。

```
#define F(x)  x*x+3*x              /*宏定义*/
     ...
k=F(5);                             /*宏调用*/
     ...
```

在宏调用时，用实参 5 去代替形参 x，经预处理宏展开后的语句如下。

```
k=5*5+3*5
```

【例 9.2】 编程，利用带参数的宏完成比较两个数的大小的操作。

源程序:

```
#include <stdio.h>
#define MAX(a,b)  (a>b)?a:b
```

```
int main( )
{
     int x,y,max;
     printf("input two numbers:\n");
     scanf("%d%d",&x,&y);
     max=MAX(x,y);
     printf("max=%d\n",max);
}
```

运行结果：

```
input two numbers:
10 20
max=20
```

对于带参数的宏定义有以下问题需要说明。

(1) 带参数的宏定义中，宏名和形参表之间不能有空格出现。

(2) 在带参数的宏定义中，形式参数不分配内存单元，因此不必作类型定义。而宏调用中的实参有具体的值，要用它们去替换形参，因此必须作类型说明。

(3) 在宏定义中的形参是标识符，而宏调用中的实参可以是表达式。

(4) 在宏定义中，字符串内的形参通常要用括号括起来以避免出错。

例如：如果编程的意图是要定义一个宏，用于计算两个表达式(不仅仅是单个变量或常数)的乘积，有如下定义。

```
#define F(a,b)  a*b
```

该宏定义是错误的。例如，按“F(x+1,y+1)”的宏展开是“x+1*y+1”，而不是所期望的“(x+1)*(y+1)”。这一点在编程时需要注意，不要犯类似的错误。

按照以上的编程意图，应修改宏定义命令如下。

```
#define F(a,b) (a)*(b)
```

9.3　文件包含

在 C 语言中，利用文件包含命令能够非常容易地编写出由若干个文件所组成的程序。例如，在解决实际问题时，我们可以将需要实现的功能独立编写，保存在不同的文件中，然后用#include 命令将它们组合到一起，构成一个完整的程序。文件包含命令的运用为开发规模比较大的程序提供了一种非常行之有效的方法。

1. 文件包含预处理命令的格式和功能

文件包含预处理命令的一般形式如下。

```
#include <包含文件名>或
#include "包含文件名"
```

功能：在编译源程序前，用包含文件的内容置换该预处理命令，即从指定的目录中将“包含文件名”读入，然后把它写入到源程序中该预处理命令处(置换)，使它成为源程序的一部分。

文件包含预处理命令有两种不同的格式，它们的区别如下。

- <包含文件名>：用尖括号包围文件名时，编译系统将在系统设定的标准目录下搜索该文件(通常在 include 目录下)。
- "包含文件名"：用双引号包围文件名时，编译系统将首先在当前目录中查找该文件，再在系统设定的标准目录下查找该文件。

在大多数的例子中，首部都有编译预处理命令“#include <stdio.h>”。读者可以选择一个编辑器打开文本文件 stdio.h，可以观察到该文件中的内容，如使用标准函数时所需要的函数原型声明等。

2. 常用的包含文件

由 C 语言处理系统所提供的包含文件一般都以“.h”为文件扩展名，通常称其为头文件。程序中调用了某个库函数，一定要用文件包含预处理命令，将相应的头文件插入到源程序中。

在编制由多个源程序文件组成的较大程序时，也可以用文件包含预处理命令，将一个源文件中的文本插入到另一个源程序文件的文本中，下面看一个例子。

【例 9.3】 一个程序写在多个源文件中的应用举例。

```
源文件 factorial.c
#include <stdio.h>
#define N 8
#include "fun.c"
int main()
{
     printf("%ld\n",fac(N));
}
源文件 fun.c
long int fac(int n)
{
     int i;
     long int s=1;
     for(i=1;i<=n;i++)
         s*=i;
     return s;
}
```

如上所示，在文件 factorial.c 中，文件包含如下预编译命令。

```
#include "fun.c"
```

将 fun.c 文件中的文本插入到了命令所在的位置，经过编译预处理后，源文件 factorial.c 包含的内容如下。

```
#include <stdio.h>
```

```
#define N 8
long int fac(int n)
{
      int i;
      long int s=1;
      for(i=1;i<=n;i++)
           s*=i;
      return s;
}
 int main()
{
      printf("%ld\n",fac(N));
}
```

9.4　条 件 编 译

一般情况下，源程序中的所有行都要参加编译。但是，有时希望源程序中的一部分程序只在满足一定条件时才进行编译。或者，当条件成立时去编译一组语句，而当条件不成立时编译另一组语句，这就是“条件编译”。

条件编译命令有以下几种形式。

1. #ifdef ~ #else~ #endif 形式

```
#ifdef 标识符
      程序段 1
#else
      程序段 2
#endif
```

功能：当指定的标识符在此之前已经被“#define”语句定义过，则“程序段 1”被编译，否则，“程序段 2”被编译。类似于条件 if 语句，“#else 分支”可以省略，形式如下。

```
#ifdef 标识符
      程序段 1
#endif
```

例如，由于不同的计算机存在一定差异，为使一个源程序在不同计算机上运行，可以使用以下的条件编译(假定区别仅在计算机的字长上)。

```
#ifdef PC16
#define INTSIZE 16
#else
#define INTSIZE 32
#endif
```

如果 PC16 在前面已被宏定义过，例如以下命令。

```
#define PC16 16
```

则编译下面的命令行。

```
#define INTSIZE 16
```

否则，PC16 在前面没有被宏定义过，则编译下面的命令行。

```
#define INTSIZE 32
```

这里，到底编译哪些行，关键在于标识符 PC16 是否被宏定义，而定义为多少并没有关系。

2. #ifndef ~ #else ~#endif 形式

```
#ifndef
      程序段 1
#else
      程序段 2
#endif
```

功能：当指定的标识符在此之前没有被“#define”语句定义过，则“程序段1”被编译。否则，“程序段2”被编译。类似于#ifdef，“#else 分支”可以省略。

3. #if ~ #else ~#endif 形式

```
#if 常量表达式
      程序段 1
#else
      程序段 2
#endif
```

它的功能是，如常量表达式的值为真(非0)，则对程序段1进行编译，否则对程序段2进行编译。因此可以使程序在不同条件下完成不同的功能。

#if ~ #else ~#endif 形式的条件编译会给程序调试带来方便。在源程序的调试中，常常需要跟踪程序的执行情况，为此，在程序中加一些输出信息的语句，通过这些输出信息来跟踪判断程序是否有错误。这是一种常用的调试手段。在调试结束后，需要把为了调试而增加的那些输出信息的语句删除掉，然而这种删除工作常常带来一些麻烦。如果使用条件编译将会比较容易。即在满足调试条件的情况下，加上一些输入信息的语句行，在调试完成后，只要改变其条件使之不满足调试条件；这时再重新编译，原来加进去的一些输出信息的语句将不再被编译，这相当于被删除了。这种“自动”删除要方便得多。例如，在调试某个程序时，为得出输出信息以供判断可在源程序中插入以下条件编译。

例如，在调试某个程序时，为得出输出信息以供判断可在源程序中插入以下条件编译。

```
#if DEBUG
printf("a=%d,b=%d\n",a,b);
#endif
```

在调试程序时，在它们前面设置#define DEBUG 1，则 printf 语句行将参加编译。于是将输出供判断参考的 a 和 b 的值。当调试完成后，只是将前面的设置修改为#define DEBUG 0，则 printf 语句行将不参加编译，这就相当于该行被删除一样。可见，使用条件编译通过改变其条件来“删除”不需要参加编译的程序段是很方便的。

9.5　本章小结

编译预处理功能是 C 语言特有的功能，它是在对源程序正式编译前由预处理程序完成的。宏定义是用一个标识符来表示一个字符串，这个字符串可以是常量、变量或表达式。在宏调用中将用该字符串代换宏名。宏定义可以带有参数，宏调用时是以实参替换形参。文件包含是预处理的一个重要功能，它可用来把多个源文件连接成一个源文件进行编译，结果将生成一个目标文件。条件编译允许只编译源程序中满足条件的程序段，方便跨平台程序开发、模块化编译、调试等。

9.6　习　　题

1. 编写宏来计算下面的值。
   a. x 的立方；
   b. x 除以 4 的余数；
   c. 如果 x 与 y 的乘积小于 100，则值为 1，否则值为 0。
2. 假定 DOUBLE 是如下宏。

```
#define DOUBLE(x) 2*x
```

   a. DOUBLE(1+2)的值是多少？
   b. 4/DOUBLE(2)的值是多少？
   c. 改正 DOUBLE 的定义。
3. 以下叙述中错误的是________。
   a. 在程序中凡是以“#”开始的语句行都是预处理命令行
   b. 预处理命令行的最后不能以分号表示结束
   c. #define MAX 是合法的宏定义命令行
   d. C 语言程序对预处理命令行的处理是在程序执行的过程中进行的
4. 有以下程序：

```
#include <stdio.h>
#define  SUB(a)  (a)-(a)
main()
{
     int  a=2,b=3,c=5,d;
     d=SUB(a+b)*c;
```

```
    printf("%d\n",d);
}
```

程序运行后的输出结果是______________。

5. 有以下程序：

```
#include <stdio.h>
#define N 100
void f(void);
main( )
{
    f( );
    #ifdef N
    #undef N
    #endif
    return 0;
}
void f(void)
{
    #ifdef N
    printf("N is %d\n",N);
    #else
    printf("N is undefined\n");
    #endif
}
```

程序运行后的输出结果是______________。

6. 有以下程序：

```
#include <stdio.h>
#define PI 3.5
#define  S(x)  PI*x*x
main( )
{
    int  a=1,b=2;
    printf("%4.1f\n",S(a+b));
}
```

程序运行后的输出结果是______________。

7. 当前目录下有 init.h 文件，内容如下。

```
#define HDY(A,B)  A/B
#define PRINT(Y)  printf("y=%d\n",Y)
```

有以下程序：

```
#include <stdio.h>
#include "init.h"
main()
{
    int a=1,b=2,c=3,d=4,k;
```

```
        k=HDY(a+c,b+d);
        PRINT(k);
    }
```

程序运行后的输出结果是______________。

8. 编程，定义一个带参数的宏，使两个参数的值互换。设计主函数调用宏将两个变量的值进行交换并输出。

第10章　结构体、共用体与枚举类型

编程者知道，数组可以用来表示一组相同类型(如 int 或 float)的数据项。然而在实际问题的处理中，经常会遇到由不同数据类型组成的集合体。例如，用来描述每一个考生的各项数据一般应包括“准考证号、姓名、性别、年龄、报考级别、成绩”等各种不同类型的数据。C 语言对此提供了一种称为结构体的复合数据类型。本章详细讨论了结构体的概念、定义和使用方法；结构体的数组和指针以及它们作为函数参数的传递。另外，本章还介绍了共用体以及有关枚举类型和用户自定义类型的概念和应用等。

10.1　结　构　体

10.1.1　定义结构体类型

在实际问题中，一组数据往往具有不同的数据类型。例如，在学生登记表中，姓名应为字符型；学号可为整型或字符型；年龄应为整型；性别应为字符型；成绩可为整型或实型。显然不能用一个数组来存放这一组数据。因为数组中各元素的类型必须一致，以便于编译系统处理。为了解决这个问题，C 语言中给出了另一种构造数据类型——结构体。它相当于其他高级语言中的记录。结构体是一种构造类型，它是由若干成员组成的。每一个成员可以是一个基本数据类型或者又是一个构造类型。

一般变量的定义形式如下。

```
类型名 变量名称
```

例如，int score；其中 int 是类型名，score 是变量名。定义结构体的变量也是一样，必须首先定义结构体的类型，即先构造结构体。

下面，先来看一个图书(book)结构类型的定义。

```
struct book
{
     char title[20];       /*  图书名称 */
     char author[15];      /*  作者     */
     int pages;            /*   页数    */
     float price;          /*   价格    */
};
```

关键字 struct 定义一个结构体类型，该结构共有 4 个数据字段(即 title、author、pages 和

price)。这些字段称为结构体成员，每个成员可以属于不同的数据类型。book 是结构体名，也称为结构体标记符。随后就可用标记符名来定义属于该结构体的变量。

注意，上面的定义中没有定义任何变量，只是描述了一种称为模板(template)的格式，用以表示如下信息。

成员	信息
title	20 个字符的数组
author	15 个字符的数组
pages	整数
price	浮点数

定义一个结构体类型的一般形式如下。

```
struct  结构体名
{
      类型 1  成员名 1;
      类型 2  成员名 2;
      …
      类型 n  成员名 n;
};
```

注意，右大括号后的分号，必须用它来表示定义的结束。

接着，再来看一个结体构学生(student)的类型定义的语句。

```
struct student
{
      int   sno;                  /* 学号 */
      char  sname[20];            /* 姓名 */
      char  gender;               /* 性别 */
      int   age;                  /* 年龄 */
      float  score;               /* 成绩 */
};
```

在上述声明中，student 是结构体标记符，该结构体由 5 个成员组成。第一个成员为 sno，整型；第二个成员为 sname，字符数组；第三个成员为 gender，字符型；第四个成员为 age，整型；第五个成员为 score，实型。应注意末尾的分号是必不可少的。

说明：

(1) 结构体模板以分号结尾。

(2) 整个结构体类型定义被看作是一条语句，而每个成员则以自己的名称和类型分别声明在模板中的单个语句中。

(3) 结构体标记符可用于定义结构体变量。

(4) 一个结构体声明后，其地位与系统定义的 int、char、float 等基本数据类型是相同的；它仅仅描述了结构体的组织形式，规定了一种特殊的数据类型及它所占用的存储空间。

(5) 结构体成员的数据类型可以是简单变量、数组、指针、结构体或共用体等。

(6) 结构体类型只是一个抽象的数据类型，定义一个结构体类型后，系统并没有为所定义的各成员项分配相应的存储空间，因为这是定义类型而不是定义变量。定义一个类型只是说明该类型的结构，即告诉系统它由哪些类型的成员构成，各占多少字节、按什么形式存储，并把它们当成一个整体来处理。应当明确，只有在定义了结构体变量以后，系统才分配相应的存储空间。

10.1.2 定义结构体变量

有了一种结构体类型之后，就可用它去定义结构体类型的变量，就像用 int 类型说明符去定义一个整型变量那样。

结构体变量的定义包括以下部分。

(1) 关键字 struct。

(2) 结构体标记符。

(3) 由逗号分开的结构体变量名列表。

(4) 终止分号。

例如，以下语句。

```
struct book book1,book2,book3;
```

它就是将 book1、book2 和 book3 声明为 struct book 类型的变量。

定义结构体类型的变量有以下 3 种方法。

1. 先定义结构体类型，再定义变量

示例代码如下。

```
struct book
{
     char title[20];           /* 图书名称 */
     char author[15];          /*   作者   */
     int pages;                /*   页数   */
     float price;              /*   价格   */
};
struct book book1,book2,book3;
```

本例中，在定义了结构体 student 类型之后，又用这个类型标记符定义了三个结构体变量 book1、book2 和 book3。注意，必须要有关键字 struct。

2. 在定义结构体类型的同时定义结构体变量

示例代码如下。

```
struct book
{
     char title[20];           /* 图书名称 */
     char author[15];          /*   作者   */
     int pages;                /*   页数   */
     float price;              /*   价格   */
} book1,book2,book3;
```

这是一种紧凑形式，既定义了类型又定义了变量。如果需要，还可再用 struct book 定义其他同类型的变量。

3. 直接定义结构体变量

示例代码如下。

```
struct
{
     char title[20];            /*  图书名称 */
     char author[15];           /*   作者    */
     int pages;                 /*   页数    */
     float price;               /*   价格    */
} book1,book2,book3;
```

此方法没有包含结构体标记符，不推荐使用这种方法。因为没有标记符，就不能再用来定义其他变量了。

通常，结构体类型的定义出现在程序文件的开头，位于所有变量或函数之前，也可以出现在 main 和#define 之类的宏定义之前。在这些情况下，结构体定义是全局的，可以被其他函数使用。

编程者可以通过 sizeof 来进行测试结构体变量占有内存的大小。

【例 10.1】 编程，输出结构体类型或结构体变量所占用内存的大小。

源程序：

```
#include <stdio.h>
struct book
{
     char title[20];            /*  图书名称 */
     char author[15];           /*   作者    */
     int pages;                 /*   页数    */
     float price;               /*   价格    */
};
int main()
{struct book book1;
     printf("Size=%d",sizeof(struct book));
/* 或printf("Size=%d", sizeof(book1)); */
     return 0;
}
```

运行结果：

```
Size=44
```

结构体变量与结构体类型是不同的概念。对结构体变量来说，在定义时一般先定义一个结构体类型，然后再定义变量为该类型。结构体变量只能对变量赋值、存取或运算，而不能对一个类型赋值、存取或运算。对类型不分配空间，只对变量分配空间。

注意：

一个结构体变量的总长度等于所有成员长度之和，当试图使用 sizeof 来确定结构中的字节数量时，获得的数可能大于成员加在一起后的数。

先来看下面的例子。

```
struct {
     char a;
     int b;
}s;
```

如果 char 型的值占用一字节，而 int 型的值占用 4 字节，s 占用多少字节呢？显然，应该是 5(1+4)字节。但可能不是正确的答案。下面的程序在 VC6 环境下的运行结果说明了这个问题。

```
#include <stdio.h>
struct{
     char a;
     int b;
}s;
int main()
{
     printf("%d\n",sizeof(s));
     return 0;
}
```

运行结果是 8。

一些计算机要求数据项从某个数量字节(一般是 4 字节)的倍数开始，为了满足计算机的要求，通过在邻近的成员之间留“空隙”(即无用的字节)的方法，编译器会把结构的成员“排列”起来。如果假设数据项必须从 4 字节的倍数开始，那么结构 s 的成员 a 后将有 3 字节的空隙，结果是 sizeof(s)的值为 8。

10.1.3　访问结构体成员

有多种方法访问和给结构体成员赋值。由于成员本身不是变量，所以它们必须与结构体变量相链接。例如，price(价格)没有明确的含义，但是“图书 book1 的价格”就比较明确了。

结构体成员与结构体变量之间的链接可以使用成员运算符“. ”来建立，该运算符又称为点运算符。示例如下。

book1.price 是表示 book1 的定价的变量，它可以像其他普通变量一样处理。下面来看一下如何为 book1 的成员赋值。

```
strcpy(book1.title,"Basic");  /*不能是 book1.title="Basic"*/
strcpy(book1.author,"Smith");
book1.pages=269;
book1.price=28.50;
```

相同类型的结构体变量可以像普通变量一样进行复制。上面的代码给 book1 赋值了，book1 就可以给别的结构体变量赋值。示例代码如下。

```
struct book book2;
```

```
book2=book1;
```

下面用完整的程序演示输出结构体变量的值。

【例 10.2】 编程，定义结构体类型及变量，并为结构体成员赋值并输出。

源程序：

```
#include <stdio.h>
struct book
{
     char title[20];
     char author[15];
     int pages;
     float price;
};
int main( )
{
     struct book book1;
     strcpy(book1.title,"Basic");
     strcpy(book1.author,"Smith");
     book1.pages=269;
     book1.price=28.50;

     printf("Title    Author    Pages    Price    \n");
     printf("%-10s%-10s%-10d%-10.2f",
             book1.title,
             book1.author,
             book1.pages,
             book1.price);
     return 0;
}
```

运行结果：

```
Title     author    pages    price
Basic    Smith    269      28.50
```

【例 10.3】 编程，定义结构体类型及变量，并为结构体成员通过 scanf 赋值并输出。

源程序：

```
#include <stdio.h>
struct book
{
     char title[20];
     char author[15];
     int pages;
     float price;
};
int main( )
{
```

```
    struct book book1;
    printf("Title:\n");
    gets(book1.title);
    printf("Author:\n");
    gets(book1.author);
    printf("Pages:\n");
    scanf("%d",&book1.pages);
    printf("Price:\n");
    scanf("%f",&book1.price);

    printf("Title     Author     Pages     Price     \n");
    printf("%-10s%-10s%-10d%-10.2f",
            book1.title,
            book1.author,
            book1.pages,
            book1.price);
    return 0;
}
```

运行结果：

```
Title:
Basic↙
Author:
Dennis↙
Pages:
240↙
Price:
24.50↙
Title     Author     Pages     Price
Basic     Dennis    240       24.50
```

10.1.4　结构体变量的初始化

与其他类型变量一样，对结构体变量也可以在定义时进行初始化赋值。但附在变量后面的一组数据需用花括号括起来，其顺序应与结构体中的成员顺序保持一致。

例如：struct book book2={"Pascal","Thomas",300,22.5};。

结构化变量的初始化必须包含以下元素。

(1) 关键字 struct。

(2) 结构体标记符。

(3) 要声明的变量名。

(4) 赋值运算符=。

(5) 结构体变量的成员的值，用逗号分隔开，并用括号括起来。

(6) 终止分号。

结构体变量初始化的一些规则如下。

(1) 不能对单个成员进行初始化。

(2) 包含在括号中的数值必须与结构体定义中的成员的类型、顺序匹配。

(3) 允许部分初始化，对未初始化的成员将进行如下赋值。

① 对于整数和浮点数，赋给默认值零。

② 对于字符和字符串，赋给默认值'\0'

【例 10.4】 编程，结构体变量初始化并输出。

源程序：

```
#include <stdio.h>
struct book
{
     char title[20];
     char author[15];
     int pages;
     float price;
};
int main( )
{
     struct book book1={"Pascal","Thomas",300,22.5};

     printf("Title    Author    Pages    Price    \n");
     printf("%-10s%-10s%-10d%-10.2f",
     book1.title,
     book1.author,
     book1.pages,
     book1.price);
     return 0;
}
```

运行结果：

```
Title     Author     Pages     Price
Pascal    Thomas    300       22.50
```

10.1.5 结构体嵌套

结构体中还有结构体，就称为结构体嵌套。如果一个结构体中又嵌套一个结构体，则要访问一个成员时，应采取逐级访问的方法。下面程序演示存储 student(学生)信息并输出，用到了结构体嵌套。注意嵌套的结构体变量的初始化及成员访问方法。

【例 10.5】 编程，初始化学生信息并输出。

源程序：

```
#include <stdio.h>
struct date
{
     int year;
     int month;
     int day;
```

```
};
struct student
{
     char sno[8];
     char sname[20];
     struct date birthday;
};
int main( )
{
     struct student s1={"C201001","Zhangsan",1990,10,1};
     printf("Sno: %s\n",s1.sno);
     printf("Sname: %s\n",s1.sname);
     printf("Birthday: %4d-%02d-%02d\n",
              s1.birthday.year,
              s1.birthday.month,
              s1.birthday.day);
     return 0;
}
```

运行结果：

```
Sno: C201001
Sname: Zhangsan
Birthday: 1990-10-01
```

10.1.6　结构体数组

一个结构体变量只能存放一条记录。如果要存放多条记录，如 30 本书，需要结构体变量 boo1，book2, …，book30，显然是不方便的，人们自然想到使用数组。C 语言允许使用结构体数组，即数组中每一个元素都是一个结构体变量。

定义结构体数组的方法与定义结构体变量方法相似。其一般形式如下。

```
struct 结构体标记符　结构体数组名[常量表达式]
```

结构体数组定义之后，要引用某一元素中的一个成员，可采用以下形式。

```
结构体数组名[i]. 成员名
```

上式中 i 为数组元素的下标。

下面的程序演示了使用结构体数组存储 5 名同学的信息并输出。

【例 10.6】 编程，使用结构体数组存储 5 名同学的信息并输出。

```
# include <stdio.h>
/*  定义结构体类型  */
struct student
{
     char sname[9];   /*  学生姓名  */
     int sno;      /*  学生学号  */
     int age;      /*  学生年龄  */
     int score;        /*  学生成绩  */
```

```
};
int main( )
{
      int i;
      /*  定义结构体数组并初始化     */
      struct student s[5]={{"wangming",11001,18,68},
                          {"chenhong",11002,17,98},
                          {"xuxiaoho",11003,16,76},
                          {"zhuyanzi",11004,18,91},
                          {"zhenshou",11005,17,74}};
      for (i=0;i<5;i++)
             printf("%s %d %d %d\n",s[i].sname,s[i].sno, s[i].age,
 s[i].score);
      return 0;
}
```

10.1.7　结构体指针变量

通常，可以定义一个指针变量来指向一个结构体变量，这就是结构体指针变量。结构体指针变量的值就是所指结构体变量在内存单元中的起始地址。一个结构体数组的首地址也可以赋值给结构体指针变量，这样就可以用指针遍历所有结构体数组元素中的所有成员。事实上，用指针是一种非常流行的结构体引用方式。

1. 指向结构体变量的指针变量

例如，可以通过指针来使用结构 struct sample。

```
struct sample
{
      int x;
      int y;
      float t;
      char u;
};
struct sample sam1;
```

首先要做的是定义一个结构体指针，如下所示。

```
struct sample *ptr;
```

接下来，如同处理其他类型的指针一样，通过使用取地址运算符&将 sam1 的地址赋给上面定义的指针。

```
ptr= &sam1;
```

现在，可以通过指针 prt 来访问所有的成员。访问 sam1 中的所有成员，使用间接访问运算符和成员运算符。下面的例子展示了如何访问 sam1 的成员。

```
(*ptr).x   (*ptr).y  (*ptr).t  (*ptr).u
```

注意上面表达式中的括号，这些括号是必需的。通常使用另一个操作符，由减号和大于号组成(->)，称为指向成员运算符或箭头运算符，它紧跟在指针标识符后面，在被引用成员的前面。下面展示用指向运算符访问 sam1 的成员。

```
ptr->x   ptr->y  ptr->t   ptr->u
```

因此，结构体变量成员的访问常见的有三种方式。下面以 sam1 的成员 x 为例来进行介绍。

(1) sam1.x　　(2) (*ptr).x　　(3) ptr->x

关于结构体指针变量的使用，总结如下。

(1) 定义结构体指针变量的一般形式如下：结构体类型名*结构体指针变量名。

(2) 使结构体指针变量指向结构体类型变量：结构体指针变量名=&结构体变量名。

(3) 通过指针去访问所指结构体变量的某个成员时，有如下两种方法。

```
(*指针变量名).成员名
```

或者

```
指针变量名->成员名
```

【例 10.7】 编程，结构体变量初始化并输出，利用结构体指针访问成员。

源程序：

```
#include <stdio.h>
struct book
{
     char title[20];
     char author[15];
     int pages;
     float price;
};
int main( )
{
     struct book book1={"Pascal","Thomas",300,22.5};
     struct book *p=&book1;
     printf("Title     Author    Pages     Price    \n");
     printf("%-10s%-10s%-10d%-10.2f",
     p->title,
     p->author,
     p->pages,
     p->price);
     return 0;
}
```

运行结果：

```
Title     Author    Pages     Price
Pascal    Thomas    300       22.50
```

2. 指向结构体数组元素的指针变量

用指针指向结构体数组中的元素的方法与第 8 章学习过的指向一维数组元素的指针的操

作类似。示例代码如下。

```
struct sample
{
      int x;
      int y;
      float t;
      char u;
};
struct sample sam[5];
```

定义一个结构体指针，如下所示。

```
struct sample *p;
```

接下来，给指针赋值。

```
p= sam; 或 p=&sam[0];
```

由于指针 p 的基类型与 sam 数组元素的类型一致，都是 struct sample 结构体类型，所以 p+1 指向 sam[1]的地址，p+2 指向 sam[2]的地址，依此类推。因此有如下程序。

```
*p  等价于 sam[0] ，*(p+1) 等价于 sam[1] … *(p+4) 等价于 sam[4]
```

用指针 p 去访问结构体数组的某个成员，如 sam[1].y 结构如下。

```
(*(p+1)).y 或(p+1)->y
```

前面的【例 10.6】，用结构体指针来实现的代码如【例 10.8】。

【例 10.8】 编程，使用结构体数组存储 5 名同学的信息并利用结构体指针输出。

源程序：

```
# include <stdio.h>
/*  定义结构体类型  */
struct student
{
      char sname[9];   /*  学生姓名  */
      int sno;/*  学生学号  */
      int age;/*  学生年龄  */
      int score;   /*  学生成绩  */
};
 int main( )
 {
      int i;
      /*  定义结构体数组并初始化   */
      struct student s[5]={{"wangming",11001,18,68},
          {"chenhong",11002,17,98},
          {"xuxiaoho",11003,16,76},
          {"zhuyanzi",11004,18,91},
          {"zhenshou",11005,17,74}};
      struct student *p=s;
```

```
    for (i=0;i<5;i++)
        printf("%s%d%d%d\n",(p+i)->sname,(p+i)->sno,(p+i)->age,
(p+i)->score);
    return 0;
}
```

运行结果：

```
wangming 11001 18 68
chenhong 11002 17 98
xuxiaoho 11003 16 76
zhuyanzi 11004 18 91
zhenshou 11005 17 74
```

10.1.8　结构体与函数

在C语言中，函数参数可以是结构体类型，函数也可以返回结构体类型的数据，具体有以下几种情况。

(1) 可以把结构体变量的每个成员作为函数调用的实参进行传递，然后就像普通变量一样来处理实参。

【例 10.9】 编程，结构体变量初始化并调用函数输出，实参为结构体变量成员。

源程序：

```
#include <stdio.h>
struct book
{
    char title[20];
    char author[15];
    int pages;
    float price;
};
void print_book(char *,char *,int ,float);
int main( )
{
    struct book book1={"Pascal","Thomas",300,22.5};
    char *title=book1.title;
    char *author=book1.author;
    int pages=book1.pages;
    float price=book1.price;
    print_book(title,author,pages,price);
    return 0;
}
void print_book(char *title,char *author,int pages,float price)
{
    printf("Title    Author    Pages    Price    \n");
    printf("%-10s%-10s%-10d%-10.2f",title,author,pages,price);
}
```

运行结果：

```
wangming 11001 18 68
chenhong 11002 17 98
xuxiaoho 11003 16 76
zhuyanzi 11004 18 91
zhenshou 11005 17 74
```

(2) 可以把结构体变量作为函数调用的实参进行传递，相当于值传递。

用结构体变量作为函数调用的实参，可将【例 10.9】改为下面的代码，输出结果一致。

【例 10.10】 编程，结构体变量初始化并调用函数输出，实参为结构体变量。

源程序：

```
#include <stdio.h>
struct book
{
     char title[20];
     char author[15];
     int pages;
     float price;
};
void print_book(struct book );
int main( )
{
     struct book book1={"Pascal","Thomas",300,22.5};
     print_book(book1);
     return 0;
}
void print_book(struct book sample_book)
{
     printf("Title    Author    Pages    Price    \n");
     printf("%-10s%-10s%-10d%-10.2f",
         sample_book.title,
         sample_book.author,
         sample_book.pages,
         sample_book.price);
}
```

(3) 可以把指向结构体变量的指针作为函数调用的实参进行传递，相当于引用传递。可以在被调函数中修改主调函数中的结构体变量。以下程序实现将图书的价格更新。即：更新结构体变量 book1 的 price 成员。

【例 10.11】 从键盘输入图书的新价格，更新后输出。

源程序：

```
#include <stdio.h>
struct book
{
     char title[20];
```

```
    char author[15];
    int pages;
    float price;
};
void update_price(struct book * ,float );
int main( )
{
    struct book book1={"Pascal","Thomas",300,22.5};
    struct book *pbook1=&book1;
    float newprice;
    printf("Input new price:\n");
    scanf("%f",&newprice);
    update_price(pbook1,newprice);
    printf("Title    Author    Pages    Price    \n");
    printf("%-10s%-10s%-10d%-10.2f",
        pbook1->title,
        pbook1->author,
        pbook1->pages,
        pbook1->price);
    return 0;
}
void update_price(struct book *p,float newprice)
{
    p->price=newprice;
}
```

运行结果：

```
Input new price:
35.50↙
Title     Author    Pages     Price
Pascal    Thomas    300       35.50
```

(4) 返回结构体的函数，即函数的返回值类型是某一结构体类型。

【例 10.12】 利用函数实现从键盘输入图书信息并返回赋给主函数中的结构体变量。

源程序：

```
#include <stdio.h>
struct book
{
    char title[20];
    char author[15];
    int pages;
    float price;
};
struct book AddRecord(void);
int main( )
{
    struct book book1;
```

```
    book1=AddRecord( );
    printf("Title     Author    Pages     Price    \n");
    printf("%-10s%-10s%-10d%-10.2f",
        book1.title,
        book1.author,
        book1.pages,
        book1.price);
    return 0;
}
struct book AddRecord(void)
{
    struct book newbook;
    printf("Title:\n");
    gets(newbook.title);
    printf("Author:\n");
    gets(newbook.author);
    printf("Pages:\n");
    scanf("%d",&newbook.pages);
    printf("Price:\n");
    scanf("%f",&newbook.price);
    return newbook;
}
```

运行结果：

```
Title:
Java↙
Author:
Smith↙
Pages:
300↙
Price:
29.00↙
Title     Author    Pages     Price
Java      Smith     300       29.00
```

10.2　共　用　体

所谓共用体数据类型是指将不同类型的数据项存放于同一段内存单元的一种构造数据类型。同结构体类型相似，在一个共用体内可以定义多种不同的数据类型的成员；在结构体中，每个成员有自己的存储空间，而共用体中的所有成员共用同一块内存单元。这意味着，尽管共用体可以含有不同数据类型的多个成员，但一次只能处理一个成员。

10.2.1　定义共用体类型

共用体具有和结构体相似的语法，共用体可以使用关键字 union 来定义。定义共用体的一般形式如下。

```
union 共用体名
{
    类型 1 成员 1;
    类型 2 成员 2;
    ...
    类型 n 成员 n;
};
```

例如，定义共用体类型 union sample，代码如下。

```
union sample
{
    short int a;
    float b;
    char c;
};
```

其类型为 union sample。该共用体含有 3 个成员，每个成员的数据类型不同。

10.2.2　定义共用体变量

定义共用体变量的形式与结构体变量的定义很相似，定义一个共用体类型变量的一般形式如下。

```
union 共用体名 共用体变量名
```

定义 union sample 类型变量 sam1，语句如下。

```
union sample sam1;
```

上面的语句定义了一个变量 sam1，其类型为 union sample。该共用体含有 3 个成员，每个成员的数据类型不同。但是，每次只能使用其中一个成员。这是因为只给共用体变量分配一个存储空间，无论其大小如何。

编译器为共用体分配一个存储空间，能够存储其中的最大的变量类型即可。在 sam1 中，成员 b 需要 4 字节，它是最大的成员。图 10.1 显示了所有 3 个变量是如何共享存储空间的。这是假设 sizeof(float)的值为 4。【例 10.13】说明了这个问题。

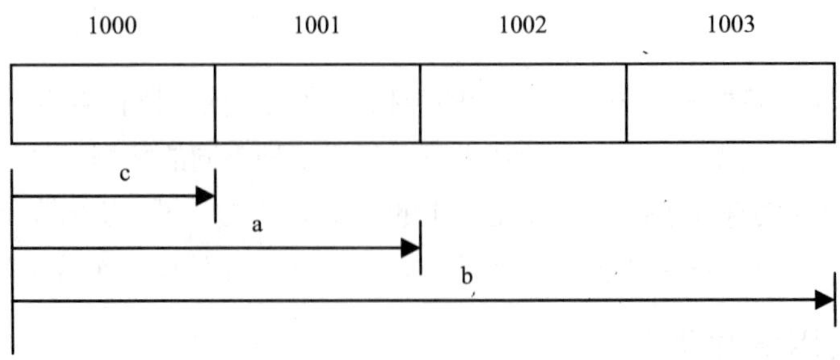

图 10.1　共用体的成员共享一个存储空间

【例 10.13】 查看共用体存储空间的分配。

源程序：

```
#include <stdio.h>
union sample
{
     short int a;
     float b;
     char c;
};
int main( )
{
     union sample sam1;
     printf("address of a    :%ld\n",&sam1.a);
     printf("address of b    :%ld\n",&sam1.b);
     printf("address of c    :%ld\n",&sam1.c);
     printf("size of sample  :%d\n",sizeof(union sample));
     return 0;
}
```

运行结果：

```
address of a    :1245052
address of b    :1245052
address of c    :1245052
size of sample  :4
```

输出结果表明，共用体成员具有相同的内存起始地址。共用体变量占用内容的长度等于最长的成员的长度。

10.2.3　访问共用体成员

要访问一个共用体成员，可以使用与访问结构体成员相同的语法，需要使用成员运行符。即点号运行符。

共用体变量的成员表示为：

```
共用体变量名.成员名
```

对于共用体变量 sam1，下面的成员访问都是合法的成员变量。

```
sam1.a
sam1.b
sam1.c
```

10.2.4　共用体变量的赋值

共用体只创建一个存储空间，每次只能被某一成员使用。当某个成员被赋予一个新值时，该新值将替换掉前一成员的值。

示例代码如下。

```
union sample x;
```

有以下几条赋值语句。

```
x.a=10;
x.b=13.6;
x.c='H';
```

共用体虽然先后给三个成员赋了值，但只有 x.c 的赋值才是有效的，前两次的赋值都被覆盖了。

10.2.5　共用体变量的初始化

C 语言允许初始化共用体，但在定义共用体变量时，仅能初始化共用体中定义的第一个成员类型，其他类型只能通过赋值或传值给共用体的方式初始化。而初始化共用体时，需将值置于一对大括号中，尽管只有一个值。例如，接着上面的示例，下面的共用体变量的定义及初始化是合法的。

```
union sample sam1={100};
```

10.2.6　共用体的应用

从应用角度来说，共用体的应用主要表现在以下两个方面。

(1) 在结构体上经常使用共用体作为节省空间的一种方法。

(2) 使用共用体来构造混合的数据结构。

作为一个应用举例，首先，定义一种共用体类型。此种共用体所包含的成员分别表示不同的数据类型。

```
union Number{
     int i;
     float f;
};
```

思考下面这个问题。编写一个函数，用来显示当前存储在共用体 Number 上的值。这个函数可能的代码框架如下。

```
void print_number(union Number n)
{
     if (n 包含一个整数)
         printf("%d",n.i);
     else
         printf("%g",n.f);
}
```

可惜的是，没有方法可以帮助函数 print_number 来确定 n 包含的是整数还是浮点数。

为了记录此信息，可以把共用体嵌入一个结构体中，且此结构体还包含另一个成员：“标记字段”，它是用来提示当前存储在共用体中的内容的类型。

下面把 Number 类型转换成具有嵌入共用体的结构类型。

```
#define INT_KIND 0
#define FLOAT_KIND 1
struct Number{
      int kind; /* 标记字段 */
      union {
          int i;
          float f;
      }u;
};
```

struct Number有两个成员kind和u。成员kind有两种可能的值INT_KIND和FLOAT_KIND。

每次给 u 的成员赋值时，也会改变 kind，从而提示修改的是 u 的哪个成员。例如，如果 n 是 struct Number 类型的变量，对 u 的成员 i 进行赋值操作可以采用下列形式。

```
n.kind=INT_KIND;
n.u.i=100;
```

注意对 i 赋值要求首先选择 n 的成员 u，然后才是 u 的成员。

当需要找回存储在 struct Number 类型变量中的数时，kind 将表明共用体的哪个成员是最后进行赋值的。函数 printf_number 可以利用这种功能。

```
void printf_number(struct Number n)
{
      if (n.kind==INT_KIND)
          printf("%d",n.u.i);
      else
          printf("%g",n.u.f);
}
```

10.3 枚 举 类 型

所谓“枚举”(Enumeration)类型，是指这种类型变量的取值只能限于事前已经一一列举出来的值的范围。

10.3.1 定义枚举类型

用关键字 enum 说明枚举类型，其一般形式如下。

```
enum 枚举类型名{枚举常量 1,枚举常量 2,…,枚举常量 n};
```

例如：

```
enum color_name {red,yellow,blue,white,black};
```

color_name 是枚举类型名，“red,yellow,blue,white,black”称为“枚举元素”或“枚举常量”。

10.3.2 定义枚举类型变量

说明了枚举类型，就可以用于定义枚举类型变量，其一般形式如下。

```
enum  枚举类型名  枚举类型变量名列表;
```

示例代码如下。

```
enum color_name color;
```

定义了枚举变量 color，它们只能取 red,yellow,blue,white,black 这五个值之一，示例代码如下。

```
color = yellow
color = blue;
```

关于枚举类型的使用，需要注意以下几点。

(1) enum 是关键字，标识枚举类型，定义枚举类型时必须以 enum 开头。

(2) 在定义枚举类型时，花括号中的枚举元素是常量，这些元素的名字是程序设计者自己指定的，命名规则与标识符相同。这些名字只是作为一个符号，以利于提高程序的可读性，并无其他固定的含义。

(3) 枚举元素是常量，在 c 编译器中，按定义时的排列顺序取值 0、1、2、...。示例代码如下。

```
color = blue;
printf("%d", color);
```

输出整数 2。

(4) 可以将枚举常量赋给一个枚举变量，但不能对枚举元素赋值。示例代码如下。

```
color=red; 或 color=(enum color_name)0      /*正确*/
red=0;                                          /*错误*/
```

但在定义枚举类型时，可以指定枚举常量的值。示例代码如下。

```
enum color {red,yellow,blue,white=6,black};
```

此时，red 的值为 0，yellow 的值为 1，blue 的值为 2，white 的值为 6，black 的值为 7。

(5) 枚举值可以作判断比较。示例代码如下。

```
if (clolr == blue) ...
if (color>yellow ) ...
```

(6) 枚举常量不是字符串，不能用下面的方法输出字符串 red。

```
printf("%s",red) ;          /*错*/
```

而应该用检查的方法去处理。

```
if (color==red) printf("red");
```

【例 10.14】 枚举类型的应用。

源程序：

```
#include <stdio.h>
int main()
```

```
{
    enum color_name {red,yellow,blue,white,black};
    enum color_name color;
    for (color=red;color<=black;color++)
    switch (color)
    {
        case red:     printf("red:\t%d\n",red);break;
        case yellow:  printf("yellow:\t%d\n",yellow);break;
        case blue:    printf("blue:\t%d\n",blue);break;
        case white:   printf("white:\t%d\n",white);break;
        default:      printf("black:\t%d\n",black);break;
    }
    return 0;
}
```

运行结果：

```
red:     0
yellow:  1
blue:    2
white:   3
black:   4
```

10.4　用 typedef 定义类型

在 C 语言中，对于常用的标准类型如 int、short、long、float、char 等都是由系统预先定义好的类型名，前面又讨论了结构体类型、共用体类型和枚举类型。程序中根据类型直接进行变量说明即可。在 C 语言程序设计过程中，允许用户定义一种新的类型名代替已有的类型名。

用 typedef 定义类型的一般格式如下。

```
typedef 原类型 自定义类型名;
```

说明：

typedef 定义了一个新的类型的名字，没有建立新的数据类型，是已有类型的别名。使用类型定义，可以增加程序的可读性，简化书写。

(1) 使用 typedef 关键词可以定义一种新的类型名代替已有的类型名。

示例代码如下。

```
typedef int INTEGER;
typedef float REAL;
INTEGER i,j;
REAL a,b;
```

(2) 类型定义的典型应用。

① 定义一种新数据类型，作名字替换。

示例代码如下。

```
typedef unsigned int UINT;     /*定义 UINT 是无符号整型类型*/
UINT u1;                       /*定义 UINT 类型(无符号整型)变量 u1*/
```

② 简化数据类型的书写。

```
/*定义 DATE 是一种结构体类型*/
typedef struct
{
    int month; int day; int year;
}DATE;
/*定义 DATA(结构体类型)类型的变量，指针，数组：birthday,p,d*/
DATE birthday,*p,d[10];
```

注意：
用 typedef 定义的结构体类型不需要 struct 关键词。

③ 定义数组类型。

```
typedef int NUM[10];/*定义 NUM 是包括 10 个元素的整型数组类型(存放 10 个整数)*/
NUM n; /*定义 NUM 类型(10 个元素的整型数组)的变量 n，相当于 int n[10];*/
```

④ 定义指针类型。

```
typedef char* STRING;          /*定义 STRING 是字符指针类型*/
STRING p;                      /*定义 STRING 类型(字符指针类型)的变量 p*/
```

应注意 typedef 和#define 的区别。
示例代码如下。

```
typedef int INTEGER ,
#define INTEGER int;
```

typedef 和#define 的相同之处是两者均表示用 INTEGER 来代表整数类型 int，两者的不同之处在于# define 在系统预编译时处理，只作简单的字符串替换。而 typedef 在系统编译时处理，用定义变量的方法来定义一个类型。

10.5 本章小结

C 语言通过结构体和共用体类型可以处理复杂的记录型数据。结构体和共用体有很多的相似之处。在结构体变量中，各成员都拥有自己的内存空间，它们是同时存在的。一个结构体变量的总长度等于所有成员长度之和。在共用体中，所有成员不能同时占用它的内存空间，它们不能同时存在。共用体变量的长度等于最长的成员的长度。“.”是成员运算符，可用它表示成员项，成员还可用“->”运算符来表示。结构体与函数关系紧密。结构体定义允许嵌套，结构体中也可用共用体作为成员，形成结构体和共用体的嵌套。枚举类型是一种基本数据类型，枚举变量的取值是有限的。枚举元素是常量，而不是变量。类型定义 typedef 向用户提供了一种自定义类型说明符的手段，照顾了用户编程使用词汇的习惯，又增加了程序的可读性。

10.6 习　　题

1. 定义结构体类型 struct student，同时定义结构体变量 stu1、stu2，成员如下。

```
int sno; char sname[10]; char sex;
```

2. 假设 s 具有下列结构。

```
struct {
     float a;
     union {
         char b[4];
         float c;
         int d;
     }e;
     char f[4];
}s;
```

如果 char 型值占用 1 字节，int 型值占有 2 字节，而 float 型值占有 4 字节，那么编译器将为 s 分配多大的内存空间？(假设编译器没有在成员之间留空隙)

3. 假设有如下定义。

```
#define RECTANGLE 0
#define CIRCLE 1
struct point
{
     int x;
     int y;
};
struct shape{
     int shape_kind;
     struct point center;
     union{
         struct
         {
             int length,width;
         }rectangle;
         struct
         {
             int radius;
         }circle;
     }u;
}s;
```

请指出下列哪些语句是合法的，并且说明如何修改不合法的语句。

a. s.shape_kind=RECTANGLE;

b. s.center.x=10;

c. s.length=25;

d. s.u.rectangle.width=8;

e. s.u.circle=5;

f. s.u.radius=5;

4. 假设有如下定义和赋值。

```
enum {FALSE,TRUE} b;
int i=1;
```

下列哪些语句是合法的？

a. b=FALSE;　　b. i=b;　　c. b=i;　　d. b++;

5. 下面的程序中有什么错误？

```
typedef struct product
{
    char name[10];
    float price;
}PRODUCT products[10];
```

6. 用结构体数据组名作为函数参数，并在自定义函数中将雇员信息打印出来，请填空。

```
#include<stdio.h>
struct employee{
    long emp_id;
    char name[20];
    int age;
    char sex;
    float pay;
};
void printemp(struct employee emptmp[])
{
    int i;
    for(i=0;i<3;i++)
        printf("%ld,%s,%d,%c,%.2f\n",emptmp[i].emp_id,
                                     emptmp[i].name,
                                     emptmp[i].age,
                                     emptmp[i].sex,
                                     emptmp[i].pay);
}
int main(){
    /*定义结构体数组 emp*/
    ____________emp[3]={{2008001,"zhanglei",24,'m',1850.54},
                        {2008002,"liling",26,'f',1990.23},
                        {2008003,"wangping",26,'m',1900.79}};
    /*调用 printemp 函数,输出 emp 结构体数组中的雇员信息*/
```

```
        ______________________;
        return 0;
}
```

7. 有以下程序：

```
#include <stdio.h>
#define N 5
struct S{int n;int a[20];};
void f(int *a,int n)
{   int i;
        for(i=0;i<n-1;i++) a[i]+=i;
}
int main( )
{   int i; struct S s={N,{2,3,1,6,8,7,5,4,10,9}};
        f(s.a,s.n);
        for(i=0;i<s.n;i++) printf("%-2d",s.a[i]);
        return 0;
}
```

程序运行后的输出结果是______________。

8. 定义一个名为 time_struct 的结构体，它包含 3 个整数成员：hour、minute 和 second。开发一个程序，用于给每个成员赋值，并按如下格式显示时间。

18:28:38

9. 定义旅馆信息的结构体，包含以下成员：名称、地址、级别、平均房价以及房间数量。编程，要求显示给定级别的旅馆信息(测试数据由读者自定)。

第11章　文 件 管 理

在前面各章节进行数据处理时，无论数据量有多大，每次运行程序时都是通过键盘输入数据，程序处理的结果也只能显示在屏幕上。如果将输入/输出的数据以磁盘文件的形式存储起来，大批量数据处理将会十分方便。本章主要介绍使用C语言进行文件管理的相关知识，重点掌握能够执行文件管理的函数。

11.1　概　　述

到目前为止，学习者已经使用过诸如scanf和printf之类的函数来读取和写数据。只要数据不大，这种方法可以很好地工作。但是，很多实际问题包括大量数据，在这种情况下，基于控制台的I/O操作暴露出的主要问题是通过终端来处理大量数据费时费力，效率不高。另外当程序终止或关闭时，所有数据都将丢失。因此，有必要使用一种更灵活的方法，把数据存储在磁盘中，需要时再读取，这样不会损坏数据。这种方法是利用文件的概念来存储数据的。通常“文件”的概念是指存储在外部介质上的一组相关数据的集合。每个文件都有一个名称，称为文件名。一批数据是以文件的形式存放在外部介质(如磁盘)上的，而操作系统以文件为单位对数据进行管理。与其他大多数语言一样，C语言也支持一些函数，能够执行基本的文件操作，包括打开文件、从文件中读取数据、在文件中写入数据和关闭文件。本章将讨论C语言函数库中用于文件处理的重要函数。这些函数列举如表11.1所示。

表11.1　文件系统函数

分　类	函数名称	功　能
打开文件	fopen()	打开文件
关闭文件	fclose()	关闭文件
文件读/写	fgetc()	从指定文件读出一个字符
	fputc()	把字符输出到指定文件
	fgets()	从指定文件读出一个字符串
	fputs()	把字符串输出到指定文件中
	fread()	从指定文件中读取记录
	fwrite()	把记录写入到指定文件中
	fscanf()	从指定文件按格式输入数据
	fprintf()	按指定格式将数据输出到指定文件中

(续表)

分　类	函 数 名 称	功　能
文件定位	feof()	位置指针若到文件末尾，函数返回值为非 0
	fseek()	改变文件的位置指针
	rewind()	使文件位置指针重新置于文件开头
	ftell()	返回文件位置指针的当前值
文件状态	ferror()	若文件操作出现错误，函数返回值为非 0
	clearerr()	使 ferror( )和 feof( )重置为 0

上述文件操作的函数所需要的头文件为 stdio.h。

11.2　文件的打开与关闭

在 C 语言中，要实现文件的读/写，还需要先打开文件，读/写完成后，将打开的文件关闭。对文件的操作步骤是：先打开，后读/写，最后关闭。

11.2.1　文件指针

C 程序中文件的访问是通过文件指针(file pointer)实现的。此指针拥有的类型为 FILE *。在 VC 中的 stdio.h 文件中，定义了 FILE 数据类型，也称为文件类型(实质上是一个结构体类型的别名)。

```
#ifndef _FILE_DEFINED
struct _iobuf {
       char *_ptr;
       int   _cnt;
       char *_base;
       int   _flag;
       int   _file;
       int   _charbuf;
       int   _bufsiz;
       char *_tmpfname;
       };
typedef struct _iobuf FILE;
#define _FILE_DEFINED
#endif
```

用户不用过多关注 FILE 类型成员的信息，只要掌握定义 FILE 结构体类型变量即可。FILE 类型的作用是：用户可以定义 FILE 类型的变量，用 FILE 类型的变量可以存放要打开文件的相关信息(如文件的名字、文件的状态及文件当前位置等)；使用的更多的是定义 FILE 类型的指针变量，用该指针变量存放 FILE 类型变量的地址，即存放要打开文件信息的地址。

定义 FILE 类型的指针变量，示例如下。

```
FILE * fp ;
```

在此，定义一个 FILE 类型的指针变量 fp。利用 fp 指针变量，可以存放要打开文件的相关信息(包括文件名、文件当前位置、文件状态等)的地址。同时，利用 fp 指针变量中存放的文件信息地址，系统能够找到指定路径下的指定文件，并把它打开。关闭文件后，fp 指针变量释放。

11.2.2　文本文件与二进制文件

C 语言支持两种类型的文件：文本文件和二进制文件。在文本文件(text file)中，字节表示字符，这使人们可以检查或编辑文件。例如，C 语言程序的源代码是存储在文本文件中。另外，在二进制文件(binary file)中，字节不一定就表示字符，字节组还可以表示其他类型的数据，如整数和浮点数。如果看看某个二进制文件，就会立刻意识到可执行的 C 语言程序是存储在二进制文件中的。

为了弄清楚文本文件和二进制文件之间的区别，可以思考在文件中存储数 32767 的方法。一种选择是以文本的形式把 3、2、7、6、7 作为字符存储起来。假设字符集为 ASCII 码，那么就可以得到下列 5 个字节：

00110011	00110010	00110111	00110110	00110111
'3'	'2'	'7'	'6'	'7'

另一种选择是以二进制的形式存储此数，这种方法只会占用两个字节(即把 32767 转换为二进制的结果)，如下所示。

01111111	11111111

就像上述示例显示的那样，用二进制的形式存储数可以节省相当大的空间。

一般来说，当文本文件写入换行符时，此换行符会扩展成一对字符，即回车符和换行符。(ASCII 码为 13 和 10。)对应写入二进制文件时，它就是单独一个换行符(ASCII 码为 10)。当编写用来读或写文件的程序时，需要考虑是文本文件还是二进制文件。

11.2.3　文件的打开

文件只有打开后才能进行读/写操作，文件打开通过调用 fopen 函数实现。

1. 打开文件格式

```
FILE *fp;
fp=fopen("文件名","打开文件方式");
```

例如：FILE * fp;

```
fp=fopen("sample.txt","r");  /*表示以只读方式打开 sample.txt 文件*/
```

功能：打开当前目录下文件名为 sample.txt 的文件，打开方式 r 表示只读。

说明：

(1) fopen()函数有两个参数，每个参数均用双撇号括起来，两参数间用逗号隔开；第一个参数是“文件名”，指要打开的文件的路径和文件全名，第二个参数是“打开文件的方式”。

(2) 关于文件名要注意，文件名包含文件名与扩展名。

(3) fopen 函数返回指向 sample.txt 的文件指针，然后赋值给 fp。

(4) fopen 函数如果“打开”文件不成功，会返回一个空指针 NULL。

常用下面的 if 语句判断文件是否打开。

```
FILE * fp;
if((fp=fopen("c:\\sample.txt","r"))==NULL)/* 注意路径中的\用\\表示 */
{
    printf("Cannot open this file\n");
    exit(1);
}
```

即先检查 fopen 函数是否返回了打开文件的地址，如果 fopen 函数返回的是 NULL，说明没有打开指定路径下的指定文件。在屏幕上显示信息“Cannot open this file”，然后退出程序的运行。

2. 打开文件的方式

r+具有读/写属性，从文件头开始写，保留原文件中没有被覆盖的内容；w+具有读/写属性，写的时候如果文件存在，会被清空，从头开始写。rb+与 wb+的区别与上述区别是一样的。具体的文件打开方式如表 11.2 所示。

表 11.2　打开文件方式

打开文件方式	适用文件类型	含　义
r(只读)	文本文件	以只读方式打开已存在的文本文件，文件必须存在
w(只写)	文本文件	以只写方式打开一个文本文件，文件不存在的，则新建一个，若文件已存在将被覆盖
a(追加)	文本文件	以追加方式打开文件，能向已存在的文本文件末尾添加数据(原数据不会被覆盖)，文件必须存在
rb(只读)	二进制文件	以只读方式打开已存在的二进制文件，只能读数据，文件必须存在
wb(只写)	二进制文件	以只写方式打开二进制文件，文件不存在的，则新建一个，若文件已存在将被覆盖
ab(追加)	二进制文件	以追加方式打开二进制文件，向已存在的文件末尾添加数据(原数据不会被覆盖)
r+(读/写)	文本文件	以读/写方式打开一个文本文件，可读/写数据文件，文件必须存在
w+(读/写)	文本文件	以读/写方式打开或新建一个文本文件，可读/写数据，若文件已存在将被覆盖
a+(读/写)	文本文件	以读/写方式打开一个文本文件，或读或在文件末尾追加数据，文件必须存在
rb+(读/写)	二进制文件	以读/写方式打开一个二进制文件，可读/写数据，文件必须存在
wb+(读/写)	二进制文件	以读/写方式打开或新建一个二进制文件，可读/写数据，若文件已存在将被覆盖
ab+(读/写)	二进制文件	以读/写方式打开一个二进制文件，或读或在文件末尾追加数据，文件必须存在

11.2.4　文件的关闭

文件使用完毕后必须关闭，以防止再被误操作。“关闭”就是删除文件指针变量(如前面定义的 fp 指针变量)中存放的文件地址，也就是文件指针变量与文件“脱钩”，此后不能再通过该指针变量对文件进行读/写操作。

用 fclose 函数关闭文件。

格式如下。

```
fclose(文件指针变量);
```

示例代码如下。

```
fclose(fp);
```

说明：

(1) 养成在程序终止之前关闭所有文件的习惯，如果不关闭文件，有可能丢失数据；

(2) fclose 函数的返回值，当顺利执行了关闭操作时，则返回 0；否则返回 EOF(在头文件 stdio.h 中定义的宏名，#define EOF　(-1))。

11.3　文件的读/写

文件打开后，就可以进行读/写操作了，本节学习 C 语言中常用的读/写函数。

11.3.1　fputc 函数和 fgetc 函数

fputc 与 fgetc 函数主要用于单字符的输入与输出。

1. fputc 函数

格式如下。

```
fputc(ch, fp) ;
```

作用：将字符变量 ch 中的一个字符写到 fp 文件指针所指向的文件中去。

说明：

(1) fputc 函数有两个参数，一个是字符型变量(已经存储字符)，另一个是文件指针变量(该指针变量已经指向一个已打开的文件)；

(2) fputc 函数返回值，如果写字符成功，则返回写的字符；如果写字符失败，则返回 EOF。

示例代码如下。

```
FILE * fp;
if((fp=fopen("c:\\sample.txt","w"))==NULL)
{
     printf("Cannot open this file!\n");
     exit(1);
}
```

```
char ch ;
ch=getchar();
 fputc(ch, fp) ;
fclose(fp);
```

上面的代码中，fputc 函数执行一次，只能将一个字符写到指定文件中，要想写多个字符，需要用循环控制。

2. fgetc 函数

格式：

```
ch= fgetc(fp) ;
```

作用：从 fp 文件指针所指向的文件(前提是该文件已经以只读或读/写方式打开)中读出一个字符，存放到 ch 字符变量中，并且使文件位置指示器指向下一个字符。

说明：

(1) fgetc 函数只有一个参数，是文件指针变量(该指针变量已经指向一个以只读或读/写方式打开的文件);

(2) fgetc 函数返回值：如果读字符成功，则返回读出的字符；如果读字符时遇到文件结束或读取错误，fgetc 函数返回 EOF。

示例代码如下。

```
FILE * fp;
if((fp=fopen("c:\\sample.txt","r"))==NULL)
{
     printf("cannot open this file\n");
     exit(1);
}
char ch ;
ch=fgetc(fp);
putchar(ch) ; /*将 ch 中的字符显示在屏幕上*/
fclose(fp) ;
```

上面的代码中，fgetc 函数执行一次，只能从指定文件中读出一个字符，要想读出多个字符，需用循环控制。由于 fgetc 函数读字符时遇到文件结束返回 EOF，所以，常常用此方法来决定是否继续读取。

示例代码如下。

```
FILE * fp;
if((fp=fopen("c:\\sample.txt","r"))==NULL)
{
     printf("cannot open this file\n");
     exit(1);
}
char ch ;
ch=fgetc(fp);
```

```
while(ch!=EOF)
{
    putchar(ch) ; /*将 ch 中的字符显示在屏幕上*/
    ch=fgetc(fp);
}
fclose(fp) ;
```

3. fputc 和 fgetc 函数应用举例

【例 11.1】 从键盘输入一些字符，逐个写到磁盘当前目录下的文件 sample.txt 上，直到输入一个#符为止。

解题思路：

(1) 以只写方式打开指定文件。

(2) 如果文件打开成功，输入一个字符到字符变量 ch 中。

(3) 使用 fputc(ch , fp)函数，将 ch 中字符写入 fp 指针所指向文件。

(4) 再读入一个字符到 ch。

(5) 循环执行(3)(4)，直到输入字符为#时，停止循环。

(6) 关闭打开的文件。

源代码：

```
#include <stdio.h>
#include <stdlib.h>
main( )
{
    FILE *fp;
    char ch ;
    char filename[10];
    printf("\nEnter the filename:");
    gets(filename); /* 实现从键盘输入路径和文件名*/
    if((fp=fopen(filename,"w"))==NULL)
    {
        printf("cannot open this file\n");
        exit(1);
    }
    ch=getchar(); /*读字符到字符变量 ch 中*/
    while(ch!='#')
    {
        fputc(ch,fp); /* 将 ch 中字符写入 fp 指针所指向的文件*/
        putchar(ch); /*将输入字符显示在屏幕上*/
        ch=getchar();
    }
    fclose(fp); /*关闭文件*/
}
```

运行结果：

```
Enter the filename:sample.txt↙
```

```
abcdefghijklmnopqrstuvwxyz#↙
abcdefghijklmnopqrstuvwxyz
```

【例 11.2】 将存在当前目录下的 sample.txt 文件中的字符逐个显示在屏幕上。

解题思路：

(1) 以只读方式打开指定文件。

(2) 如果文件打开成功，使用 fgetc(fp)函数，从指定文件读取一个字符到字符变量 ch 中。

(3) 如果未到文件结束，将这个字符显示在屏幕上。

(4) 再读取一个字符到 ch。

(5) 循环执行(3)(4)，直到文件结束时，停止循环。

(6) 关闭打开的文件。

源程序：

```
#include <stdio.h>
#include <stdlib.h>
main()
{FILE *fp;
     char ch ;
     char filename[10];
     printf("\nEnter the filename:");
     scanf("%s",filename);
     if((fp=fopen(filename,"r"))==NULL)
     {
         printf("cannot open this file\n");
         exit(0);
     }
     ch=fgetc(fp);
     while(ch!=EOF)
     {
         putchar(ch);
         ch=fgetc(fp);
     }
     fclose(fp);
}
```

运行结果：

```
Enter the filename:sample.txt↙
abcdefghijklmnopqrstuvwxyz
```

11.3.2 fread 函数和 fwrite 函数

fread 与 fwrite 函数主要实现块的输入与输出。

1. fread 函数

格式如下。

```
fread(buffer,size,count,fp);
```

作用：从 fp 指针所指向的文件中读入 size 字节，读 count 次，读入数据存入 buffer 的地址中。

说明：

(1) buffer 是一个地址，如数组名，对 fread 函数来说，buffer 是读取数据存放的地址。

(2) size 为一次要读取的字节数。

(3) count 为要读取 count 个 size 字节的数据。

(4) fp 为文件指针变量，指向要读取数据的文件。

(5) 如果文件以二进制形式打开，用 fread 函数可以读取任何类型的信息。

示例代码如下。

```
FILE * fp ;
float f[10];
if((fp=fopen("sample.dat","rb"))==NULL)
{
     printf("cannot open this file\n");
     exit(1);
}
fread(f,4,2,fp) ;
```

上述代码中，利用 fread 从 fp 所指向的文件中一次读取 4 字节数据，读 2 次，存入 f 数组中。

2. fwrite 函数

格式如下。

```
fwrite(buffer, size, count,fp) ;
```

作用：将 buffer 地址存放的数据，写入 fp 指针所指向的文件中，每次写 size 字节，写 count 次。

说明：

(1) buffer 是一个地址，如数组名，对 fwrite 函数来说，buffer 是写数据的地址。

(2) size 为一次要写数据的字节数。

(3) count 为要写 count 个 size 字节的数据。

(4) fp 为文件指针变量，指向要写数据的文件。

(5) 如果文件以二进制形式打开，用 fwrite 函数可以写任何类型的信息。

示例代码如下。

```
FILE *fp ;
float f[10];
if((fp=fopen("sample.dat","wb"))==NULL)
{
     printf("cannot open this file\n");
     exit(1);
```

```
}
f[0]=90.5;
f[1]=75.5;
fwrite (f,4,2,fp) ;
```

上述代码中，利用 fwrite 将 f 数组中数据写入 fp 所指向的文件中，一次写 4 字节数据，写 2 次。

【例 11.3】 利用 C 语言，将包含学生学号、姓名、年龄、地址的结构体类型数据，保存到当前路径下的 record.dat 文件中。

解题思路(以 3 个学生为例)如下。

(1) 首先定义结构体类型 struct student，包含学生学号、姓名、年龄、地址 4 个成员，然后定义该结构体数组 stu[3]，用来存放 3 个学生的相关信息。

(2) 给结构体数组 stu 的每个元素赋值。

(3) 以 wb 方式新建并打开一个文件，使 fp 文件指针变量指向打开的该文件。

(4) 在循环控制下，利用 fwrite 函数，将结构体数组 stu[i]中数据存入打开的文件中。

(5) 关闭打开的文件。

源程序：

```
#include<stdio.h>
#include<stdlib.h>
struct student
{     int Num;
      char Name[8];
      int Age;
      char Add[20];
}stu[3]={{1,"Andy",19,"Jilin"},{2,"Jerk",20,"Siping"},
                                          {3,"Peter",18,"Yushu"}};
main( )
{
      FILE * fp;
      int i;
      if((fp=fopen("record.dat","wb"))==NULL)
      {
          printf("\n Cannot Open!\n");
          exit(1);
      }
      for(i=0;i<3;i++)
          fwrite(&stu[i],sizeof(struct student),1,fp);
      for(i=0;i<3;i++)
          printf("\n%d %s %d %s\n",stu[i].Num,stu[i].Name,stu[i].Age,
stu[i].Add);
      fclose(fp);
}
```

运行结果：

```
1 Andy 19 Jilin
```

```
2 Jerk 20 Siping
3 Pet er 18 Yushu
```

【例 11.4】 利用 C 语言，将当前路径下 record.dat 文件(【例 11.3】中生成的文件)中的信息(包含学生学号、姓名、年龄、地址)读到结构体数组中，并进行显示。

解题思路(以 3 个学生为例)如下。

(1) 首先定义结构体类型 struct student，包含学生学号、姓名、年龄、地址 4 个成员，然后定义该结构体数组 stu[3]，用来存放 3 个学生的相关信息。

(2) 以 rb 方式打开 record.dat 文件，使 fp 文件指针变量指向打开的该文件。

(3) 在循环控制下，利用 fread 函数，将文件中的信息读取并给结构体数组 stu 的每个元素赋值。

(4) 显示结构体数组的数据。

(5) 关闭打开的文件。

源程序：

```
#include<stdio.h>
#include<stdlib.h>
struct student
{
     int Num;
     char Name[8];
     int Age;
     char Add[20];
}stu[3];
int main( )
{FILE * fp;
     int i;
     if((fp=fopen("record.dat","rb"))==NULL)
     {
         printf("\n Cannot Open!\n");
         exit(1);
     }
     for(i=0;i<3;i++)
         fread(&stu[i],sizeof(struct student),1,fp);
     for(i=0;i<3;i++)
         printf("\n%d %s %d %s\n",stu[i].Num,stu[i].Name,stu[i].Age,
stu[i].Add);
     fclose(fp);
     return 0;
}
```

运行结果：

```
1 Andy 19 Jilin
2 Jerk 20 Siping
3 Pet er 18 Yushu
```

11.3.3 fscanf 函数和 fprintf 函数

fscanf 函数与 fprintf 函数的主要功能是实现格式化的输入与输出。

1. fscanf 函数

fscanf 函数是格式化读函数，它的功能是按照“输入格式描述串”所指定的输入格式，从指定文件的当前读/写位置开始读出数据，然后把它们按输入项地址表列的顺序存入指定的存储单元中。其调用格式如下。

```
fscanf(文件指针,格式字符串,输入表列);
```

示例如下。

fscanf(fp,"%d%s",&i,s);其意义是从 fp 所指向的文件中按整型格式读出一个数赋给 i，按字符串格式读出一个字符串赋给 s。

2. fprintf 函数

fprintf 函数是格式化写函数，它的功能是把输出项表列中的项按照指定的格式输出到指定的文件中去。其调用格式如下。

```
fprintf(文件指针,格式字符串,输出表列);
```

例如，fprintf(fp,"%d%c",j,ch);其意义是把 j 和 ch 分别按照整型和字符型的格式写入到 fp 所指的文件中去。

fscanf 和 fprintf 函数与用户学习使用的 scanf 和 printf 函数的功能相似，都是格式化读/写函数。两者的区别在于 fscanf 函数和 fprintf 函数的读/写对象不是键盘和显示器，而是磁盘文件。

【例 11.5】 用 fscanf 和 fprintf 函数完成以下功能：从键盘输入两个学生数据，写入当前目录下的 stu_list.dat 文件中，再读出这两个学生的数据并显示在屏幕上。

源程序：

```
#include <stdio.h>
#include <stdlib.h>
typedef struct
{
     char name[10];  /*   姓名    */
     int num;        /*   学号    */
     int age;        /*   年龄    */
     char addr[30];  /*   住址    */
}STUDENT;
int main()
{
     FILE *fp;
     STUDENT stu1[2],stu2[2],*p,*q;
     int i;
     char c; /*用于清空输入缓冲区*/
     p=stu1;
```

```
        q=stu2;
        if((fp=fopen("stu_list.dat","wb+"))==NULL)
        {
            printf("Cannot open file!");
            exit(1);
        }
            printf("input data:\n");
            for(i=0;i<2;i++,p++)
            {
                printf("Name:");
                gets(p->name);
                printf("Num:");
                scanf("%d",&p->num);
                printf("Age:");
                scanf("%d",&p->age);
                while((c = getchar()) != '\n');  /* 清空输入缓冲区  */
                printf("Address:");
                gets(p->addr);
            }
            p=stu1;
            for(i=0;i<2;i++,p++)
                fprintf(fp,"%s %d %d %s\n",p->name,p->num,p->age,p->addr);
            rewind(fp);     /*把文件内部的位置指针移到文件首,后面详细讲解*/
            for(i=0;i<2;i++,q++)
            fscanf(fp,"%s %d %d %[^\n]\n",q->name,&q->num,&q->age,q->addr);
            printf("Name\tNumber\tAge\tAddr\n");
            q=stu2;
            for(i=0;i<2;i++,q++)
                printf("%s\t%d\t%d\t%s\n",q->name,q->num,
q->age,q->addr);
            fclose(fp);
            return 0;
    }
```

运行结果：

```
    input data:
    Name:张三↙
    Num:1↙
    Age:19↙
    Address:北京市↙
    Name:李四↙
    Num:2↙
    Age:20↙
    Address:上海市↙
    Name   Number  Age    Addr
    张三   1       19     北京市
    李四   2       20     上海市
```

11.3.4　fgets 函数和 fputs 函数

fgets 函数与 fputs 函数实现行的输入与输出。fgets 的函数原型如下。

```
char *fgets(char* string,int n, FILE *stream );
```

功能是从 stream 所指的文件中读出 n-1 个字符(在读入的最后一个字符后加上串结束标志'\0'。)存入 string 所代表的存储地址中。 fgets()读取文件时，遇到新行符或文件尾即返回，读取失败返回 NULL。fputs 函数的原型如下。

```
int fputs(const char* string, FILE* stream );
```

功能是向指定的文件写入一个字符串。其中，string 代表输出的字符串，stream 代表文件结构体指针。

【例 11.6】 从键盘读入字符串存入文件 rec.dat，再从文件 rec.dat 读回显示。

源程序：

```
#include <stdio.h>
#include <stdlib.h>
#include <string.h>
main( )
{
     FILE  *fp;
     char  string[81];
     if((fp=fopen("rec.dat","w"))==NULL)
     {
         printf("cann't open file");
         exit(1);
     }
     while(strlen(gets(string))>0)
     {
         fputs(string,fp);
         fputs("\n",fp);          /* 输出换行符 */
     }
     fclose(fp);
     if((fp=fopen("rec.dat","r"))==NULL)
     {
         printf("cann't open file");
         exit(1);
     }
     while(fgets(string,81,fp)!=NULL)
     {
         string[strlen(string)-1]='\0'; /* 把 string 中的换行符去掉 */
         puts(string);
     }
     fclose(fp);
}
```

运行结果：

```
one↙
two↙
three↙
↙
one
two
three
```

11.4　文件的定位

文件中有一个位置指示器，记录当前读/写的位置。如果顺序读/写一个文件，则每次读/写完一个字符后，该指示器自动移向下一个字符位置。如果想读取指定位置的数据，或想知道当前读/写的位置，则需要掌握以下有关文件定位的一些函数。

1. feof 函数

feof 函数格式如下。

```
feof(文件指针);
```

作用：判断位置指示器是否到达文件尾，如果到达文件尾，函数返回非零值。

2. rewind 函数

使文件位置指示器移向文件开始的方法通常有两种：其一，先关闭文件再打开文件；其二，使用 rewind()函数，在不关闭文件的情况下设置位置指示器指向文件开始。显然，后一种方法的效率更高。

rewind 函数的功能是把文件内部的位置指示器指向文件首。其调用形式如下。

```
rewind(文件指针);
```

3. ftell 函数

ftell 函数的原型如下。

```
long ftell(FILE* stream );
```

由于文件中的位置指示器经常移动，人们往往不容易知道其当前位置。用 ftell 函数可以得到当前位置。ftell 函数的作用是得到文件位置指示器的当前位置，用相对于文件开头的偏移量来表示。如果 ftell 函数返回值为-1L，表示出错。其调用形式如下。

```
ftell(文件指针);
```

4. fseek 函数

fseek 函数用于将文件位置指示器从起始位置起移动指定的偏移量，其一般格式如下。

```
fseek(文件指针，偏移量，起始位置);
```

其中偏移量指以起始位置为基点移动的字符数。它是 long 型数据。起始位置有如下三种表示方式。

(1) 0 或 SEEK_SET，表示文件头;

(2) 1 或 SEEK_CUR，表示文件当前位置;

(3) 2 或 SEEK_END，表示文件尾。

位置指针设置成功返回 0，否则返回非 0。

下面针对上面的定位函数来进行上机练习，并认真分析下面程序的运行结果。

【例 11.7】 编程，对文件定位函数进行实验。

源程序:

```
#include <stdio.h>
#define NEWLINE putchar('\n') /*用于输出换行 */
void main()
{
     FILE *fp;
     int i=0;
     char ch;
     /* 生成文本文件，内容为 ABCDEFGHIJ */
     fp=fopen("sample.txt","w");
     for (i=0;i<=9;i++)
         fputc('A'+i,fp);
     fclose(fp);
     /*  打开文本文件，内容为 ABCDEFGHIJ，对定位函数进行实验 */
     fp=fopen("sample.txt","r");
     /*  全部显示  */
     while((ch=fgetc(fp))!= EOF)
     {
         putchar(ch);
     }
     rewind(fp); /*将位置指示器移动到文件开始位置*/
     NEWLINE;
     /*  同样是全部显示,注意 feof 函数的用法  */
    while (1)
    {
         ch = fgetc(fp);
         if(feof(fp) )
             break ;
         putchar(ch);
   }
     /*  显示前五个字母  */
     NEWLINE;
     rewind(fp);
     for(i=1;i<=5;i++)
         putchar(fgetc(fp));
```

```
        /*  显示当前位置，注意 ftell 函数的用法  */
        NEWLINE;
        printf("cur:%d",ftell(fp));
        /*  文件位置偏移测试，注意 fseek 的用法 */
        NEWLINE;
        fseek(fp,3,SEEK_CUR);
        putchar(fgetc(fp));
        NEWLINE;
        fseek(fp,-3,SEEK_END);
        putchar(fgetc(fp));
        NEWLINE;
        fseek(fp,3,SEEK_SET);
        putchar(fgetc(fp));
        NEWLINE;
        fclose(fp);
}
```

运行结果：

```
ABCDEFGHIJ
ABCDEFGHIJ
ABCDE
cur:5
I
H
D
```

11.5 本 章 小 结

文件分为二进制文件和文本文件，用文件指针标识文件，当一个文件被打开时，可取得该文件指针。文件在读/写之前必须打开，读/写结束必须关闭。文件可按字符、字符串、数据块为单位进行读/写，也可按指定的格式进行读/写。文件内部的位置指示器指示当前的读/写位置，通过定位函数可以对文件实现随机读/写。

11.6 习　　题

1. 选择题

(1) 按以下方式打开文件时，_________不要求被打开的文件一定存在。

a. "r"　　b. "r+"　　c. "w"　　d. "rb"

(2) 下列与函数 fseek(fp,0L,SEEK_SET)有相同作用的是_________。

a. feof(fp)　　b. ftell(fp)　　c. fgetc(fp)　　d. rewind(fp)

(3) 若执行 fopen 函数时发生错误，则函数的返回值是________。

a. 地址值　　b. 0　　c. 1　　d. EOF

(4) 若要用 fopen 函数打开一个新的二进制文件，该文件要既能读也能写，则文件方式字符串应是________。

a. "ab+"　　b. "wb+"　　c. "rb+"　　d. "ab"

(5) 有下列程序：

```
#include <stdio.h>
void WriteStr(char *fn,char *str)
{
     FILE *fp;
     fp=fopen(fn,"w"); fputs(str,fp); fclose(fp);
}
int main( )
{
     WriteStr("t1.dat","start");
     WriteStr("t1.dat","end");
     return 0;
}
```

程序运行后，文件 t1.dat 中的内容是________。

a. start　　b. end　　c. startend　　d. endrt

2. 执行下列程序后，test.txt 文件的内容是____________。

```
#include <stdio.h>
#include <stdlib.h>
int main( )
{
     FILE *fp;
     char *s1="Fortran",*s2="Basic";
     if((fp=fopen("test.txt","wb"))==NULL)
     {
         printf("Can't open test.txt file\n");
         exit(1);
     }
     fwrite(s1,7,1,fp);    /*把从地址 s1 开始的 7 个字符写到 fp 所指文件中*/
     fseek(fp,0L,SEEK_SET);  /*文件位置指示器移到文件开头*/
     fwrite(s2,5,1,fp);
     fclose(fp);
     return 0;
}
```

3. 以下程序用来统计文件中字符个数。请填空。

```
#include <stdio.h>
#include <stdlib.h>
int main( )
{
```

```
    FILE *fp;
    long num=0L;
    if((fp=fopen("sample.txt","r"))==NULL)
    {
        printf("Open error\n");
        exit(1);
    }
    while (1)
    {
        fgetc(fp);
        if (feof(fp))
            break;
          _____________;  //此处是空
    }
    printf("num=%ld\n",num);
    fclose(fp);
    return 0;
}
```

4. 下面程序把从终端读入的文本(用@作为文本结束标志)输出到一个名为 record.dat 的新文件中。请填空。

```
#include <stdio.h>
int main( )
{
FILE *fp;
     char ch;
     if ((fp=fopen (_____________)) == NULL)
         exit(0);
     while( (ch=getchar( )) !='@') fputc (ch,fp);
     fclose(fp);
     return 0;
}
```

5. 编程。要求：输入一个公司的员工信息(员工号、员工姓名、性别、年龄、住址)，将其保存在文件 employee.dat 中，并从 employee.dat 文件中读出所有男员工的信息显示在屏幕上(测试数据由读者自定)。

6. 编程。要求：有 5 个学生，每个学生有 3 门课的成绩，从键盘输入学生数据(包括学号、姓名、三门课的成绩)，计算出每人的平均成绩，将原有数据和计算出的平均分数存放在磁盘文件 stud.rec 中，并将其在屏幕上显示出来(测试数据由读者自定)。

第12章　C语言高级程序设计

前面章节介绍了 C 语言的基本知识以及利用 C 语言进行程序设计的基本方法。本章介绍利用 C 语言进行高级程序设计所需的位运算、动态存储分配和链表等内容。

12.1　位　运　算

前面介绍的各种运算都是以字节作为最基本单位进行的。但在很多系统程序中常要求在位(bit)一级进行运算或处理。C 语言提供了位运算的功能，这使得 C 语言也能像汇编语言一样用来编写系统程序。

所有的数据在计算机内部都是以二进制序列的形式表示的，顾名思义，位运算提供了对二进制位的各种运算。在系统软件或低层的控制软件中，经常要对二进制数据中的特定位进行处理。例如，将一个存储单元中的二进制数中的若干位设置成特定的值 0 或 1，或者将一个存储单元中的二进制数各位左移或右移若干位，等等。

由于位运算是对一个整数的二进制位进行的操作，因此有必要对整数的机内表示形式作一个简单的回顾。

有符号整数在计算机内部都用该数的二进制补码形式存储。

正整数的原码、反码、补码相同。负整数的反码为其原码除符号位外按位取反(即 0 改为 1、1 改为 0)，而其补码为其反码末位加 1。无论原码、反码、补码其最高位表示该数的符号位，0 表示正，1 表示负。

为方便介绍，假设所有参加位运算的整数为 short int 类型，即用 16 个二进制位表示有符号整数。示例如下。

+6 的原码、反码、补码均为 00000000 00000110。

整数“+6”的机内表示如下：

0	000000000000110

其中，首位为 0 表示该数为正数。

-6 的原码为：10000000 00000110；

-6 的反码为：11111111 11111001；

-6 的补码为：11111111 11111010。

整数“-6”的机内表示如下：

1	111111111111010

其中，首位为 1 表示该数为负数。

12.1.1 位运算符

C 语言提供了 6 种位运算符，如表 12.1 所示。

其中，除了按位取反运算符“~”是单目运算符外，其他的运算符都是双目运算符，即要求运算符两边各有一个操作数。位运算符的操作数只能是整型数据或字符类型数据，字符类型数据以其 ASCII 码参加运算。

表 12.1　位运算符列表

运 算 符	含 义	运 算 符	含 义
&	按位与	~	按位取反
|	按位或	<<	左移
^	按位异或	>>	右移

12.1.2 按位与运算

按位与运算的一般形式为 A&B。

其中，A、B 均为整型数据或字符类型数据。计算时，将两个操作数 A、B 的二进制数按相应位运算：如果两个相应位均为 1，则结果该位为 1，否则为 0。

例如：-6&6 的结果如下。

```
  -6 的机内表示为：
 1111111111111010
  6 的机内表示为：
 0000000000000110
  -6&6
 1111111111111010
&0000000000000110
 ----------------
 0000000000000010
```

所以-6&6 的结果为 2。

【例 12.1】 计算-6&6 的结果并输出。

源程序：

```
#include <stdio.h>
main( )
{
     short int a=-6,b=6;
     printf("%d\n",a&b);
}
```

运行结果：

```
2
```

按位与运算的一些用途如下。

(1) 使特定位清零。某二进制位与 0 进行“按位与”运算，结果总是 0(清零)；如要使整数 n 的低 8 位清零，而高 8 位不变，则可以用“n&0xff00”实现。

(2) 取指定位的值。某二进制位与 1 进行“按位与”运算，结果总是与该位相同。如要读出整数 n 的低 8 位，则可以用“n&0x00ff”实现。

12.1.3　按位或运算

按位或运算的一般形式为 A|B。

其中，A、B 均为整型数据或字符类型数据。计算时，将两个操作数 A、B 的二进制数按相应位运算：如果两个相应位均为 0 则结果该位为 0，否则为 1。按位或运算，可以将一个数中的某些二进制位设置为 1。

例如，计算-12 和 6 作“按位或”的结果。

-12 的补码为 11111111 11110100，6 的补码为 00000000 00000110，-12|6 的补码为 11111111 11110110，首位为 1，表明结果为负数。将该补码转换为其反码“11111111 11110101”，其原码为“10000000 00001010”，因此表达式“-12|6”的值应为-10。

【例 12.2】 计算-12|6 的结果并输出。

源程序：

```
#include <stdio.h>
main( )
{
      short int a=-12,b=6;
      printf("%d\n",a|b);
}
```

运行结果：

```
-10
```

12.1.4　按位异或运算

按位异或运算符“^”是双目运算符。异或运算的一般形式为 A^B。

其中，A、B 均为整型数据或字符类型数据。计算时，将两个操作数 A、B 的二进制数按相应位运算：如果两个相应位相同则该位为 0，否则为 1。

例如，9^5 可写成算式如下。

	00000000 00001001	9
(^)	00000000 00000101	5
结果	00000000 00001100	12

【例 12.3】 计算 9^5 的结果并输出。

源程序：

```
#include <stdio.h>
main( )
```

```
{
    short int a=9,b=5;
    printf("%d\n",a^b);
}
```

运行结果：

```
12
```

12.1.5　按位取反运算

按位取反运算的一般形式为~A。

其中，A 为整型数据或字符类型数据。计算结果是将 A 的每一个二进制位取反后的值。

例如：计算下列表达式的值。

```
若有定义 short int a,b; a=7; b=-14;
```

计算表达式 ~a 的值。

7 的补码为“00000000 00000111”，按位取反后得“11111111 11111000”，转为原码为“10000000 00001000”，结果为-8。

计算表达式 ~b 的值。

-14 的补码为“11111111 11110010”，按位取反后得“00000000 00001101”，即结果为 13。

【例 12.4】 计算~7 和~-14 的结果并输出。

源程序：

```
#include <stdio.h>
main( )
{
    short int a=7,b= -14;
    printf("%d,%d\n",~a,~b);
}
```

运行结果：

```
-8,13
```

12.1.6　左移运算符(<<)

左移运算的一般形式为 A<<N。

其中，A 为整型数据或字符类型数据，N 为整型数据。计算时，将操作数 A 的二进制各位均左移 N 位，在左移过程中，左边的数码被自动挤掉，左移后右边空位补零。

例如，计算 5<<2 的结果。

5 的补码为“00000000 00000101”，将其左移 2 位后得“00000000 00010100”，其十进制数为 20。

计算-12<<2 的结果。

-12 的补码为“11111111 11110100”，左移 2 位后得“111111 1111010000”，其原码为

“10000000 00110000”，十进制数为-48。

【例 12.5】 计算 5<<2 和-12<<2 的结果并输出。

源程序：

```
#include <stdio.h>
main( )
{
     short int a=5,b= -12;
     printf("%d,%d\n",a<<2,b<<2);
}
```

运行结果：

```
20,-48
```

12.1.7　右移运算符(>>)

右移运算的一般形式为 A>>N。

其中，A 为整型数据或字符类型数据，N 为整型数据。计算时，将操作数 A 的二进制各位均右移 N 位，在右移过程中，右边的数码被自动挤掉，右移后左边的空位补 A 的最高位数码(即符号位数码)。

示例如下。

计算 5>>2 的结果如下。

5 的补码为“00000000 00000101”，右移 2 位后得“00000000 00000001”(左边空位补零)，其十进制数为 1。

计算-12>>2 的结果如下。

-12 的补码为“11111111 11110100”，右移 2 位后得“1111111111 111101”(左边空位补 1，因为该数的补码最高位是 1)，其原码为“10000000 00000011”，十进制数为-3。

【例 12.6】 计算 5>>2 和-12>>2 的结果并输出。

源程序：

```
#include <stdio.h>
main( )
{
     short int a=5,b= -12;
     printf("%d,%d\n",a>>2,b>>2);
}
```

运行结果：

```
1,-3
```

12.1.8　程序举例

【例 12.7】 按二进制位输出 short int 类型数据。

解题思路：

通过位运算，可将二进制数中的最高位输出，通过左移操作，可将二进制数中的每一位移至最高位的位置。重复上述操作，就可以得到 short int 类型数据的机内码从高位到低位的各位。

源程序：

```
#include<stdio.h>
void dispaybit( short value)
{short i, bit;
     printf("%7hd=",value); /*  输出十进制 value 值 */
     for(i=0;i<16;i++)
     {
         bit=value&0x8000; /* 获得 value 的当前最高位值 */
         if (bit==0) putchar('0'); /*  输出 bit 的“0”或“1”值 */
         else putchar('1');
             value<<=1; /*  左移一位  */
         if ((i+1)%8==0) putchar(' ');  /* 两个字节中间加空格 */}
         putchar('\n');
}
int main()
{
     short int x,y;
     scanf("%hd",&x);
     dispaybit(x);
     scanf("%hd",&y);
     dispaybit(y);
     return 0;
}
```

运行结果：

```
9↙
      9=00000000 00001001
-9↙
     -9=11111111 11110111
```

程序分析：

程序中，表达式“bit=value&0x8000”是获得当前 value 值的最高位。当执行语句“value<<=1；”后，又将原 value 的次高位左移成位最高位，依次不断地将 value 值中的每一位通过左移操作移至最高位后输出。

12.2　动态存储分配

在第 6 章中，曾介绍过数组的长度是预先定义好的，在整个程序中固定不变。ANSIC 中不允许动态数组类型。例如：int n;scanf("%d",&n);int a[n]; 用变量表示长度，想对数组的大小作动态说明，这是错误的。但是在实际的编程中，往往会发生这种情况，即所需的内存空间取决于实际输入的数据，而无法预先确定。对于这种问题，用数组的办法很难解决。为了解决上述问题，C 语言提供了一些内存管理函数，这些内存管理函数可以按需要动态地分配内存空间，也可把不再使用的空间回收待用，为有效地利用内存资源提供了手段。

12.2.1　malloc 函数

malloc 所需头文件为 stdlib.h。

malloc 函数的原型如下。

```
void *malloc (unsigned int size)
```

其作用是在内存的动态存储区中分配一个长度为 size 的连续空间。其参数 size 是一个无符号整型数，返回值是一个所分配的连续存储域的起始地址(指针)。当函数未能成功分配存储空间(如内存不足)就会返回一个 NULL 指针。所以在调用该函数时应该检测返回值是否为 NULL 并执行相应的操作。当内存不再使用时，应使用 free()函数将内存块释放。

常见的调用形式如下。

```
指针变量名 = malloc (size)
```

指针变量存储所分配的连续存储域的起始地址。

用 malloc 函数来为字符串分配内存是很容易的，因为 C 语言保证 char 型值确切需要一字节的内存(也就是说，sizeof(char)的值为 1)。分配 n 个字符的内存空间，可以写成 char *p; p=malloc(n)。

malloc 函数的返回值类型要与指针的基类型一致，一般需要强制转换。示例代码如下。

```
p=(char *)malloc(n);
```

函数调用成功后，如图 12.1 所示，p 存储刚刚分配的内存的首地址。

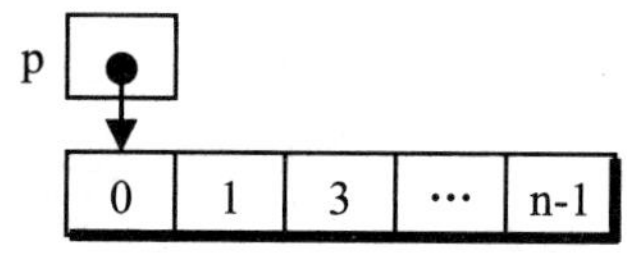

图 12.1　p 指针

存储空间一旦分配成功，就可以使用了。调用 strcpy 函数可以对上述空间进行初始化：strcpy(p,"ok");如图 12.2 所示，前 3 个字符为'o'、'k'、'\0'。

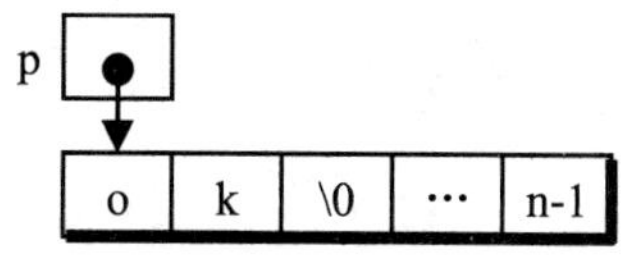

图 12.2　p 指针

【例 12.8】 动态分配内存，从键盘读取字符串并输出。

源程序：

```
#include <stdio.h>
#include <stdlib.h>
#define  N  20     /*  字符个数 */
int main ( )
```

```
{
    char *p;
    p=(char *)malloc(N);
    if( p == NULL )    /*当未成功分配存储空间就会返回一个NULL指针*/
    {
        printf( "Insufficient memory available\n" );
        exit(1);
    }
    printf("Input a string:");
    gets(p);
    puts(p);
    free(p); /* 释放内存   */
    return 0;
}
```

运行结果：

```
Input a string:C program↙
C program
```

【例 12.9】 给结构体分配内存并初始化，输出结构体成员的值。

源程序：

```
#include <stdio.h>
#include <string.h>
#include <stdlib.h>
/*   定义结构体类型   */
typedef struct
{
    char title[20];       /*  图书名称 */
    char author[15];      /*  作者     */
    int pages;            /*  页数     */
    float price;          /*  价格     */
}BOOK;
int main()
{
    BOOK *p;
    p=(BOOK *)malloc(sizeof(BOOK));/*分配一个结构体变量所用空间 */
    if( p == NULL )  exit(1);
    strcpy(p->title,"Basic");
    strcpy(p->author,"Smith");
    p->pages=300;
    p->price=29.00;
    printf("Title    Author    Pages    Price    \n");
    printf("%-10s%-10s%-10d%-10.2f",p->title,
    p->author,
    p->pages,
    p->price);
    free(p); /* 释放内存   */
```

```
    return 0;
}
```

运行结果：

```
Title     Author    Pages     Price
Basic     Smith     300       29.00
```

12.2.2　calloc 函数

所需头文件：stdlib.h。

函数原型：void * calloc(unsigned int n,unsigned int size);。

调用形式：(类型说明符*)calloc(n,size)。

功能：在内存动态存储区中分配 n 块长度为 size 字节的连续区域。函数的返回值为该区域的首地址。(类型说明符*)用于强制类型转换，可省略。

说明：如果分配成功则返回存储被分配内存首地址的 void 类型指针，否则返回空指针 NULL。当内存不再使用时，应使用 free()函数将内存块释放。

calloc 函数与 malloc 函数的区别仅在于一次可以分配 n 块存储区域。

例如：p=(struct stu*) calloc(2,sizeof (struct stu)); 其中的 sizeof(struct stu)是求 stu 的结构长度。因此该语句的意思是，按 stu 的长度分配 2 块连续区域，强制转换为 stu 类型，并把其首地址赋予指针变量 p。

【例 12.10】 输入两本书的信息并输出。

源程序：

```
#include <stdio.h>
#include <stdlib.h>

#define N 2
typedef struct
{
     char title[20];       /*  图书名称 */
     char author[15];      /*   作者    */
     int pages;            /*   页数    */
     float price;          /*   价格    */
}BOOK;
int main()
{
     BOOK *p;
     int i;
     p=(BOOK *)calloc(N,sizeof(BOOK));
     if( p == NULL )  exit(1);
     for (i=0;i<N;i++)
          scanf("%s%s%d%f",(p+i)->title,(p+i)->author,&(p+
i)->pages, &(p+i)->price);
     printf("Title     Author    Pages     Price    \n");
     for (i=0;i<N;i++)
```

```
            printf("%-10s%-10s%-10d%-10.2f\n",(p+i)->title,
            (p+i)->author,
            (p+i)->pages,
            (p+i)->price);
        free(p);
        return 0;
}
```

运行结果：

```
Pascal Smith 300 29.00 ↙
Basic John 280 28.50 ↙
Title     Author    Pages     Price
Pascal    Smith     300       29.00
Basic     John      280       28.50
```

12.2.3　realloc 函数

所需头文件为 stdlib.h。

realloc 函数的原型如下。

```
void *realloc(void *ptr,unsigned int size);
```

第一个参数 ptr 是已经由 malloc 或 calloc 函数分配的存储区的指针，而 realloc 函数的作用是对 ptr 所指向的存储区进行重新分配即改变大小；第二个参数 size 是重新分配的存储区的大小(字节数)，新存储区包含着和旧存储区相同的内容，如果新存储区较大，则新增加的部分未被初始化。此函数返回值是新存储区的首地址；如果没有足够的内存空间则返回 NULL，此时旧存储区内容不变。

【例 12.11】　重新分配内存并显示分配内存的空间大小。

源程序：

```
#include <stdio.h>
#include <malloc.h> /* _msize 函数的头文件 */
#include <stdlib.h>
int main( void )
{
     long *buffer;
     unsigned int size;
     if( (buffer = (long *)malloc( 1000 * sizeof( long ) )) == NULL )
         exit( 1 );
     size = _msize( buffer ); /* 显示分配内存大小，与 ANSI C 不兼容 */
     printf( "Size of block after malloc of 1000 longs: %u\n", size );
     /* Reallocate and show new size: */
     if( (buffer=realloc(buffer, size + (1000*sizeof(long)))) == NULL)
         exit( 1 );
     size = _msize( buffer );
     printf( "Size of block after realloc of 1000 more longs: %u\n",size );
     free( buffer );
```

```
    return 0;
}
```

运行结果：

```
Size of block after malloc of 1000 longs: 4000
Size of block after realloc of 1000 more longs: 8000
```

12.2.4　free 函数

所需头文件为 stdlib.h。由于内存区域总是有限的，不能无限制地分配下去。而且一个程序要尽量节省资源，所以当所分配的内存区域不需要时，就要释放它，以便其他的变量或者程序使用，这时就要用到 free 函数。

free 函数原型如下。

```
void free(void *p)
```

该函数作用是释放指针 p 所指向的内存区。

其参数 p 必须是先前调用 malloc 函数或 calloc 函数时返回的指针。需强调的是，给 free 函数传递其他的值很可能造成灾难性的后果。

12.3　链　　表

动态存储分配对建立表、树、图和其他链接数据结构特别有用。本节主要介绍链表，而对其他链接数据结构的讨论超出了本书的范畴，此处不予讲述。为了获取更多的信息，可以参考数据结构方面的书籍。

12.3.1　链表概述

列表是指按序组成的集合，数组就是一个列表。在数组中，其顺序是由其下标给定，用户可以通过使用下标来访问和操作数组元素。数组一般情况下其大小必须在开始时就精确地指定，这在很多实际应用中不是很方便。

一个完全不同的列表表示方法是用结构体表示一个列表成员，它含有指向下一个结构体的“链接”，如图 12.3 所示。这种列表称为链表(Linked List)，因为它是一种列表，其顺序由该项与下一项的链接给定。

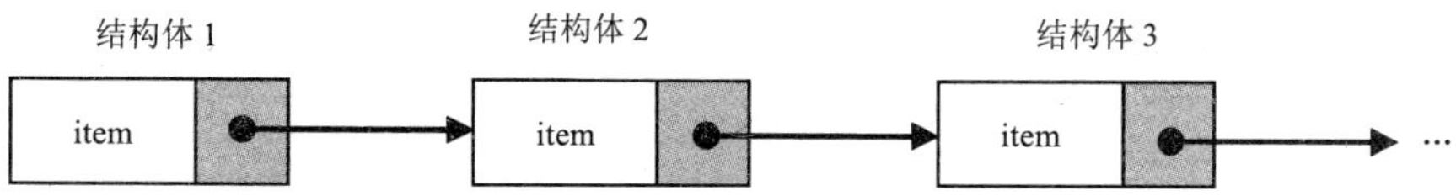

图 12.3　链表

链表中的每个结构体称为节点(node)，它由两个字段组成，一个包含数据项，另一个包含指向链表中下一个节点的地址(即指向下一个节点的指针)。因此，链表是结构体的集合，其顺序不是由它们在内存中的物理位置(像数组一样)确定的，而是由其逻辑链接确定的。这种链接是通过指向同类型的另一个结构体的指针来实现的。下面举一个简单的示例，这种结构体表示如下。

```
struct node
{
int item;
struct node *next;
}
```

第一个成员是一个整数项，第二个成员是指向链表中下一个节点的指针，如图 12.4 所示。在这里为了简单起见，只有一个数据项 item，实际上，它可以是任意复杂的数据类型。

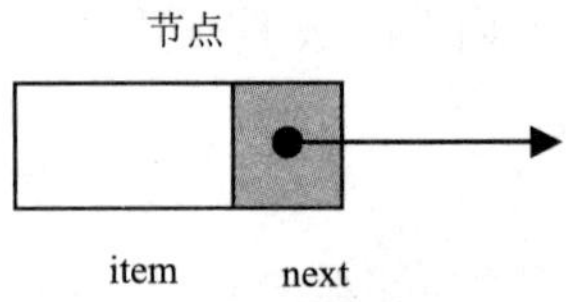

图 12.4　第二个成员是指向链表中下一个节点的指针

节点的一般形式表示如下。

```
struct 结构体标记符
{
      类型 1 成员 1;
      类型 2 成员 2;
      …
      struct 结构体标记符 *next;
};
```

如图 12.5 所示，结构体可以包含不同数据类型的多个数据项，但是必须有一个相同结构体类型的指针。

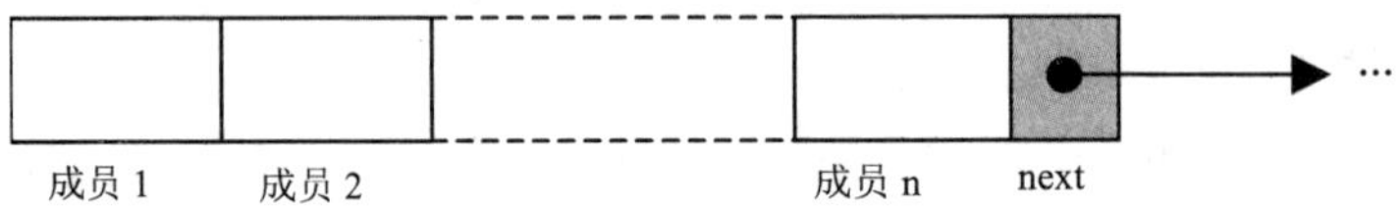

图 12.5　节点

下面用一个简单的示例来阐明链接的概念。假设，定义了一个如下的结构体。

```
struct link_list
{
      float price;
      struct link_list *next;
};
```

为了简单起见，这里假设链表只含有两个节点 node1 和 node2。它们都是 struct link_list 类型，定义如下。

```
struct link_list node1,node2;
```

该语句为这两个节点创建存储空间，每个节点包含两个空成员，如图 12.6 所示。

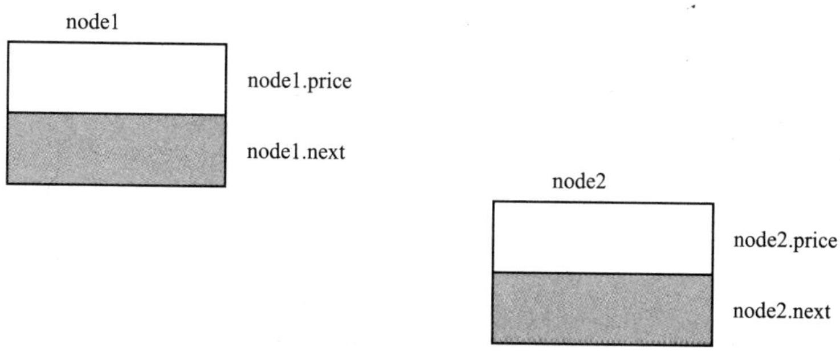

图 12.6　节点图

node1 的 next 指针可以利用下面的语句来使其指向 node2。

```
node1.next=&node2;
node1.price=25.50;
node2.price=35.50;
```

该语句把 node2 的地址存储在 node1.next 字段中，因而在 node1 和 node2 之间建立了一个“链接”，如图 12.7 所示。

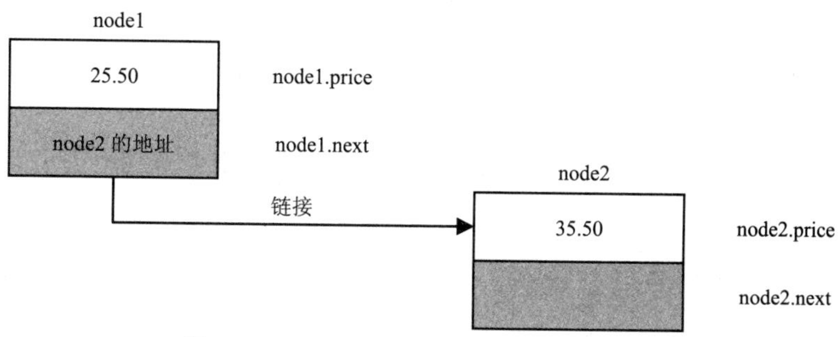

图 12.7　node1 和 node2 之间建立了一个“链接”

用户可以继续该过程，以创建任意节点数的链表。

示例代码如下。

```
struct link_list node3;
node2.next=&node3;
```

将添加一个与 node3 的链接，其中 node3 是已定义为 struct link_list 类型的变量。

没有哪个链表是无止境的，每个链表都有结尾，因此必须表明链表的结尾。这对于处理链表来说是必要的。C 语言有一个空指针 NULL，可以把它存储在链表的最后一个节点的 next 成员中。对于上面两个节点的链表，链表的结尾可以表示如下。

```
node2.next=NULL;
```

至此，这个含有两个节点的链表的最后形式如图 12.8 所示。

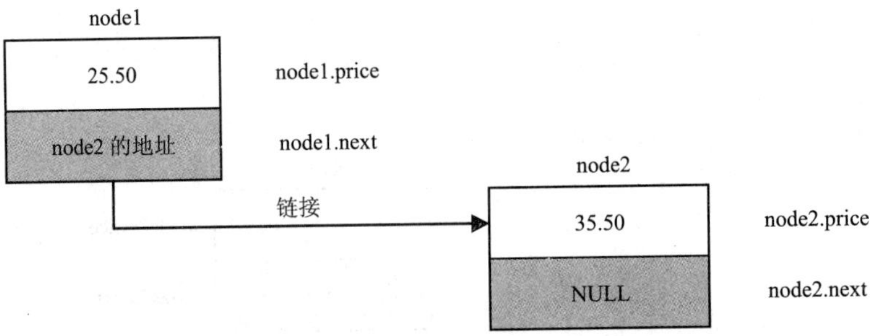

图 12.8　node1 和 node2 之间建立了一个“链接”

输出节点 node2 的成员 price，既可以用 node2.price，也可以利用 node1 的 next 指针来访问。例如，下列语句输出 node2 的 price 成员。

```
printf("%f\n",node1.next->price);
```

前面介绍的是最简单线性链表(单向链表)，除此之外还有环形链表、双向链表、双向环形链表等。由于单向链表是链表的基础，掌握了单向链表的基本原理，其他类型的链表原理就很简单了。因此，本书仅介绍单向链表，重点介绍单向链表的构造、查找、插入和删除等基本操作。

12.3.2　单向链表的构造

为了便于理解，下面举一个非常简单的节点结构体类型，其数据结构定义如下。

```
struct node
{
      int num;
      struct node *next;
} ;
```

在链表节点的定义中，除一个整型的成员外，成员 next 是指向下一节点的指针。

编程者可以构造图 12.9 所示的简单的单向链表，其中 head 称为头指针，指向第一个节点，end 称为尾指针，指向最后一个节点。节点 1 是节点 2 的前驱，节点 3 是节点 2 的后继，节点 3 没有后继，称为尾节点。尾节点的 next 成员值为 NULL(图中表示为×号)。

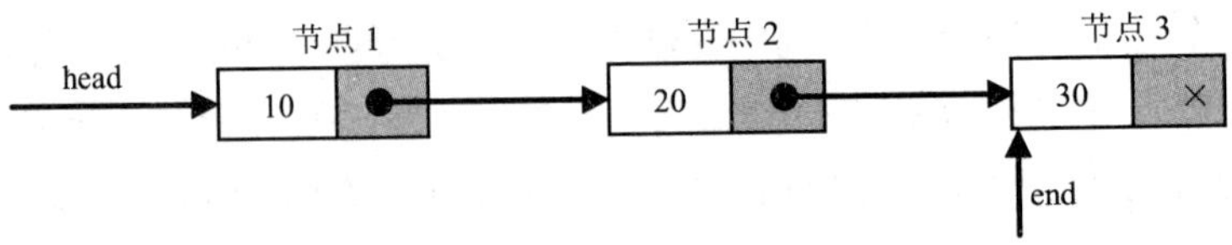

图 12.9　简单的单向链表

上述单向链表的创建过程用图示如下。

第一步，创建空表，如图 12.10 所示。

语句结构如下。

```
struct node *head = (struct node *) NULL;
struct node *end = (struct node *) NULL;
```

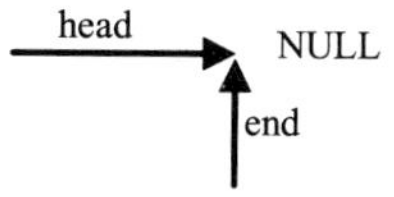

图 12.10　空表

第二步，申请新节点(节点 1)并初始化。

申请新节点(初始化一个新节点)，可以单独编写一个函数 initnode。

```
struct node * initnode(int num )
{
   struct node *ptr;
   ptr = (struct node *) calloc( 1, sizeof(struct node ) );
   if( ptr == NULL )                          /* 分配内存没有成功     */
      return (struct node *) NULL;/* 返回空指针           */
   else {                                /*分配内存成功          */
      ptr->num= num;                     /* 接收参数给数据项赋值*/
    return ptr;                               /*返回指向新节点的指针  */
   }
}
```

函数 initnode 的参数只有一个，用于接收给新节点成员 num 所赋的值，该函数返回指向新节点的指针。例如，初始化数据项为 10 的新节点。

```
new=initnode(10);
```

指针 new 指向新初始化的节点，如图 12.11 所示。

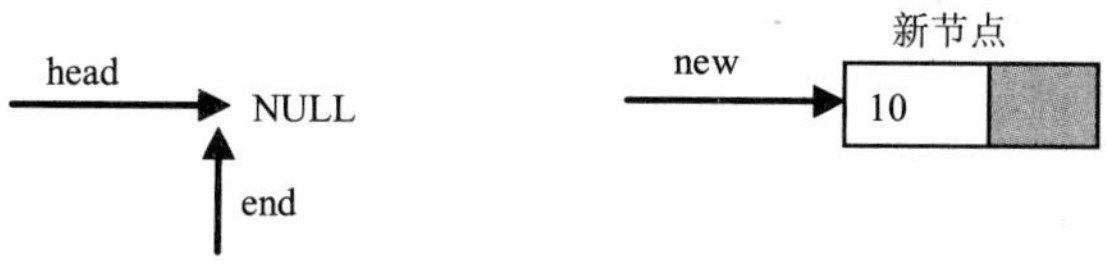

图 12.11　指针 new 指向新初始化的节点

第三步，将新节点链接到表头，成为节点 1，如图 12.12 所示。

```
head = new;                        /*新节点成为第一个节点*/
end = new;                    /*调整尾指针*/
head->next = NULL;            /*设置尾节点标记*/
```

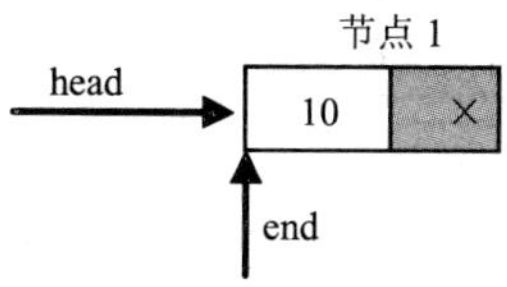

图 12.12　将新节点接到表头

第四步，申请新节点(节点 2)并初始化，如图 12.13 所示。

```
new=initnode(20);
```

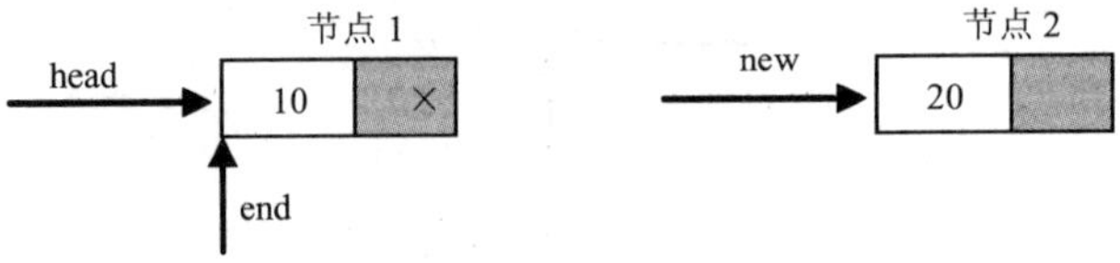

图 12.13　申请新节点(节点 2)并初始化

第五步，将节点 2 链接到链表尾部，如图 12.14 所示。

```
end->next = new;        /*链接新节点到链表尾部*/
new->next = NULL; /*设置尾节点标记*/
end = new;          /*调整尾指针*/
```

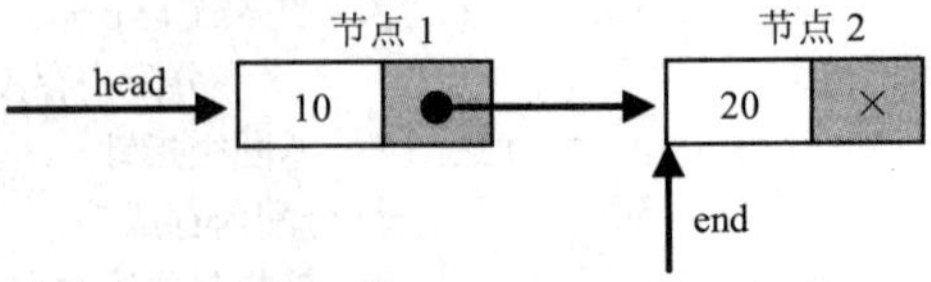

图 12.14　将节点 2 链接到链表尾部

第六步，继续上述过程，直到把节点 3 链接成功，如图 12.15 所示。

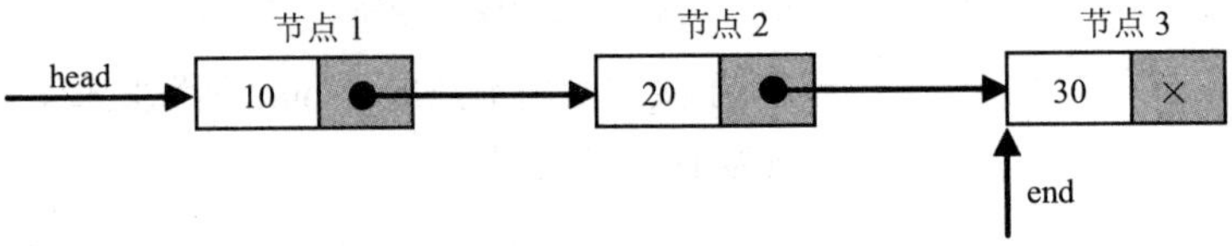

图 12.15　链接成功

向链表中加入新节点的算法描述如下。

```
IF 链表为空  THEN
    新节点作为头节点
ELSE
    把新节点链接到链表尾部
ENDIF
```

用 add 函数实现上述算法，add 函数接收指向新节点的指针，并把新节点加入到链表中。

```
void add( struct node *new )  /*加入新节点到链表尾部 */
{
    if( head == NULL )            /* 如果链表为空，新节点成为第一个节点*/
    {
        head = new;               /* 设置头指针 */
        end = new;                /* 设置尾指针 */
        head->next = NULL;    /* 设置尾节点标记*/
    }
    else
    {
        end->next = new;          /*链接新节点到链表尾部*/
        new->next = NULL;         /* 设置尾节点标记*/
        end = new;                /* 调整尾指针指向新加入的节点 */
    }
}
```

12.3.3　单向链表的遍历

链表的遍历，其原理是从头指针开始，直至尾节点。注意尾节点的特点是成员 next 为空指针。

例如：指针 ptr 指向第一个节点，prt->next 指向第二个节点，ptr->next->next 指向第三个节点；因此只要重复 ptr=ptr->next;就可实现循环遍历到每个节点，直到尾节点(成员 next 指针为空)。用 printlist 函数实现链表的遍历输出。

```
void printlist( struct node *ptr )
{
  while( ptr != NULL )
  {
    printnode( ptr );           /*此函数输出 ptr 所指节点信息 */
    ptr = ptr->next;            /* 到链表的下一个节点 */
  }
}
```

printnode 函数的定义如下。

```
void printnode( struct node *ptr )
{
  printf("Num ->%s\n", ptr->num );
}
```

【例 12.12】 创建一个存放正整数的单向链表，数据由键盘输入，输入 0 时停止，并打印输出链表。

源程序：

```
#include <stdlib.h>
#include <stdio.h>

struct node
{
     int num;
     struct node *next;
};

struct node *initnode(int num);
void add( struct node *new );
void printlist( struct node *ptr );
void printnode( struct node *ptr );

struct node *head = (struct node *) NULL;
struct node *end = (struct node *) NULL;

main()
{
     int num, ch = 1;
```

```
    struct node *ptr;
    for (;;)
    {
        printf("Enter a integer(type 0 quit):");
        scanf("%d", &num );
        if (num<=0) break;
            ptr = initnode( num);
        add( ptr );
    }
    printlist( head );
}

struct node * initnode( int num )
{
    struct node *ptr;
    ptr = (struct node *) calloc( 1, sizeof(struct node ) );
    if( ptr == NULL )
        return (struct node *) NULL;
    else {
        ptr->num= num;
        return ptr;
    }
}

void printnode( struct node *ptr )
{
    printf("Num  ->%d\n", ptr->num );
}
void printlist( struct node *ptr )
{
    while( ptr != NULL )
    {
        printnode( ptr );
        ptr = ptr->next;
    }
}

void add( struct node *new )
{
    if( head == NULL )
    {
        head = new;
        end = new;
        head->next = NULL;
    }
    else
    {
        end->next = new;
```

```
            new->next = NULL;
            end = new;
        }
}
```

运行结果：

```
Enter a integer(type 0 quit):10↙
Enter a integer(type 0 quit):20↙
Enter a integer(type 0 quit):30↙
Enter a integer(type 0 quit):40↙
Enter a integer(type 0 quit):50↙
Enter a integer(type 0 quit):60↙
Enter a integer(type 0 quit):0↙
Num   ->10
Num   ->20
Num   ->30
Num   ->40
Num   ->50
Num   ->60
```

程序分析：

上述程序所构造的单向链表主要方法是将新节点加入到尾节点的后面，用户可通过输入 0 来停止增加新节点。此程序不是很完善，没有作内存清理，留作后面讲解。

12.3.4 查找数据项

对单向链表而言，查找符合条件的节点很简单，方法如下。

对单向链表的节点依次扫描，检测其数据域是否是所要查找的值，若是，返回该节点的指针(用户把找到的节点暂称为关键节点)，否则返回 NULL。因为在单向链表的节点中包含指向下一个数据项的指针，所以当用户查找的时候，只要知道该单向链表的头指针，即可依次对每个节点的数据域进行检测。函数 search 实现的功能是：查找成员 num 与指定的 num 值相等的节点。

```
struct node * search( struct node *ptr, int num)
{
    while( ptr->num!=num) {    /* 当前节点的成员 num 与参数 num 值不相同*/
       ptr = ptr->next;        /* 到下一节点*/
       if( ptr == NULL )    /* 到尾节点停止 */
          break;
    }
    return ptr;             /* 返回指向查找到的节点的指针，没找到返回空指针*/
}
```

search 函数的调用(假设查找的 num 值为 20)如下。

```
ptr=search(head, 20);
```

如果找到，ptr 指向找到的节点，如果没找到，ptr 为空指针。

12.3.5　插入节点

链表的优点之一是，相比较而言，它更容易插入一个新节点。它只要求重置两个指针即可(而在数组中，需要移动整个数列)。

要插入一个新节点到链表中，有如下 3 种情况。

(1) 插入到链表的最前面。

(2) 插入到链表的中间。

(3) 插入到链表的末尾。

在前面介绍了插入新节点到空链表中以及插入新节点到链表末尾的方法，下面用图例演示插入到非空链表最前面和插入到链表中间的处理方法。

假设插入数据项为 5，把新节点插入到非空链表最前面(因为 5<10)，实现关键代码及图例(图 12.16)如下。

```
new=initnode(5);
new->next=head;
head=new;
```

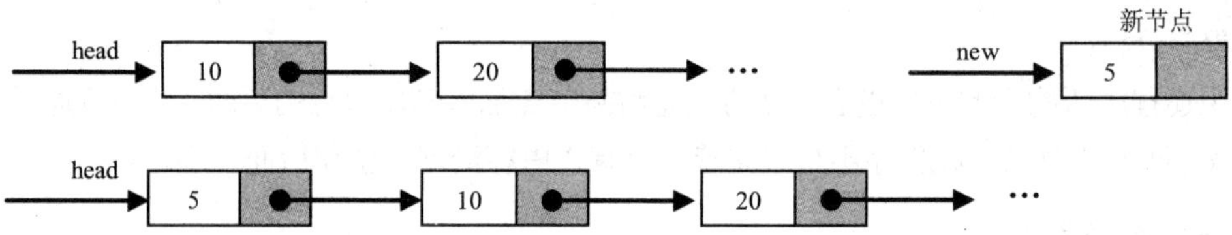

图 12.16　插入数据项

下面以构造升序链表为例讲述插入链表中间的方法，假设插入数据项为 15，插入到数据项 20 的节点前面(10<15<20)，实现关键代码及图例(图 12.17)如下。

```
new=initnode(15);
```

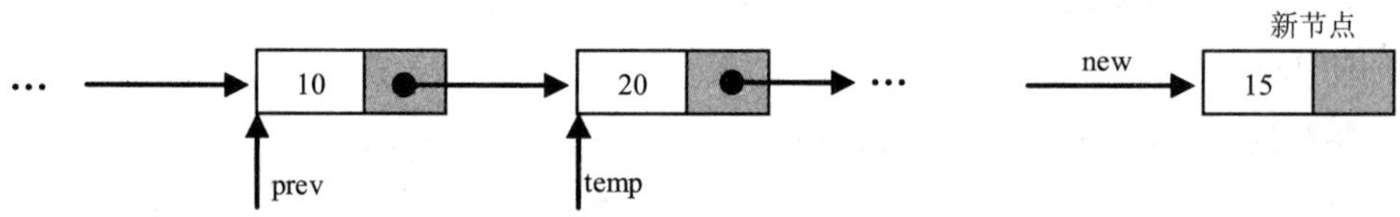

图 12.17　插入数据项

数据项比 15 小的节点全部跳过，找到第一个数据项比 15 大的节点(在这里是数据项为 20 的节点)，用 temp 指向该节点，定位其前驱并用 prev 指向它。实现关键代码及图例(图 12.18)如下。

```
prev->next = new;
new->next = temp;
```

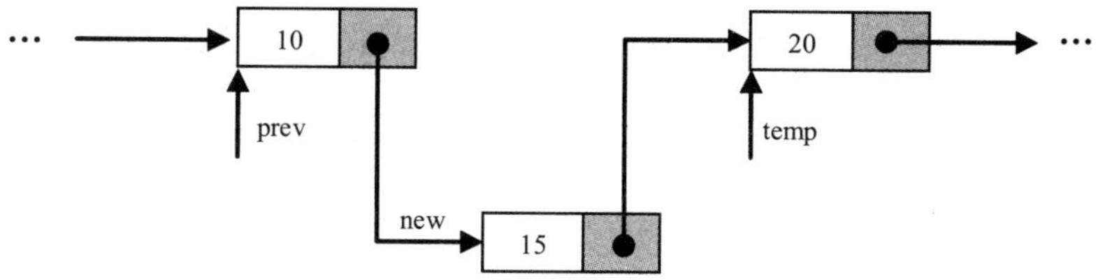

图 12.18　插入数据项

注意：

如果插入在尾节点之后，则需要调整尾指针。

```
if( end == prev )                  /* 如果插入在尾节点之后 */
     end = new;                    /* 调整尾指针 */
```

插入新数据项到正整数非降序链表中的算法比较简单，就不用算法语言描述了。

insertnode 函数实现将新节点插入到正整数有序链表中(按 num 的值非降序排列)。

```
void insertnode( struct node *new )
{
     struct node *temp, *prev;
     /*temp 指向第一个比插入数据项大的节点,prev 指向其前驱*/
     if( head == NULL ) {   /* 如果是空链表，则新节点成为第一个节点*/
         head = new;
         end = new;
         head->next = NULL;
         return;
     }
     /* 定位到第一个比插入数据项大的节点，temp 指向该节点*/
     temp = head;
     while( temp->num<new->num) {
         temp = temp->next;
         if( temp == NULL )
         break;
     }

     if( temp == head ) {            /*把新节点插入到非空链表最前面*/
         new->next = head;
         head = new;
     }
     else {     /* 定前指向 temp 所指节点前驱的指针 prev */
         prev = head;
         while( prev->next != temp ) {
             prev = prev->next;
         }
         prev->next = new;          /* 插入在 temp 所指节点之前 */
         new->next = temp;
         if( end == prev )          /* 插入到末尾 */
             end = new;             /* 调整尾指针 */
     }
}
```

在 insertnode 函数中，插入到节点中间和尾节点之后的处理方法是相似的，只不过将新节点插入到末尾时，需要调整尾指针。

12.3.6　删除节点

从链表中删除一个节点比插入节点要容易，因为它只需修改一个指针的值。这里同样有 3 种情况。

(1) 删除第一个节点。

(2) 删除最后一个节点。

(3) 删除中间的一个节点。

人们把要删除的节点作为关键节点。

在第一种情况下，头指针改变为指向链表中的第二个节点。在另外两种情况下，关键节点的前驱的 next 指针指向关键节点的后继。删除节点的一般算法如下。

```
IF 链表为空 THEN 无节点可删
ELSE
      IF 关键节点为第一个节点 THEN
            使 head 指针指向第二个节点
      ELSE
            从链表中删除关键节点
      ENDIF
ENDIF
```

可以用 free 函数释放已删除节点的内存空间，以供以后使用。

节点删除图例(图 12.19、图 12.20)及关键代码如下(删除数据为 20 的节点)。

```
prev->next = temp->next;
```

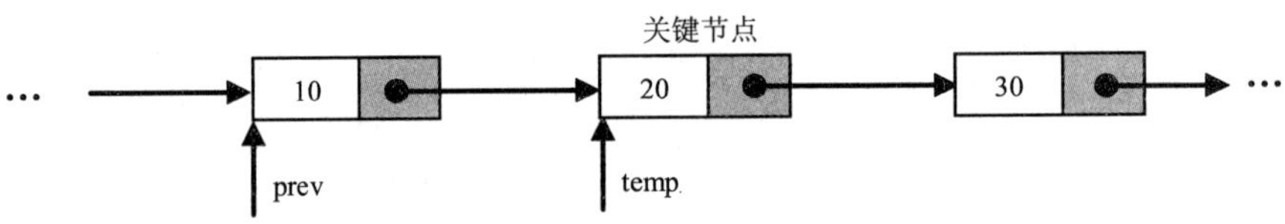

图 12.19　节点删除

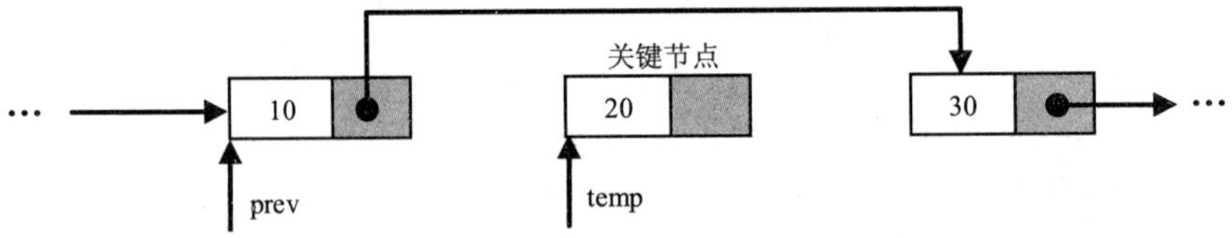

图 12.20　节点删除

注意：

(1) 调用 free 释放内存，即 free(temp)。

(2) 关键节点的定位可以调用 search 函数，即 temp=search(head,20)。

(3) 如果删除的关键节点是尾节点，需要调整尾指针。

```
if( end == temp )
    end = prev;
函数 deletenode 实现节点删除功能，其定义如下：
void deletenode( struct node *ptr )    /*删除 ptr 指向的关键节点*/
{
    struct node *temp, *prev;
    temp = ptr;                         /* temp 指向关键节点*/
    prev = head;

    if( temp == prev ) {                /* 如果是第一个节点，删除 */
        head = head->next;
        if( end == temp )               /* 如果只有一个节点，还被删除了*/
            end = end->next;            /* 需要重置 end 指针 */
        free( temp );                   /* 释放内存 */
    }
    else {                                  /* 如果不是第一个节点，那么 */
        while( prev->next != temp ) {       /* 定位到指向前驱节点的指针 prev*/
            prev = prev->next;
        }
        prev->next = temp->next;        /* 删除关键节点  */
        if( end == temp )               /* 如果删除的是尾节点  */
            end = prev;                 /*调整尾指针*/
        free( temp );                   /* 释放内存 */
    }
}
```

12.3.7　清空链表

一次性清空全部链表非常简单，以头指针为标记，从第一个节点释放内存，一直到尾节点。

```
ptr=head;
while( ptr != NULL ) {
      temp = ptr->next;                     /* 继续下一节点*/
      free( ptr );                          /* 释放内存*/
      ptr = temp; }
head=NULL;
end=NULL;
```

从中间节点开始清空，需要调整尾指针，假设从 ptr 指向的节点开始清空。

```
temp = head;
while( temp->next != ptr )                  /* 定位到 ptr 的前驱指针*/
    temp = temp->next;
end = temp;                                 /* 调整尾指针 */
```

清空链表函数 deletelist 的定义如下。

```
void deletelist( struct node *ptr )
{
```

```
    struct node *temp;
    if( head == NULL ) return;    /* 空表，不做操作 */
    if( ptr == head ) {           /* 从头开始清空，重置 head 与 end 指针 */
        head = NULL;
        end = NULL;
    }
    else {
        temp = head;              /* 从中间节点清空链表，定位其前驱指针 */
        while( temp->next != ptr )
            temp = temp->next;
        end = temp;               /* 调整尾指针 */
    }
    while( ptr != NULL ) {        /* 开始进行清空操作，释放内存*/
        temp = ptr->next;
        free( ptr );
        ptr = temp;
    }
}
```

【例12.13】 用单向链表实现学生信息(包括学号和姓名)管理，可实现根据用户选择进行添加、查询、插入、删除等操作。

源程序：

```
#include <stdio.h>
#include <malloc.h>
#include <stdlib.h>
#include <conio.h>
#include <ctype.h>
#include <string.h>

/* 函数原型 */
struct node * initnode( char *, int );
void printnode( struct node * );
void printlist( struct node * );
void add( struct node * );
struct node * searchname( struct node *, char * );
void deletenode( struct node * );
void insertnode( struct node * );
void deletelist( struct node * );

/* 学生信息结构体 */
struct node {
   char name[20];                          /* 学生姓名 */
   int  id; /* 学生学号 */
   struct node *next;
};
```

```
/* 初始化头指针和尾指针 */
struct node *head = (struct node *) NULL;
struct node *end = (struct node *) NULL;

/* 初始化节点 */
struct node * initnode( char *name, int id )
{
  struct node *ptr;
  ptr = (struct node *) calloc( 1, sizeof(struct node ) );
  if( ptr == NULL )                         /* 发生内存分配错误 */
     return (struct node *) NULL;           /* 返回空 */
  else {                                    /* 内存分配成功 */
     strcpy( ptr->name, name );             /* 初始化学生姓名*/
     ptr->id = id;                          /* 初始化学生学号 */
      return ptr;                           /* 返回指向该节点的指针*/
  }
}


/* 输出节点信息(学生姓名与学号),参数为指向该节点的指针*/
void printnode( struct node *ptr )
{
  printf("Name ->%s\n", ptr->name );
  printf("ID   ->%d\n", ptr->id );
}

/* 进行遍历节点 */
void printlist( struct node *ptr )
{
  while( ptr != NULL )               /* 遍历节点非空 */
  {
    printnode( ptr );                /* 输出 ptr 指向的节点 */
    ptr = ptr->next;                 /* 指向下一节点 */
  }
}

/* 添加新节点(新学生信息) */
void add( struct node *new )  /* 将节点添加在链表尾部 */
{
  if( head == NULL )              /* 如果链表为空，此节点成为第一个节点 */
  {   head = new;
      end=new;
   head->next=NULL;
  }
  else
       end->next = new;              /* 在尾部添加节点 */
       new->next = NULL;             /* 设置链表结束标记 */
     end = new;                      /* 调整尾指针 */
```

```
}
/* 按姓名进行查找，返回指向找到的节点指针 */
struct node * searchname( struct node *ptr, char *name )
{
    while( strcmp( name, ptr->name ) != 0 ) {   /* 如果当前节点不匹配*/
      ptr = ptr->next;                        /* 继续下一节点 */
      if( ptr == NULL )                       /* 到链表尾，退出循环 */
        break;
    }
    return ptr;                               /* 返回指向找到节点的指针*/
}                                             /* 没找到，返回空指针 */

/* 删除由prt所指向的节点 */
void deletenode( struct node *ptr )
{
   struct node *temp, *prev;
   temp = ptr;
   prev = head;

   if( temp == prev ) {                       /* 如果删除第一个节点*/
      head = head->next;                      /* 头指针指向第二个节点*/
      if( end == temp )                       /* 如果链表就一个节点，删完后*/
        end = end->next;                      /* 重置尾指针*/
      free( temp );                           /* 释放内存*/
   }
   else {                                     /* 如果不是第一个节点 */
      while( prev->next != temp ) {           /* 定位到所删除节点的前驱指针 */
         prev = prev->next;
      }
      prev->next = temp->next;                /* 删除节点操作*/
      if( end == temp )                       /* 如果删的是尾节点 */
         end = prev;                          /* 调整尾指针 */
      free( temp );                           /* 释放内存 */
   }
}

/* 插入一个新节点 */
void insertnode( struct node *new )
{
   struct node *temp, *prev;

   if( head == NULL ) {                       /* 如果是空表 */
      head = new;                             /* 该节点成为第一个节点 */
      end = new;                              /* 头、尾指针都指向该节点 */
      head->next = NULL;                      /* 设置链表结束标记 */
      return;
   }
```

```
    temp = head;
    while( strcmp( temp->name,new->name)<0){/*定位插入位置，按姓名排序*/
          temp = temp->next;
          if( temp == NULL )
             break;
    }

    if( temp == head ) {
      new->next = head;                  /* 如果插入到第一个节点前方 */
      head = new;                        /* 调节头指针*/
    }
    else {      /* 否则，插入到节点中间，定位到指向插入节点前驱的指针 prev */
      prev = head;
      while( prev->next != temp ) {
         prev = prev->next;
      }
      prev->next = new;                      /* 进行节点插入操作  */
      new->next = temp;
      if( end == prev )                      /* 如果插入在链表尾部 */
        end = new;                           /* 调整尾指针 */
    }
}

/* 从 ptr 指向的节点开始，进行清空链表  */
void deletelist( struct node *ptr )
{
   struct node *temp;

   if( head == NULL ) return;               /* 空链表不做操作  */

   if( ptr == head ) {                      /* 如果从头开始清空，重置头尾指针  */
      head = NULL;
      end = NULL;
   }
   else {
      temp = head;                   /* 如果从 ptr 开始清空， */
      while( temp->next != ptr )     /* 定位到指向 ptr 所指向的前驱指针 temp  */
         temp = temp->next;
      end = temp;                    /*调整尾指针,指向 temp */
   }

   while( ptr != NULL ) {            /* 执行清空操作 */
     temp = ptr->next;
     free( ptr );
     ptr = temp;
   }
}
/* 主函数，根据用户选择进行操作 */
```

```
main()
{
   char name[20];
   int id, ch = 1;
   struct node *ptr;

   system("cls");
   while( ch != 0 ) {
     printf("1 add a name \n");              /*选 1，添加学生信息*/
     printf("2 delete a name \n");           /*选 2，删除学生信息*/
     printf("3 list all names \n");          /*选 3，显示所有学生信息*/
     printf("4 search for name \n");         /*选 4，按姓名查找*/
     printf("5 insert a name \n");           /*选 5，插入学生信息*/
     printf("0 quit\n");                     /*选 0，退出*/
     scanf("%d", &ch );
     switch( ch )
     {
        case 1:                              /* 添加学生信息 */
              printf("Enter in name -- ");
              scanf("%s", name );
              printf("Enter in id -- ");
              scanf("%d", &id );
              ptr = initnode( name, id );
              add( ptr );
              break;
        case 2:                              /* 删除学生信息 */
              printf("Enter in name -- ");
              scanf("%s", name );
              ptr = searchname( head, name );
              if( ptr ==NULL ) {
                 printf("Name %s not found\n", name );
              }
              else
                deletenode( ptr );
              break;

        case 3:             /* 显示所有学生信息 */
              printlist( head );
              break;

        case 4:             /* 按姓名查找 */
              printf("Enter in name -- ");
              scanf("%s", name );
              ptr = searchname( head, name );
              if( ptr ==NULL ) {
                 printf("Name %s not found\n", name );
              }
              else
```

```
                printnode( ptr );
                break;
        case 5:         /* 插入学生信息 */
                printf("Enter in name -- ");
                scanf("%s", name );
                printf("Enter in id -- ");
                scanf("%d", &id );
                ptr = initnode( name, id );
                insertnode( ptr );
                break;

        }
    }
    deletelist( head ); /* 从头开始清空链表 */
}
```

运行结果：

```
1 add a name
2 delete a name
3 list all names
4 search for name
5 insert a name
0 quit
1↙
Enter in name -- 张三↙
Enter in id -- 1↙
1 add a name
2 delete a name
3 list all names
4 search for name
5 insert a name
0 quit
3↙
Name ->张三
ID   ->1
1 add a name
2 delete a name
3 list all names
4 search for name
5 insert a name
0 quit
1↙
Enter in name -- 李四↙
Enter in id -- 2↙
1 add a name
2 delete a name
3 list all names
4 search for name
```

```
5 insert a name
0 quit
3↙
Name ->张三
ID   ->1
Name ->李四
ID   ->2
1 add a name
2 delete a name
3 list all names
4 search for name
5 insert a name
0 quit
5↙
Enter in name -- 王五↙
Enter in id -- 3↙
1 add a name
2 delete a name
3 list all names
4 search for name
5 insert a name
0 quit
3↙
Name ->王五
ID   ->3
Name ->张三
ID   ->1
Name ->李四
ID   ->2
1 add a name
2 delete a name
3 list all names
4 search for name
5 insert a name
0 quit
4↙
Enter in name -- 张三↙
Name ->张三
ID   ->1
1 add a name
2 delete a name
3 list all names
4 search for name
5 insert a name
0 quit
2↙
Enter in name -- 张三↙
1 add a name
```

```
2 delete a name
3 list all names
4 search for name
5 insert a name
0 quit
3↙
Name ->王五
ID   ->3
Name ->李四
ID   ->2
1 add a name
2 delete a name
3 list all names
4 search for name
5 insert a name
0 quit
0↙
Press any key to continue
```

程序说明：

上述程序在进行添加学生信息时没有按学生姓名排序。但在插入学生信息时是按学生姓名排序插入的，读者可对上述程序进行完善，能够在添加时排序或增加一个排序功能。

12.4　本 章 小 结

C 语言提供的位运算使得 C 语言的应用范围更广，动态存储分配使得 C 语言实现复杂的数据结构，链表是很重要的一种数据结构。本章讲述单向链表的构造、查询、遍历、插入与删除等操作。为了便于阐述基本原理，范例程序都很简单，也不是很完善，读者掌握基本原理后可以将范例程序进行完善。

12.5　习　　题

1. 计算下列表达式的值。

   a. 3&6　b. -12&7　c. 3|9　d. 13^9　e. ～14　f. 7<<2　g. -9<<2

2. 编程，取一个整数从右端开始的第 4~7 位。

3. 有下列结构体说明和变量定义，如图 12.21 所示，指针 p、q、r 分别指向此链表中的 3 个连续节点。

```
struct node{int data;struct node *next;}*p,*q,*r;
```

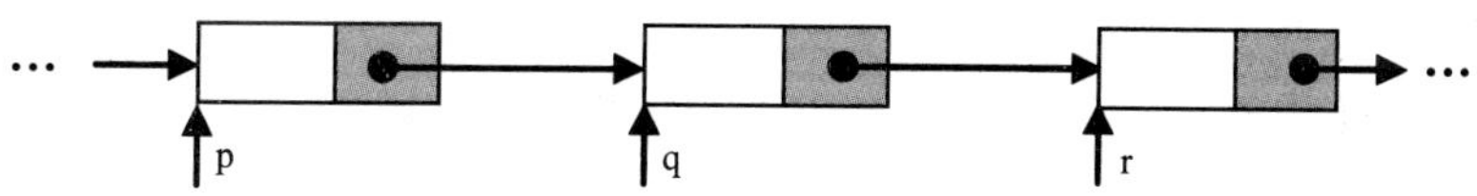

图 12.21　p、q、r 指针

现要将 q 所指节点从链表中删除，同时要保持链表的连续，下列不能完成指定操作的语句是________。

a. p->next=q->next;　b. p->next=p->next->next;

c. p->next=r;　　d. p=q->next;

4. 下列程序中，fun()函数的功能是构成一个单向链表，在节点的数据域中放入了具有两个字符的字符串。disp()函数的功能是显示输出该单链表中所有节点中的字符串。

请填空完成 disp()函数。

```
#include <stdio.h>
typedef struct node   /*链表节点结构*/
{
     char sub[3];
     struct node *next;
}Node;
Node *fun(void)        /*建立链表*/
{ …… }
void disp(Node *h)
{
     Node *p;
     p=h;
     while(_______________)
     {
     printf("%s\n",p->sub); p=_______________; }
}
main( )
{   Node *head;
     head=fun( ); disp(head); printf("\n");
}
```

5. 函数 min()的功能是在带头节点的单链表中查找数据域中值最小的节点。请填空。

```
#include <stdio.h>
struct node
{
     int data;
     struct node *next;
};
int min(struct node *first) /* 指针 first 为链表头指针 */
{
     struct node *p; int m;
     p = first;m=p->data;p=p->next;
     for(;p! =NULL;p=_______________)
     if(p->data<m) m=p->data;
     return m;
}
```

6. 编程，将【例 12.13】的程序进行完善(测试数据读者自定)。

(1) 增加一些描述学生的信息，如性别、出生日期等。

(2) 能够将链表信息存储在文件中，也可以读取文件来构造链表。

第13章　C语言程序设计实验指导

实验一　C 语言程序开发环境和 C 语言程序基本结构

【实验目的】

1. 了解 Visual C++ 6.0 集成开发环境。
2. 掌握 C 语言程序的基本结构。
3. 学会如何在 Visual C++ 6.0 集成开发环境中编辑、编译、链接和运行一个 C 语言程序。

【实验内容】

1. 在 Visual C++ 6.0 集成开发环境中编辑、编译、链接和运行一个 C 语言程序。

Visual C++ 6.0(以下简称 VC 6.0)由 Microsoft 公司开发，它不仅是一个 C++编译器，而且是一个基于 Windows 操作系统的可视化集成开发环境(Integrated Development Environment，简称 IDE)。Visual C++ 6.0 由许多组件组成，包括编辑器、调试器以及程序向导 AppWizard、类向导 Class Wizard 等开发工具。自 1993 年 Microsoft 公司推出 Visual C++ 1.0 后，随着其新版本的不断问世，Visual C++已成为专业程序员进行软件开发的首选工具。虽然微软公司推出了 Visual C++ .NET，但它的应用具有很大的局限性，其只适用于 Windows 2000、Windows XP 和 Windows NT 4.0。所以在实际中，更多的程序开发是以 VC 6.0 为平台。

由于 C++是由 C 语言发展起来的，也支持 C 语言的编译。VC 6.0 版本是使用最多的经典版本。其最大的缺点是对于模板的支持比较差。现在最新补丁为 SP6，推荐安装，否则易出现编译时假死状态。VC 6.0 仅支持 Windows 操作系统。

(1) 通过执行【开始】|【程序】| Microsoft Visual Studio 6.0 | Microsoft Visual C++ 6.0 命令，或双击桌面上的 VC 6.0 图标即可启动 VC 6.0，启动后的界面如图 13.1 所示。

(2) 执行 File | New 命令，出现如图 13.2 所示的对话框。选择 Win32 Console Application 选项，并在右侧的 Project name 文本框中指定工程名 lab01，在 Location 文本框中指定保存目录。最后单击 OK 按钮，确认创建新工程。(注：工程所在目录用户也可自行创建。)

在弹出的对话框中选择 An empty project 单选按钮，也就是默认选项，单击 Finish 按钮，如图 13.3 所示。

(3) 添加一个新文件到一个空的工程中。执行 File | New 命令，在弹出的对话框中选择 C++ Source File 选项，将右侧文件命名为 p1a.c，单击 OK 按钮，如图 13.4 所示。

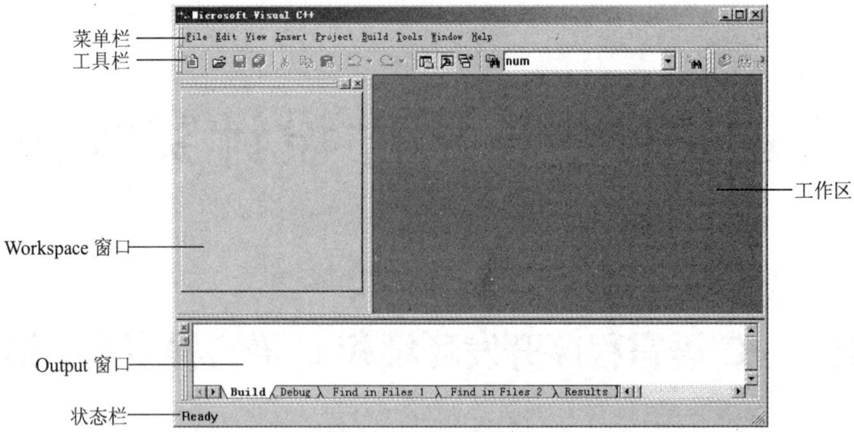

图 13.1　VC 6.0 启动后界面

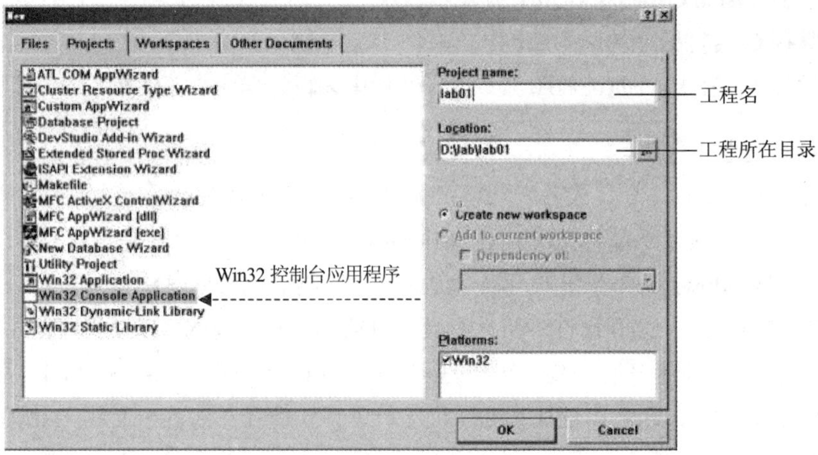

图 13.2　VC 6.0 创建工程界面

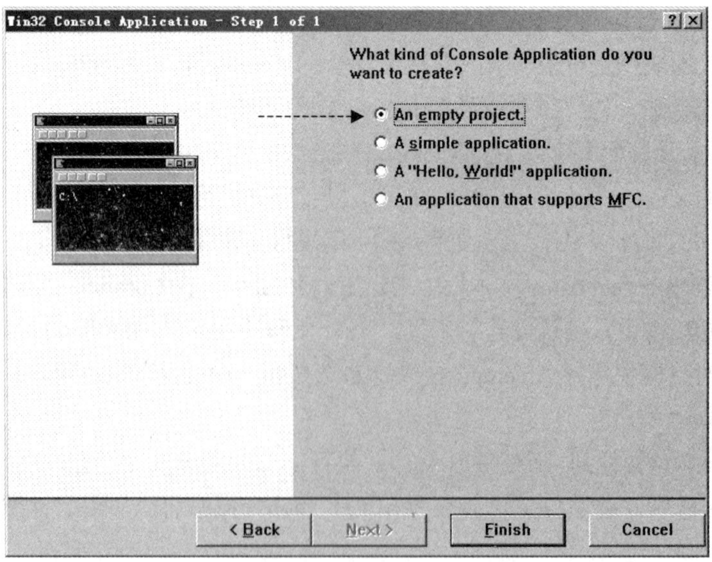

图 13.3　Win32 控制台应用程序配置界面

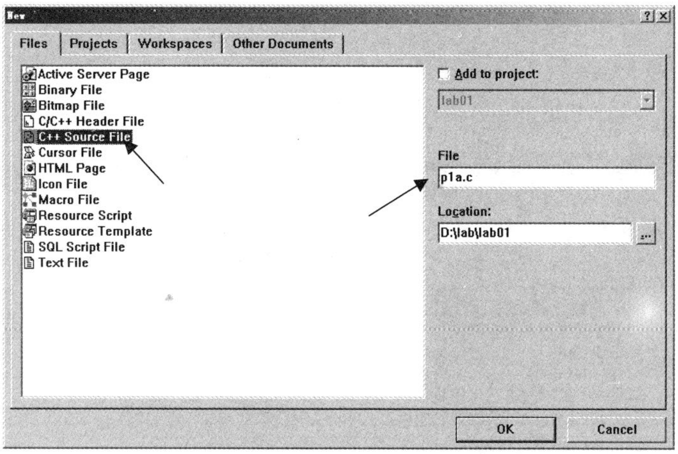

图 13.4　添加源文件窗口

(4) 查看源文件：当 p1a.c 源文件创建后，在左边 Workspace 窗口中的 FileView 标签下，从 Source Files 节点中可以看到该 p1a.c 文件，如图 13.5 所示。

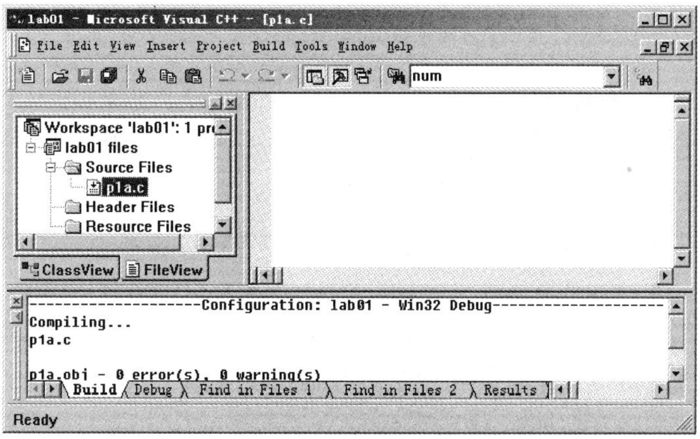

图 13.5　文件视图窗口

在 Windows 资源管理器中，也可以发现该文件被物理地创建了，如图 13.6 所示。

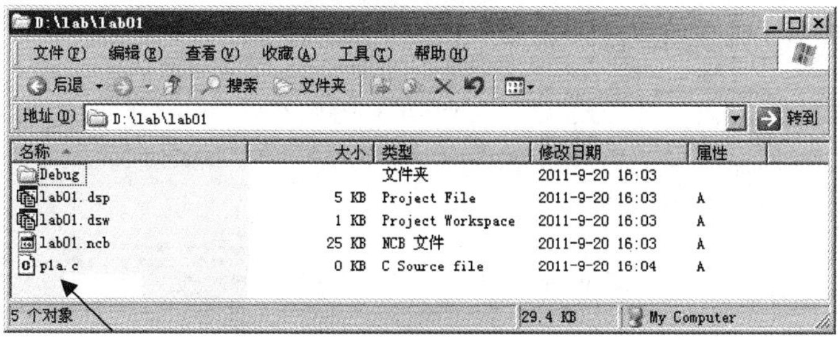

图 13.6　Windows 资源管理器的 p1a.c 文件

(5) 编写源代码。在文档窗口中输入以下源代码。

```
#include <stdio.h>
main()
{
```

```
    printf ("This is my first C program.\n");
}
```

编写完成后，执行 File | Save 命令进行保存文件，结果如图 13.7 所示。

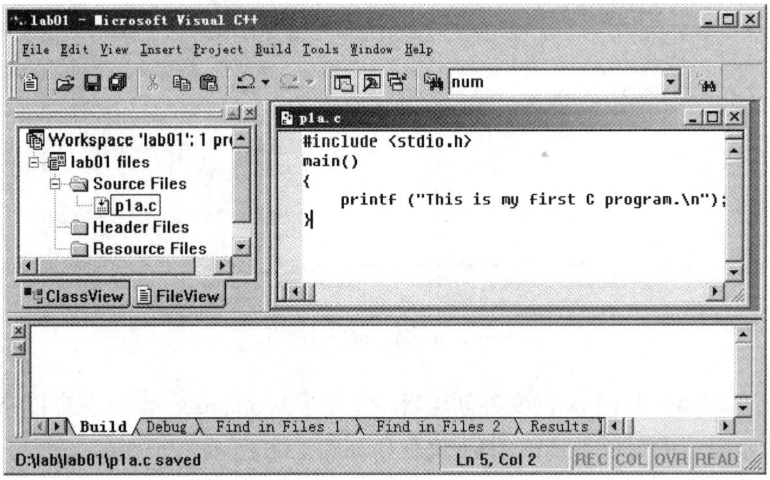

图 13.7　编写程序界面

(6) 编译。现在必须编译源程序，执行 Build | Compile p1a.c 命令，实现编译操作。注意在底部的 output 窗口有没有警告(warnings)和错误(errors)出现，如果没有错误发生，就可以组建(build)和运行(run)程序了。

如果编译完全成功，会显示“p1a.obj - 0 error(s), 0 warning(s)”。另外，即便有一些错误，也可能编译成功。错误表示该代码应该不会影响程序运行，但是有可能存在潜在的问题，编译器不推荐这么写。如果编译未成功，系统会将所发现的错误显示在屏幕下方的 output 窗口中。根据错误提示，修改程序后再重新编译；如果还有错误，再继续修改、编译，直到没有错误为止。编译通过的窗口如图 13.8 所示。

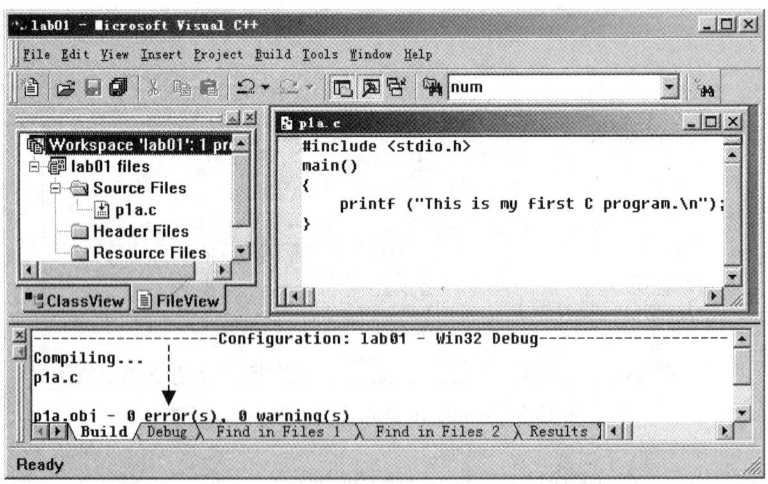

图 13.8　编译界面

(7) 组建(有时也称为链接)。编译无误后进行链接，这时执行 Build | lab01.exe 命令进行

链接并生成可执行文件。同样，对出现的错误要进行更改，直到编译链接无错为止。这时，在屏幕下方的 output 窗口中会显示“lab01.exe - 0 error(s), 0 warning(s)”信息，说明编译链接成功，并生成可执行文件“lab01.exe”，如图 13.9 所示。

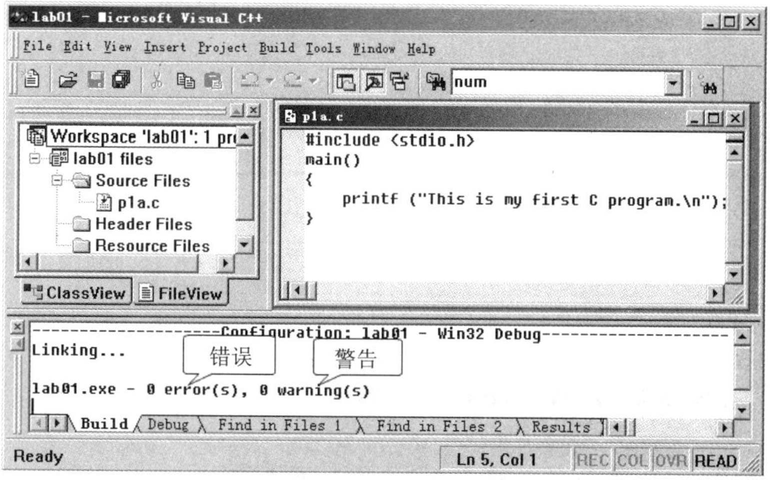

图 13.9　Build 后的窗口界面

可执行文件默认的目录在工程目录下的 Debug 子目录中，如图 13.10 所示。

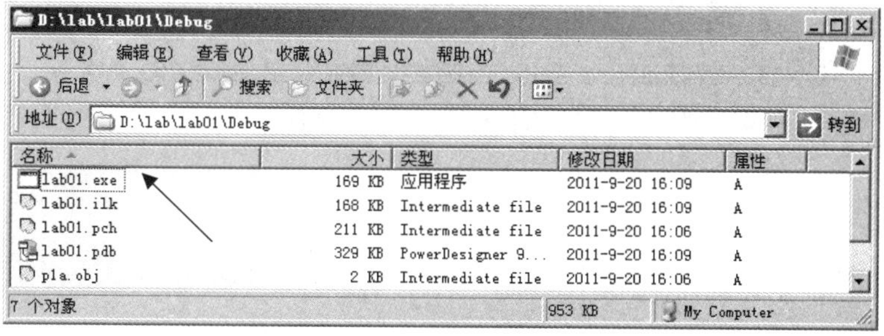

图 13.10　可执行文件的所在位置

(8) 运行。选择菜单 Build | Execute lab01.exe 命令。这时会出现一个 MS-DOS 窗口，输出结果会显示在该窗口中，如图 13.11 所示，查看完结果后关闭窗口。

图 13.11　执行输出窗口

2. 编程：求两个整数 10 和 20 的和并输出结果。

(1) 不关闭刚才的窗口，添加一个新文件到工程中。执行 File | New 命令，在弹出的对话框中选择 C++ Source File 选项，右侧文件命名为“p1b.c”，单击 OK 按钮，如图 13.12 所示。

此时，在左边 Workspace 窗口中，从 FileView 标签页面的 Source Files 节点中，可以看到该新创建的 p1b.c 文件，如图 13.13 所示(注：Source Files 为包含所有的源文件)。

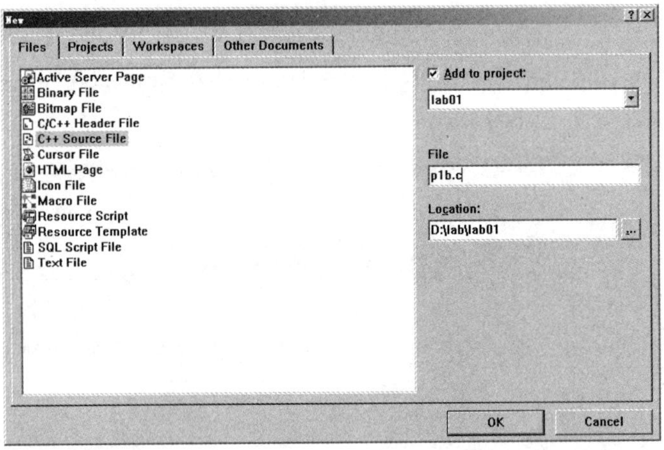

图 13.12　增加一个新源文件窗口

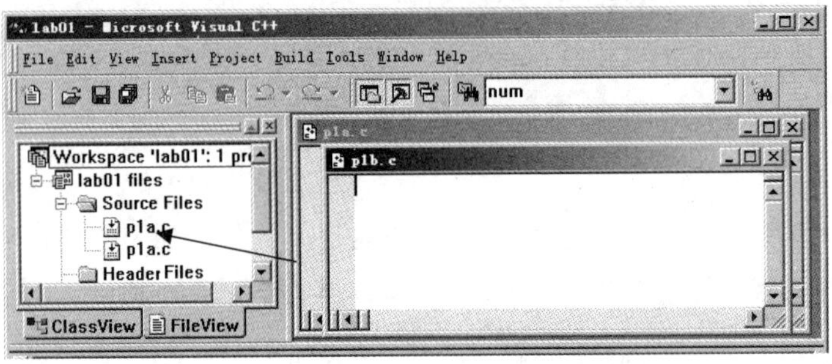

图 13.13　文件视图中多个源文件界面

(2) 输入以下源代码。

```
#include <stdio.h>
main( )
{
   int a, b, sum;
   a=10;
   b=20;
   sum=a+b;
   printf("sum=%d\n", sum);
}
```

输入完毕后，执行 File | Save 命令保存文件。然后进行编译，编译通过后进行 Build，此时会出现链接错误，如图 13.14 所示。

造成上述链接错误的主要原因是：在一个工程中，当含有 main 函数的文件有多个时会出现链接错误。此次摘除 p1a.c 文件，具体方法是：在 File View 中选中 p1a.c 文件，然后按键盘上的 Delete 键或选择 Edit 菜单中的 Delete 菜单项来完成摘除，如图 13.15 所示。

(3) 重新编译并运行，结果如图 13.16 所示，查看完毕后关闭窗口。

摘除的文件并没有删除，以后如果要用到这个文件，可以将该文件加入到工程中，具体方法是：在 Source File 节点上右击，然后在弹出的快捷菜单中选择 Add Files to Folder 选项，如图 13.17 所示。

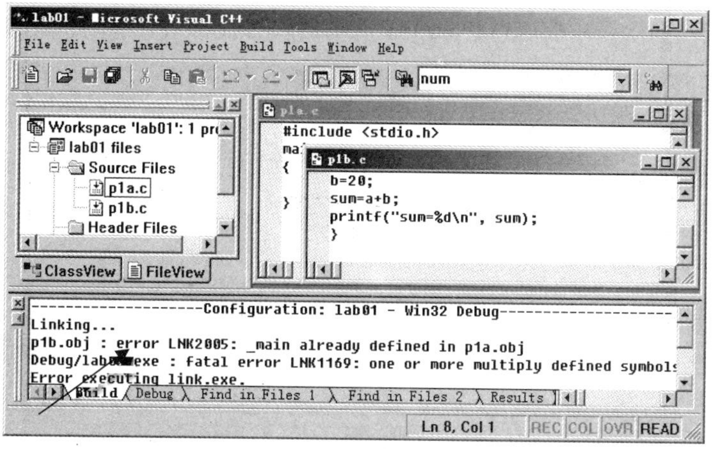

图 13.14　链接错误窗口界面

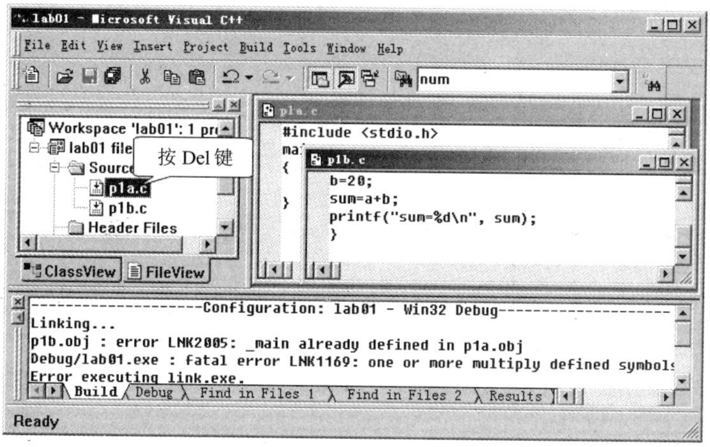

图 13.15　摘除文件示例界面

图 13.16　10+20=30 程序的运行结果窗口

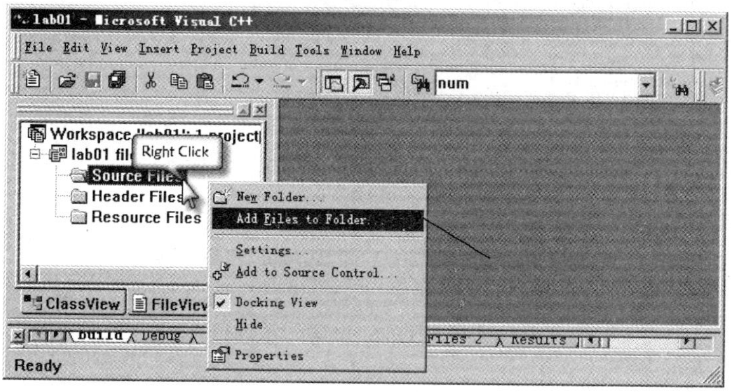

图 13.17　添加文件到工程

选中想要添加的文件，单击 OK 按钮即可。添加 p1a.c 源文件的界面如图 13.18 所示。

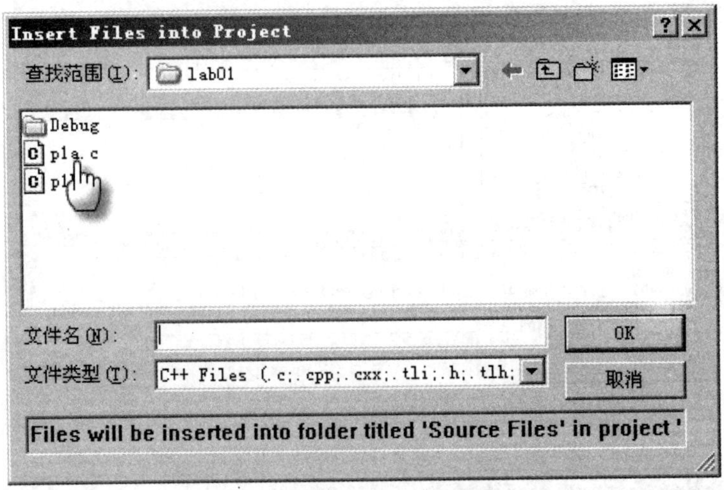

图 13.18　添加 p1a.c 源文件窗口

3. 编程：求任意两个整数的和并输出结果。

(1) 新建 c 源文件 p1c.c，输入以下源代码。

```
#include <stdio.h>
main( )
{
    int a, b, sum;
    scanf("%d", &a);
    scanf("%d", &b);
    sum=a+b;
    printf("The sum of %d and %d is %d\n", a,b,sum);
}
```

(2) 编译、链接并运行。

VC 6.0 的工具栏有实现编译、组建和运行的工具按钮 Build MiniBar，可以直接单击工具栏按钮实现快捷操作。Build MiniBar 工具栏按钮及其代表的功能如图 13.19 所示。

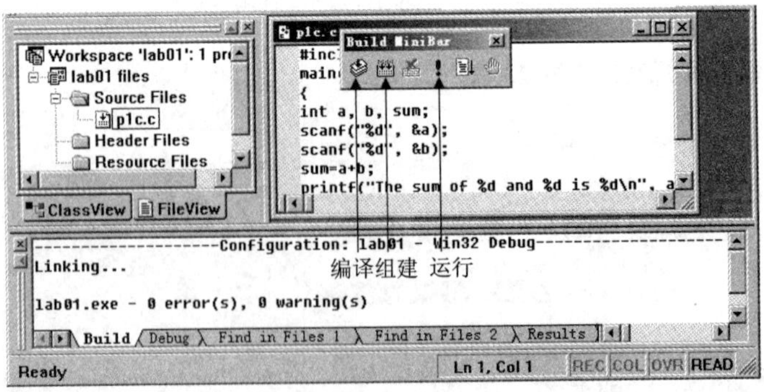

图 13.19　Build MiniBar 工具栏

用户可随时在工具栏空白处右击，在弹出的快捷菜单中来完成工作窗口或工具栏的显示与隐藏。如图 13.20 所示，前面注有对号的表示处于显示状态。

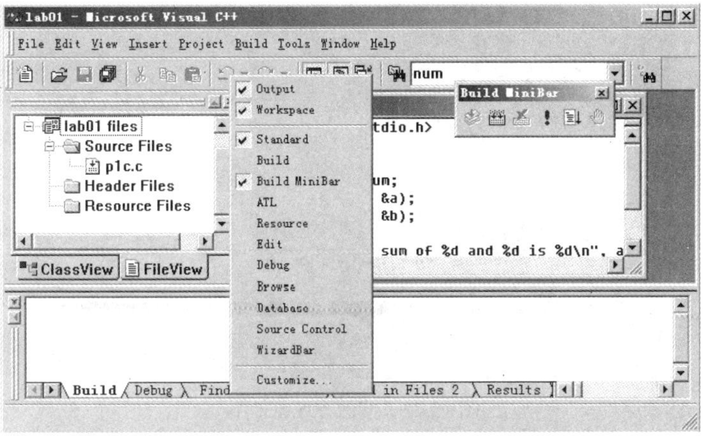

图 13.20　快捷打开与关闭窗口或工具栏

p1c.c 程序的运行结果如图 13.21 所示。

图 13.21　p1c.c 程序的运行结果

(3) 关闭运行结果窗口，并执行 File | Close Workspace 命令关闭工程。

4. 程序上机排错实验。

(1) 新建 C 源文件 e05.c(将其他源文件摘除)，并输入以下源代码。

```
#include (stdio.h)
main( )
{
    int x , y , s ;
    x=10
    y=20;
    s=x + y ;
    printf("s = %d\n" , s );
}
```

(2) 单击“编译”按钮，会出现很多编译错误。用户可以在 Output 窗口中双击错误消息，系统会将焦点移到出错的源代码行，然后进行改正，如图 13.22 所示。重复这一过程，直到没有错误为止，组建并运行程序。

【分析与讨论】

1. 列举 VC 6.0 界面的组成部分，总结 C 程序上机运行的过程。

2. 查看快捷按钮有哪些，它们的功能分别是什么。

3. 如何在项目中添加或删除文件？

4. 假设已建立了两个 C 源程序 myfile1.c 和 myfile 2.c，先对 myfile1.c 完成了编译、链接和运行，再打开 myfile 2.c，对它进行编译和链接。此时会出现什么情况？

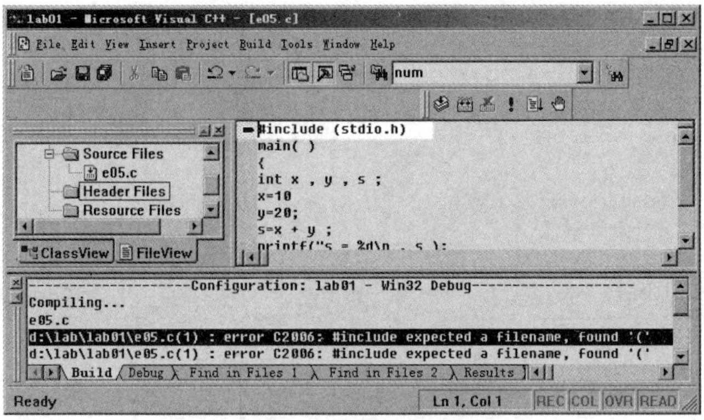

图 13.22　修改 e05.c 文件

【实验小结】

1. VC 6.0 最新补丁为 SP6，推荐安装，否则易出现编译时假死状态。
2. VC 6.0 以工程而不是以源文件为单位，在一个工程中只能有一个文件含有主函数 main。
3. 编辑完成或修改完文件后，要及时保存文件。
4. 输入程序时必须以英文半角方式(注释及中文字符除外)，C 程序区分大小写。
5. 可以向工程中添加源文件，也可以摘除源文件，摘除的文件并没有从磁盘中删除。
6. 重新编译并生成可执行文件之前一定要把上一次的运行结果窗口关闭。
7. VC 6.0 的帮助文档在 MSDN Library Visual Studio 6.0 中，如图 13.23 所示。

图 13.23　VC 帮助文档

8. Standard(标准)工具栏中各命令按钮功能描述如表 13.1 所示。

表 13.1　Standard 工具栏中各命令按钮功能描述

图　标	命　　令	功 能 描 述
	Next Text File	新建一个文本文档
	Open	打开已存在的文件(很多类型都支持)
	Save	保存当前文档
	Save All	保存所有打开的文档
	Cut	将当前选定的内容剪切掉，并移至剪贴板中
	Copy	将当前选定的内容复制到剪贴板中

(续表)

图　标	命　　令	功 能 描 述
	Paste	将剪贴板中的内容粘贴到光标当前位置处
	Undo	撤销上一次操作
	Redo	恢复被撤销的操作
	Workspace	显示或隐藏项目工作区窗口
	Output	显示或隐藏输出窗口
	Window List	文档窗口操作
	Find in Files	在指定的多个文件(夹)中查找字符串
	Find	指定要查找的字符串，按 Enter 键进行查找
	Search	在帮助文件中查找指定的字符串

9. Build MiniBar 工具栏中各命令按钮功能描述如表 13.2 所示。

表 13.2　Build MiniBar 工具栏各命令按钮功能描述

图　标	命　　令	功 能 描 述
	Compile	编译 C 源代码文件
	Build	生成应用程序的 EXE 文件
	Build Stop	停止组建
	Execute Program	执行应用程序
	Go	调试方式执行
	Add/Remove breakpoints	插入或消除断点

10. VC 6.0 界面的中英文对照如表 13.3 所示。

表 13.3　VC 6.0 界面的中英文对照表

英　　文	中　　文
File	文件
New	新建
Project	工程
Location	位置
Workspace	工作空间
Output	输出
Compile	编译
Build	组建
Execute	运行

【实验报告】

1. 写出实验目的及实验主要内容。
2. 写出实验输入与输出数据并进行分析。
3. 写出调试过程。
4. 写出实验体会，包括对 VC 6.0 运行环境的体验、实验难点、解决办法等。

实验二　C 语言程序设计基础

【实验目的】

1. 掌握 C 语言中常量的类型和表示方法。
2. 掌握 C 语言中标识符的规则。
3. 掌握 C 语言中变量的定义、赋值、初始化和引用过程。
4. 灵活运用各类运算符和表达式。
5. 掌握 C 语言运算符的优先级与结合性。
6. 掌握类型转换的方式与方法。

【实验内容】

新建工程并命名为 lab02。

1. 验证性实验：验证常量和符号常量的表示方法及输出结果。

首先，人工分析程序写出分析结果。然后，上机运行、调试程序，得出最终的正确结果。

(1) 新建源文件 p2a.c，以下为程序源代码。

```
#include <stdio.h>
main( )
{
     printf("%d\n",-3210);              结果：____________________
     printf("%d\n",0401);               结果：____________________
     printf("%d\n",0x3f);               结果：____________________
     printf("%f\n",3.14);               结果：____________________
     printf("%f\n",1.23E3);             结果：____________________
     printf("%c\n",'A');                结果：____________________
     printf("%d\n",'A');                结果：____________________
     printf("%d\n",'a');                结果：____________________
     printf("%c\n",'5');                结果：____________________
     printf("%c\n",'\\');               结果：____________________
     printf("%c\n",'\101');             结果：____________________
     printf("%s\n","C Programming");    结果：____________________
}
```

(2) 新建源文件 p2b.c，以下为程序源代码。

```
#include <stdio.h>
#define PI 3.14159
```

```
main()
{
    float r=2.5,area;
    area=PI*r*r;
    printf("area=%.2f\n", area);
}
```

输出结果：________________。

2. 综合性实验：上机测试变量的起名规则、变量的定义及引用。

(1) 新建源文件 p2c.c，利用 VC 6.0 测试下列标识符的合法性。

A. s_name

B. _e

C. fox

D. 3DS

E. scanf

F. char

G. INT

H. 量 1

举例，测试 INT 是否合法，在 p2c.c 输入以下内容。

int INT;

然后查看编译是否有错误，如图 13.24 所示。

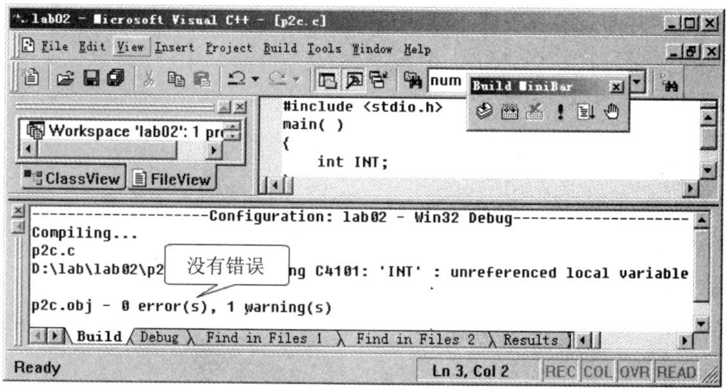

图 13.24　测试标识符合法的编译后界面

接下来将 INT 改成 char，重新编译后，发现有错误，表明不合法。char 是系统保留字，如图 13.25 所示。

其他的标识符用户自行测试。

合法的标识符有：________________。

不合法的标识符有：________________。

(2) 建立源文件 p2d.c，输入以下源代码，并编译、链接运行，查看并分析结果。

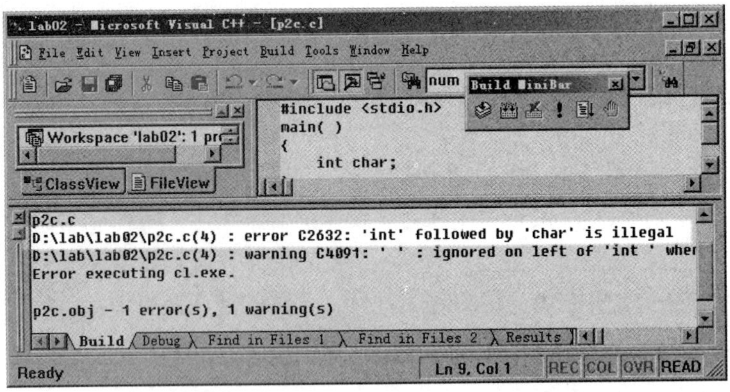

图 13.25　测试标识符不合法的编译后界面

```
#include <stdio.h>
main()
{
    int a; /* 定义时没有初始化 */
    int b=10;/*定义同时初始化*/
    float c,d;
    char e;
    c=20.5; /* 常量赋值给变量*/
    d=c;   /* 变量赋值给变量*/
    e='A'; /* 定义后赋值*/
    /*  输出变量的值 */
    printf("a=%d\n",a);
    printf("b=%d\n",b);
    printf("c=%f\n",c);
    printf("d=%f\n",d);
    printf("e=%c\n",e);
    printf("int: %d bytes\n",sizeof(int));
}
```

输出结果：________________________。

思考：

① 变量定义并赋值的方式有几种？

② 此程序输出结果中 a 的值是多少？是否正常？为什么？

③ sizeof 的主要作用是什么？

3. 验证性实验：运算符、表达式、结合性与优先级实验。

(1) 人工分析下列程序 p2e.c，写出分析结果，然后上机运行、调试程序，得出最终正确结果。

```
#include<stdio.h>
main ()
{
    int a=20,b=30,c=40,d=50,e=60,f=70,g=80,h;
```

```
    /* 测试算术运算符/和%，把 3850 秒转换成小时、分钟与秒 */
    printf("%d\n",3850/3600);        结果：____________
    printf("%d\n",3850%3600/60);     结果：____________
    printf("%d\n",3850%3600%60);     结果：____________
    /*测试关系运算符与表达式 */
    printf("%d\n",a>b);              结果：____________
    printf("%d\n",a<b);              结果：____________
    printf("%d\n",a=b);              结果：____________
    printf("%d\n",c==d);             结果：____________
    /* 测试逻辑运算符与表达式 */
    h=(e>f) && (g=90);
    printf("g=%d\n",g);              结果：____________
    printf("h=%d\n",h);              结果：____________
}
```

输出结果：________________。

(2) 人工分析下列程序 p2f.c，写出分析结果，然后上机运行、调试程序，得出最终正确结果。

```
#include <stdio.h>
main()
{
     int j = 0, k = 10;
     printf("j = %d, k = %d\n", j, k);
     j = ++k;
     printf("j = ++k ----> j = %d, k = %d\n", j, k);
     j = k++;
     printf("j = k++ ----> j = %d, k = %d\n", j, k);
     j = --k;
     printf("j = --k ----> j = %d, k = %d\n", j, k);
     j = k--;
     printf("j = k-- ----> j = %d, k = %d\n", j, k);
}
```

输出结果：________________。

(3) 人工分析下列程序 p2g.c，写出分析结果，然后上机运行、调试程序，得出最终正确结果。

```
#include <stdio.h>
main()
{
    int a, b = 4, c= 50;
    a = (b>c) ? 100 : 200;
    printf("a = %d\n", a);
}
```

输出结果：________________。

(4) 人工分析下列程序 p2h.c，写出分析结果，然后上机运行、调试程序，得出最终正确结果。

```
#include <stdio.h>
main()
{
    int a,b,c,d,e,f,g;
    int m=30,n=20;
    float x,y,z;
    x=30.55;
    a=b=c=d=10;
    c=(a++,b++);
    d+=a*=b-=5;
    e=sizeof(a);
    f=sizeof(float);
    g=(int)x;
    y=m/n;
    z=(float)m/n;
  printf("a=%d\n",a);          输出结果: ____________
  printf("b=%d\n",b);          输出结果: ____________
  printf("c=%d\n",c);          输出结果: ____________
  printf("d=%d\n",d);          输出结果: ____________
  printf("e=%d\n",e);          输出结果: ____________
  printf("f=%d\n",f);          输出结果: ____________
  printf("g=%d\n",g);          输出结果: ____________
  printf("y=%f\n",y);          输出结果: ____________
  printf("z=%f\n",z);          输出结果: ____________
}
```

输出结果：____________。

思考：

y 与 z 值不一样的主要原因是什么？

4. 设计性实验，设计一个小算法，解决下面的问题并尝试上机编程，以 p2i.c 存储并编译运行。

问题：给出一个 3 位正整数，怎样得到个位、十位与百位数？(如 543，得到 3、4 和 5)编程提示如下。

(1) 包含头文件 stdio.h　　#include <stdio.h>

(2) 定义主函数 main　　main( )

(3) 定义一个变量并赋值为 543　　int x=543

(4) 想办法输出 543 中的最后一位 3　　printf(…)

(5) 输出 543 中的第二位 4　　printf(…)

(6) 输出 543 中的第一位 5　　printf(…)

【分析与讨论】

1. 变量没有赋值就引用会出现何类问题？
2. 你认为哪些运算符与表达式很难理解，尝试与其他同学或老师讨论。

【实验小结】

1. 掌握常量的多种表示方法，要掌握一些基本的表示方法，如字符用单引号定界等。
2. 常用变量的类型定义符，如 int，float，double，char 等。
3. 总结利用 VC 6.0 测试表达式值的方法。
4. 总结算术运算符“/”和“%”的区别与应用。
5. 自增与自减运算符上机实践总结。

【实验报告】

1. 写出实验目的。
2. 写出实验内容。
3. 写出实验数据。
4. 对于人工分析与计算机输出结果不一致的情况，要加以分析，并说明原因。
5. 写出实验中的调试过程。
6. 写出实验心得。

实验三　输入与输出

【实验目的】

1. 掌握基本输入/输出函数 getchar、putchar、scanf、printf 的用法。
2. 掌握利用 printf 函数完成格式化输出。
3. 掌握利用 scanf 函数完成各种类型数据的输入。

【实验内容】

本次实验创建工程并命名为 lab03。

1. 上机实验掌握 getchar 和 putchar 两个函数的用法。编写一个程序并命名为 p3a.c，输入一个小写字母，将其转换为大写字母。

编程提示：

```
#include <stdio.h>
main( )
{
    ________________; /*定义变量 ch 为字符型*/
    printf("Input a lower case  letter:"); /*输入字符的屏幕提示信息*/
    _______________;  /*从键盘获取字符并赋值给变量 ch，用 getchar 函数*/
    printf("Upper case letter is:");
    putchar(ch-32);     /*核心语句*/
    putchar('\n');
}
```

思考：

① 小写字母转大写字母用什么方法？

② 参考程序能否进一步精简成如下代码。

```
main( )
{
    putchar(getchar( )-32);
}
```

2. 演示性实验。上机练习利用格式输出函数 printf 输出多种类型数据。

(1) 新建 C 源程序 p3b.c，输入以下源代码，运行并认真查看输出。

```
#include <stdio.h>
main()
{
    char chr='Y';
    printf("My name is %s, I\'m %d years old\n", "Thomas", 19);
    printf("This is a character: \'%c\'\n", chr);
    printf("This is a string: \"%s\"\n", "Hello,World!");
    printf("These are  characters: %c, %c and %c\n", 'X', 'Y', 'Z');
    printf("See characters in integer: %d, %d and %d\n", 'X', 'Y', 'Z');
           /* 字符的整型表示*/
    printf("See characters in octal: %o, %o and %o\n", 'X', 'Y', 'Z');
           /*字符的八进制表示*/
    printf("See characters in hex: %#x, %#x and %#x\n", 'X', 'Y', 'Z');
           /*十六进制表示*/
    printf("See float and double: %f, %f\n", 1.234f, 12.34567891);
           /*单精与双精*/
    printf("See float and double precision: %.2f, %.7f\n", 1.234f,
12.34567891); /*精度控制*/
}
```

思考：

① %s %f %d %c 分别代表输出何种类型的数据。

② 怎样输出单引号和双引号？

③ %o 与%#x 代表什么？

④ 带小数的数默认是 double 还是 float?1.234f 代表什么含义？

⑤ 如何实现浮点数的精度控制？默认%f 的精度是多少？

⑥ 为什么字符型可以与整型互换？

(2) 新建 C 源程序 p3c.c，利用 printf 函数输出如图 13.26 所示结果，注意格式要一致。

图 13.26　p3c.c 程序运行后的界面

参考源代码如下。

```
printf("Sno\tSname\tAge\tScore\n");
printf("%d\t%s\t%d\t%.2f\n",1,"John",19,85.5);
printf("%d\t%s\t%d\t%.2f\n",2,"Smith",20,75.5);
printf("%d\t%s\t%d\t%.2f\n",3,"Thomas",21,90.5);
```

(3) 新建文件 p3d.c，给 printf 传递三个参数 handsome，20 和 70.45，输出如图 13.27 所示的结果，试编程。

部分参考源代码如下

```
printf("I am %s, %d years old and my weight is %.2f
kg.\n","handsome",20,70.45);
```

图 13.27　p3d.c 程序运行后的界面

3. 验证性实验：上机验证格式化输入函数 scanf 的用法。

(1) 新建源程序 p3e.c，并输入以下源代码，掌握 scanf 输入各种类型数据的基本用法，程序代码如下。

```
#include <stdio.h>
main( )
{
    int age; /*年龄*/
    float salary; /*工资*/
    char gender, name[65]; /*性别与姓名,'m' 表示男,'w'表示女*/
    printf("Input name, gender ,age and salary:\n"); /*屏幕上给予提示*/
    printf("What is your name? ");
    scanf("%64s", name);
    printf("What is your gender? ");
    scanf(" %c", &gender); /*%c 前面加一个空格,否则会接收到换行符*/
    printf("How old ard you?");
    scanf("%d",&age);
    printf("How much your salary? ");
    scanf("%f", &salary);
    printf("REPORT:\n");
    printf("NAME\tGENDER\tAGE\tSALARY\n");
    printf("%s\t%c\t%d\t%.2f\n",name,gender,age,salary);
}
```

程序运行界面如图 13.28 所示。

思考：

① 此程序用字符数组存储字符串，用 scanf 获取姓名的程序代码如下。

```
scanf("%64s", name);
```

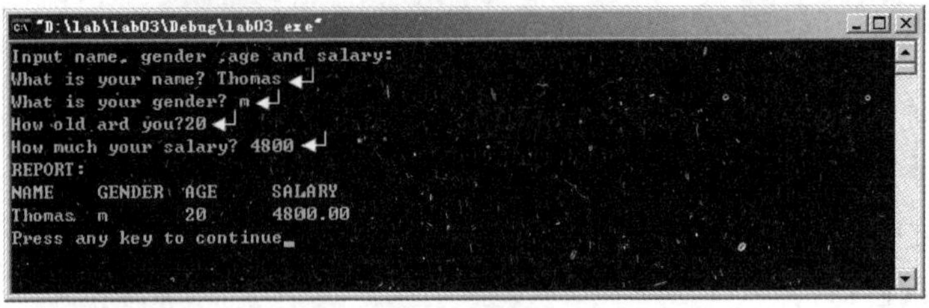

图 13.28　p3e.c 程序运行后的界面

第二个参数是数组名，表示数组的存储地址，前面不必加&符号。

② 由于在获取 gender 前有一个 scanf 输入，所以要在%c 前加一个空格，如图 13.29 所示。

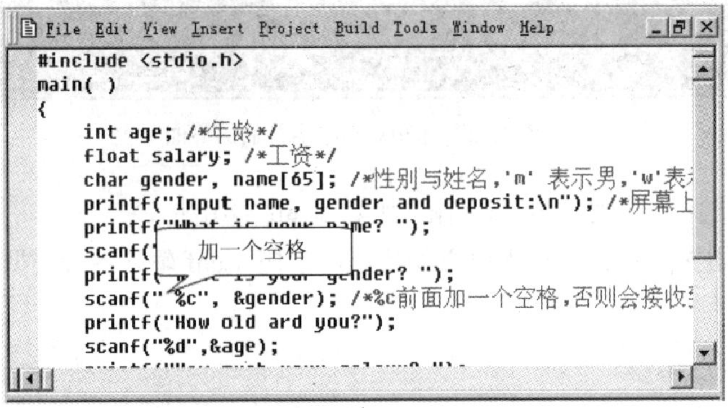

图 13.29　在%c 前加一个空格

由于输入缓冲区，%c 可以接收上一次输入的换行符(ASCII 值为 10)。

(2) 上机实践 scanf 的附加说明符(Prefixes)。

知识要点：

在 scanf()函数中，“%”和格式转换符之间还可以插入附加说明符，如下。

格式转换符前面加上字母 l 表示输入 long 型数据或 double 型数据，如%ld，%lf。

格式转换符前面加上字母 h，表示输入 short 型数据，如%hd。

格式转换符前面加上数字，用来指定输入数据所占宽度，系统自动截取所需数据。

“%”后面加“*”表示跳过本输入项。

① 新建源程序 p3f.c，并输入以下源代码，查看并分析输出结果。

```
#include <stdio.h>
main( )
{
    long int a;
    short int b;
    double c;
    int d;
    printf("a=?");
    scanf("%ld",&a); /*输入长整型数据*/
```

```
    printf("b=?");
    scanf("%hd",&b); /*输入短整型数据*/
    printf("c=?");
    scanf(" %lf",&c); /*输入 double 型数据*/
    printf("d=?");
    scanf("%2d",&d); /*输入时限定宽度*/
    printf("a=%ld,b=%hd,c=%f,d=%d\n",a,b,c,d); /*输出 double 型数据不用 l 修
饰*/
}
```

测试输入。

数据组一，如下。

a=?65536

b=?32767

c=?123.456789

d=?12345

数据组二，如下。

a=?65536

b=?56000 (注：超出 short int 的范围－32768～32767，看看输出结果是什么？)

c=?123.456789

d=?12345

② 新建源程序 p3g.c，并输入以下源代码，查看并分析输出结果。

```
#include <stdio.h>
main( )
{
    char name[31];
    int i1,i2,i3;
    scanf("%1d%*2d%3d%4d",&i1,&i2,&i3);
    scanf("%s",name);
    printf("i1\ti2\ti3\tname\n");
    printf("%d\t%d\t%d\t%s\n",i1,i2,i3,name);
}
```

输入以下数据。

```
1234567890↙
John Smith↙
```

查看输出结果并分析。

(3) 上机实践利用 scanf 函数实现多个数值的输入。

① 新建源程序 p3h.c，并输入以下源代码，输入测试数据并查看输出结果。

```
#include <stdio.h>
main( )
{
    int i1,i2,i3;
```

```
    printf("Input i1,i2 and i3:\n");
    scanf("%d%d%d",&i1,&i2,&i3);
    printf("i1\t\i2\t\i3\n");
    printf("%d\t%d\t%d\n",i1,i2,i3);
}
```

输入测试数据的方式如下。

方式 1：

10 按空格 20 按空格 30 回车

方式 2：

10 按 TAB20 按 TAB30 回车

方式 3：

10 回车

20 回车

30 回车

将程序中的代码行，

```
scanf("%d%d%d",&i1,&i2,&i3);
```

改为

```
scanf("%d,%d,%d",&i1,&i2,&i3);
```

重新编译运行，输入测试。

方式 1：

10 按空格 20 按空格 30 回车

方式 2：

10，20，30 回车

分析哪种方式正确？为什么？

② 新建源程序“p3i.c”，并输入以下源代码，输入测试数据并查看输出结果。

```
#include <stdio.h>
main( )
{
    char a, b;
    char c, d;
    printf("Enter four characters:");
    scanf("%c %c", &a, &b);
    scanf(" %c %c", &c, &d);
    printf("You entered %c and %c.\n", a, b);
    printf("You entered %c and %c.\n", c, d);
}
```

输入测试如下。

a 按空格 b 回车

c 按空格 d 回车

思考：

上述程序为了实现字符的间隔输入，需要在格式串中加空格，如图 13.30 所示。①②③处需要加空格。

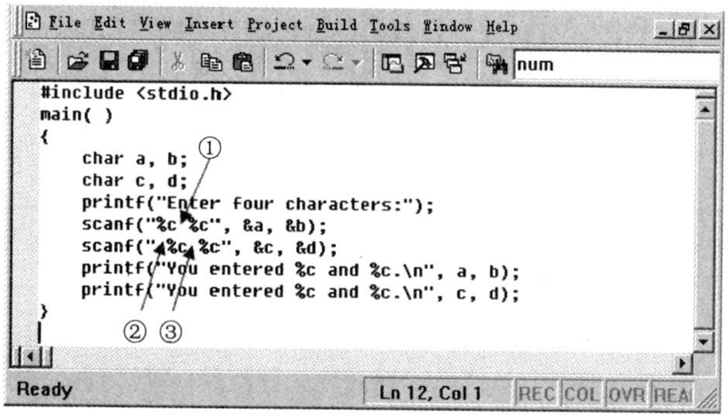

图 13.30　格式串中加空格

【分析与讨论】

1. getchar 函数能一次输入多个字符吗？putchar 一次能输出多个字符吗？
2. 在利用格式输出函数 printf 输出时，很多时候用到了“\t”，其所起的作用是什么？
3. scanf 在哪些情况下认为数据输入结束？

【实验小结】

1. C 语言提供了基本的标准输入/输出的函数：getchar，putchar，scanf 和 printf。getchar 与 putchar 主要用于单字符的输入与输出，而 scanf 用于格式输入，可以输入包括整型、浮点、字符及字符串等多种类型的数据，printf 用于格式输出，可以实现多种数据类型的输出。

2. 多加上机练习 printf 中的格式控制字符串，特别是格式转换码。能够按照程序功能的格式要求，编制合理的格式控制字符串，完成格式输出功能。

3. scanf 函数默认不能输入带空格的字符串(遇到空格符认为输出结束，字符串处理函数 gets 可以实现含空格的字符串的输入)。

4. scanf 函数中没有精度控制。

5. scanf 函数参数要求给出变量地址，只给出变量名则会出错。

6. 输出时，格式字符 f、e、E 对 double 型变量和 float 型变量通用，但在输入时 double 型变量所对应的格式字符前必须加长度修饰符 l。

7. 在输入多个数值数据时，若格式控制串中没有非格式字符作输入数据之间的间隔，则可用空格、TAB 或回车作间隔。输入时在碰到空格、TAB、回车或非法数据(如对%d 输入 12A 时，A 即为非法数据)时即认为该数据输入结束。

8. 关于 printf 和 scanf 两个函数的详细说明，可查阅 MSDN。

【实验报告】

1. 写出实验目的。
2. 写出实验的主要内容。
3. 在实验报告中写出输入/输出结果、实验数据。

4. 对于人工分析结果与计算机输出结果不一致的情况，要加以分析讨论。

5. 写出调试过程及实验心得。

实验四　选择结构程序设计

【实验目的】

1. 熟练掌握 if 结构、if…else 结构语句。

2. 掌握 switch 语句。

实验准备：

本次实验创建工程并命名为 lab04。

掌握在 VC 中的程序调试功能。以下面的源程序为演示程序。

```
#include <stdio.h>
main( )
{   int value1,value2,sum;
    printf("Input two numbers:\n");
    scanf("%d%d",&value1,&value2);
    sum=value1+value2;
    printf("%d+%d=%d\n",value1,value2,sum); }
```

1. 程序执行到中途暂停

方法一：使程序执行到光标所在的那一行暂停。

(1) 在需要暂停的行上单击，定位光标。

(2) 如图 13.31 所示，分别执行 Build | Start Debug | Run to Cursor 命令或按 Ctrl+F10 组合键，程序将执行到光标所在行暂停。如果把光标移动到后面的某个位置，再按 Ctrl+F10 组合键，程序将从当前的暂停点继续执行到新的光标位置，第二次暂停。

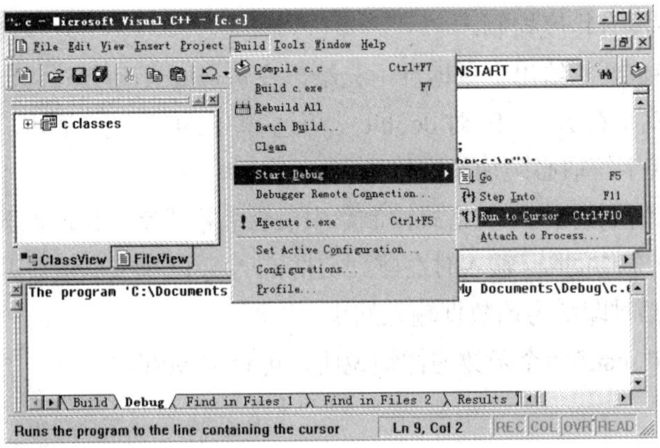

图 13.31　使程序执行到光标所在的那一行暂停

方法二：在需要暂停的行上设置断点。

(1) 在需要设置断点的行上单击，定位光标。

(2) 单击【编译微型条】中最右面的按钮，如图 13.32 所示，或按 F9 键设置断点。

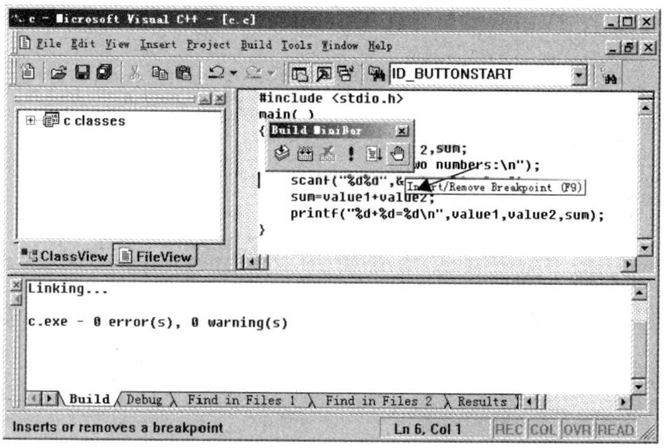

图 13.32　单击“编译微型条”中最右面的按钮

被设置了断点的行前面会有一个红色圆点标志。如图 13.33 所示，以后程序执行到断点处会暂停。

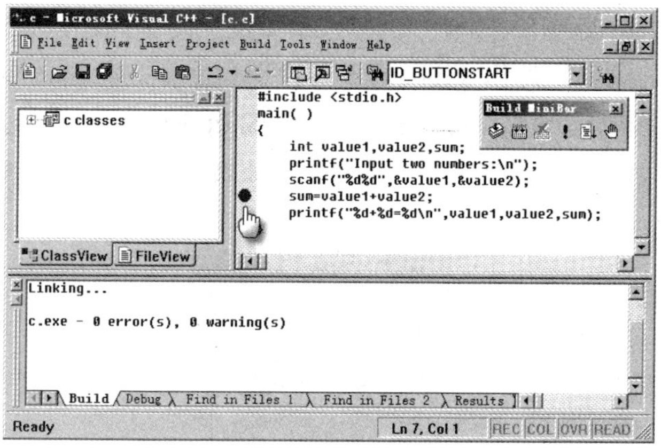

图 13.33　断点的行前面有一个红色圆点标志

不管是通过光标位置还是断点设置，其所在的程序行必须是程序执行的必经之路，即不应该是分支结构中的语句。因为该语句在程序执行中受到条件判断的限制，有可能因条件的不满足而不被执行，这时程序将一直执行到结束或下一个断点为止。

2. 设置需观察的结果变量

按照上面的操作，使程序执行到指定位置时暂停，目的是为了查看相关的中间结果。在图 13.34 中，左下角窗口中系统自动显示了有关变量的值，其中 value1 和 value2 的值分别是 30、20，而变量 sum 的值是不正确的，因为它还未被赋值。图中左侧的箭头表示当前程序暂停的位置。如果还想增加观察变量，可在图中右下角的 Name 框中填入相应变量名，此窗口为 Watch 窗口，打开 Watch 窗口可用 Alt+3 组合键。

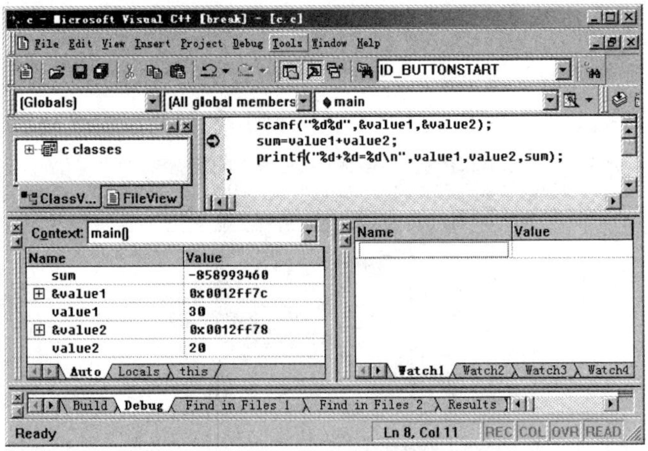

图 13.34　Watch 窗口

3. 单步执行

当程序执行到某个位置时发现结果已经不正确了，说明在此之前肯定有错误存在。如果能确定一小段程序可能有错，先按上面步骤暂停在该小段程序的头一行，再输入若干个查看变量，然后单步执行(即一次执行一行语句)，逐行检查下来，看看到底是哪一行造成结果出现错误，从而能确定错误的语句并予以纠正。单步执行按 Debug 栏中 Step Over 按钮或按 F10 键。如果遇到自定义函数调用，想进入函数进行单步执行，可按 Step Into 按钮或按 F11 键。当想结束函数的单步执行，可按 Step Out 按钮或按 Shift+F11 组合键。对不是函数调用的语句来说，F11 键与 F10 键作用相同，但一般对系统函数不要按 F11 键，Debug 栏如图 13.35 所示。

图 13.35　Debug 栏

4. 断点的使用

使用断点也可以使程序暂停，但一旦设置了断点，不管是否还需要调试程序，每次执行程序都会在断点上暂停，因此调试结束后应取消所定义的断点。先把光标定位在断点所在行，单击【编译微型条】中最右面的按钮或按 F9 键，该操作是一个开关，单击一次是设置，单击二次是取消设置。如果有多个断点想全部取消，可执行【Edit 编辑】|【BreakPoints 断点】命令，屏幕上会显示 Breakpoints 区域，如图 13.36 所示。窗口下方列出了所有断点，单击 Remove All 按钮，将取消所有断点。

断点通常用于调试较长的程序，可以避免使用 Run to Cursor(运行程序到光标处暂停)来把光标定位到不同的地方。而对于长度为上百行的程序，要寻找某位置并不太方便。如果一个程序设置了多个断点，按一次执行键 F5 会暂停在第一个断点，再按一次 F5 键会继续执行到第二个断点暂停，依次执行下去。要注意【编译微型条】中 Execute Program 按钮是执行程序，将忽略断点。而 Go 按钮会在断点处暂停，如图 13.37 所示。

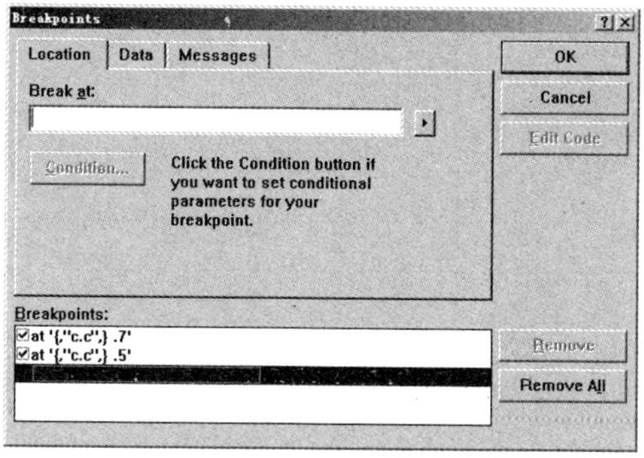

图 13.36　Breakpoints 窗口

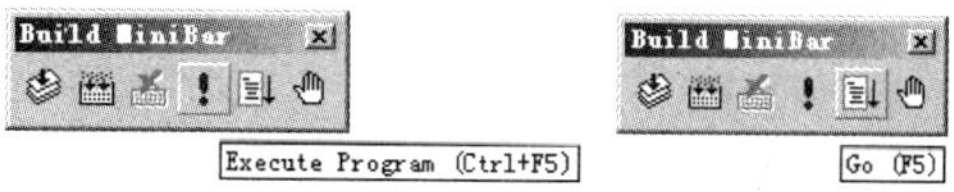

图 13.37　编译微型条

5. 停止调试

执行 Debug | Stop Debugging 命令，或按 Shift+F5 组合键可以结束调试，从而返回到正常的运行状态。

【实验内容】

新建工程并命名为 lab04。

1. 验证性实验。上机练习 if 与 if...else 语句。

(1) 编程，通过键盘输入一个正整数 n，如果 n 是偶数，就输出 n。源程序文件命名为 p4a.c。

程序：

____

____

____

____

参考程序：

```
#include <stdio.h>
main ( )
{
   unsigned int n;
   printf("n=?");
   scanf("%d",&n);
   if (n%2==0)
      printf("%d is an even!\n",n); /*even 是偶数的意思*/
}
```

填表并编程验证。如表 13.4 所示。

表 13.4　填表

	第一次	第二次
用户输入	10	11
输出结果		

(2) 编程，通过键盘输入一个正整数 n，判断 n 的奇偶性。源程序文件命名为 p4b.c。

程序：

____

____

____

____

参考程序：

```
#include <stdio.h>
main ( )
{
   unsigned int n;
   printf("n=?");
   scanf("%d",&n);
   if (n%2==0)
      printf("%d is  even!\n",n); /*even 是偶数的意思*/
   else
      printf("%d is  odd!\n",n); /*odd 是奇数的意思*/
}
```

填表并编程验证。如表 13.5 所示。

表 13.5　填表

	第一次	第二次
用户输入	10	11
输出结果		

(3) 编程，通过键盘输入 3 个整数，比较出 3 个数字中最大的数并显示出来。源程序文件命名为 p4c.c。

程序：

____

____

____

____

参考程序：

```
#include<stdio.h>
main( )
{
   int a,b,c,max;
   printf("Enter three values:\n");
   scanf("%d%d%d",&a,&b,&c);
   if (a>b)
      if(a>c)
         max=a;
```

```
        else
            max=c;
    else
        if(b>c)
            max=b;
        else
            max=c;
    printf("largest number is %d.\n",max);
}
```

填表并编程验证。如表 13.6 所示。

表 13.6　填表

	第一次	第二次
用户输入	15 30 25	30 20 10
输出结果		

(4) 设计性实验。编程，根据输入的得分，输出评定等级。如表 13.7 所示。源程序文件命名为 p4d.c。

表 13.7　得分对应的等级

得分	评定等级
90～100	A
80～90	B
70～80	C
60～70	D
0～59	E

程序：

____

____

____

____

参考程序 1：

```
#include <stdio.h>
main( )
{
    int x;
    printf("Enter your mark: ");
    scanf("%d", &x);
    if  (x < 0)
        printf("Input error!\n");
    else if (x < 60)
        printf("Your grade is E - FAIL.\n");
    else if(x < 70)
```

```
        printf("Your grade is D - PASS.\n");
    else if(x < 80)
        printf("Your grade is C - GOOD.\n");
    else if(x < 90)
        printf("Your grade is B - VERY GOOD.\n");
    else if(x <= 100)
        printf("Your grade is A - EXCELLENT.\n");
}
```

参考程序 2：

```
#include <stdio.h>
main( )
{
    int x;
    printf("Enter your mark: ");
    scanf("%d", &x);
    if(x < 90)
        if(x < 80)
            if(x < 70)
                if(x < 60)
                    printf("Grade E.\n");
                else
                    printf("Grade D.\n");
            else
                printf("Grade C.\n");
        else
            printf("Grade B.\n");
    else
        printf("Grade A.\n");
}
```

注意分析程序 1 与程序 2 的表现形式及程序流程，加以区别，灵活应用。输入各分数段的值，并查看输出结果。

2. 程序流程跟踪调试练习。新建源文件 p4e.c，输入以下源代码，该源代码实现下列功能。

$$y=\begin{cases}1 & x\geqslant 0\\ -1 & x<0\end{cases}$$

源代码：

```
#include <stdio.h>
main( )
{
int x,y;
printf("x=?");
scanf("%d",&x);
if (x>=0)
```

```
        y=1;
    else
        y=-1;
    printf("y=%d\n",y);
}
```

在 if (x>=0)语句处设置断点，如图 13.38 所示。

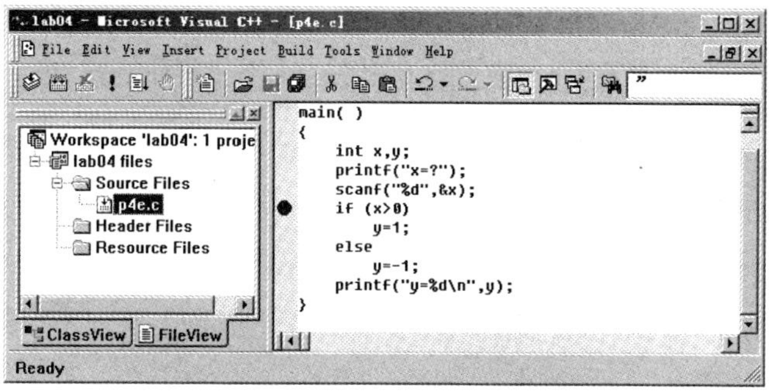

图 13.38　在 if (x>=0)语句处设置断点

按 F10 键进行单步执行，查看程序的执行流程。

输入以下数据并进行跟踪调试。如表 13.8 所示。

表 13.8　输入的数据

	第一次	第二次
用户输入	-20	0
Y 值		

3. 上机练习掌握 switch 语句。

(1) 设计性实验。设计并编写程序，实现两个实数的简单四则运算。源程序文件命名为 p4f.c。

题目分析：

本题练习的是用 switch 语句编写多重选择程序。简单的四则运算有加(+)、减(-)、乘(*)、除(/)，我们可以设一个字符型变量，通过比较这个变量，选择相应的运算。

程序：

____

____

____

____

参考程序：

```
#include <stdio.h>
main()
{
    double data1,data2;
    char op;
```

```
    printf("输入两个数: \n");
    scanf("%lf%lf",&data1,&data2);
    printf("输入运算符: \n");
    scanf(" %c",&op);  /* 注意在%c 前面加一个空格 */
    switch(op)
    {
        case '+':printf("%.2f %c %.2f=%.2f\n",data1,op,data2,data1+data2);
        break;
        case '-':printf("%.2f %c %.2f=%.2f\n",data1,op,data2,data1-data2);
        break;
        case '*':printf("%.2f %c %.2f=%.2f\n",data1,op,data2,data1*data2);
        break;
        case '/':printf("%.2f %c %.2f=%.2f\n",data1,op,data2,data1/data2);
        break;
        default:printf("输入有错!\n");
    }
}
```

运算结果:

输入两个数，如下。

```
99.99
88.88
```

输入运算符，如下。

```
+
99.99 + 88.88=188.87
Press any key to continue
```

多次运行该程序，输入加(+)、减(-)、乘(*)、除(/)四种符号，观察输出结果的不同。

(2) 根据输入的数据判断星期几，然后再显示它。源程序文件命名为 p4g.c。

输入源代码如下。

```
#include <stdio.h>
main( )
{
    int a;
    printf("input integer number:\n");
    scanf("%d",&a);
    switch(a)
    {
        case 1:printf("Monday\n");
        case 2:printf("Tuesday\n");
        case 3:printf("Wednesday\n");
        case 4:printf("Thursday\n");
        case 5:printf("Friday\n");
        case 6:printf("Saturday\n");
        case 7:printf("Sunday\n");
```

```
        default:printf("Error!\n");
    }
}
```

编译并运行该程序，输入数字，查看输出结果，分析结果是否正确，分析原因并改正程序。

(3) 新建 p4h.c，输入以下程序，并分析预测程序的运行结果，然后上机验证。

```
#include <stdio.h>
main()
{
    int n;
    printf("Input n:");
    scanf("%d", &n);
        switch(n)
    {
        case 1: printf("I am case 1.\n");
        default: printf("I am default.\n");
        case 2: printf("I am case 2.\n"); break;
        case 4: switch(n)
                {
                    case 4: printf("I am case 4\n"); break;
                    case 5: printf("I am case 5\n");
                }
        case 3: printf("I am case 3.\n");
    }
}
```

分析预测的运行结果，如表 13.9 所示。

表 13.9　预测的运行结果

运行次数	第一次	第二次	第三次	第四次
用户的输入	1	2	3	4
程序预期的输出				
程序实际的输出				

【分析与讨论】

1. if 条件成立时，表达式的值应当是多少？
2. 在 switch 语句中，default 和 break 起什么作用？
3. 将 if…else 选择结构转换成 switch 结构的方法和注意事项。

【实验小结】

1. 总结选择结构程序的调试跟踪技术。
2. 上机后总结 switch 语句中 break 语句的用法。

【实验报告】

1. 写出实验目的。
2. 写出实验的主要内容和主要步骤。

3. 在实验报告中写出实验输入/输出数据结果，并加以分析，说明为什么得出相应的结论。

4. 写出实验心得。

实验五　循环结构程序设计

【实验目的】

1. 熟练掌握 while 语句及其嵌套形式的使用。
2. 熟练掌握 do...while 语句及其嵌套形式的使用。
3. 熟练掌握 for 语句及其嵌套形式的使用。
4. 了解并掌握 continue 与 break 语句在循环结构中的作用。
5. 熟悉循环结构程序段中语句的执行过程。

【实验内容】

新建工程并命名为 lab05。

1. 演示性实验：利用 goto 语句认识循环结构程序的执行流程。设计完成计算 sum=1+2+…+10，输入以下源代码并存入文件 p5a.c。

```
#include<stdio.h>
main( )
{
   int n=1,sum=0;
loop:
   sum=sum+n;
   if (n= =10)
      goto print;
   else
   {
      n=n+1;
      goto loop;
   }
print:
   printf("sum=%d\n",sum);
}
```

利用前一章学习的单步执行技术，单击【调试条】中 Step Over 按钮或按 F10 键进行单步执行，查看并记录执行次数，及 n 与 sum 的值的变化情况(在 watch1 窗口中输入 sum 进行跟踪 sum 的值的变化，如图 13.39 所示)，并记录下来。填写表 13.10。

表 13.10　记录数据

循环次数	1	2	3	4	5	6	7	…
n 的值								
sum 的值								

2. 设计性实验：练习 while 语句。将 p5a.c 用 while 语句进行改写，完成同样的功能，存入 p5b.c(注：程序编完后对比参考程序)。

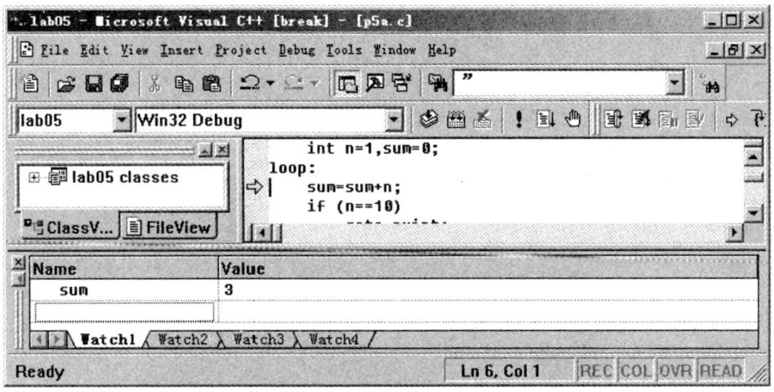

图 13.39　跟踪 sum 的值的变化

程序：

____

____

____

____

参考程序：

```
#include<stdio.h>
main( )
{
    int n=1,sum=0;
    while (n<=10)
    {
        sum=sum+n;
        n++;
    }

    printf("sum=%d\n",sum);
}
```

3. 设计性实验：练习 do...while 语句。将 p5a.c 用 do...while 语句进行改写，完成同样的功能，存入 p5c.c(注：程序编完后对比参考程序)。

程序：

____

____

____

____

参考程序：

```
#include<stdio.h>
main( )
```

```
{
    int n=1,sum=0;
    do
    {
        sum=sum+n;
        n++;
    }while (n<=10);

    printf("sum=%d\n",sum);
}
```

4. 设计性实验：练习 for 语句。将 p5a.c 用 for 语句进行改写，完成同样的功能，存入 p5d.c(注：程序编完后对比参考程序)。

程序：

____

____

____

____

参考程序：

```
#include<stdio.h>
main( )
{
    int n=1,sum=0;
    for (;n<=10;n++)
        sum+=n;
    printf("sum=%d\n",sum);
}
```

5. 认识伪代码并深刻认识 for 循环三个表达式的执行流程。用 for 语句求 1+2+3+4+⋯+99+100 的值并显示结果。

伪代码及流程图(图 13.40)如下，编写 C 代码并存入 p5e.c。

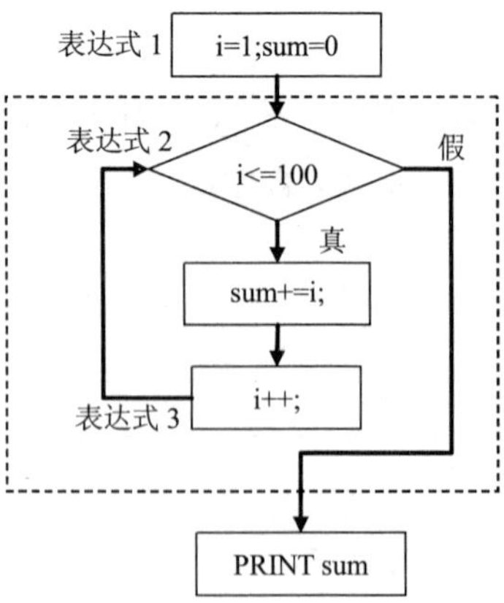

图 13.40　流程图

```
SET i to 1
SET sum to 0
FOR i=1 to 100
COMPUTE sum AS sum+i
END FOR
PRINT SUM
STOP.
```

程序：

____

____

____

____

参考程序：

```
#include<stdio.h>
main( )
{
    int i,sum;
    for (i=1,sum=0;i<=100;i++)
    {
        sum=sum+i;
    }
    printf("1+2+3+...+99+100=%d\n",sum);
}
```

6. 演示性实验。练习通过循环控制程序段多次运行，掌握 break 语句退出循环结构的方法。

以下是四则运算的代码，可以多次运行，每次运行都给出提示，用户可以选择是否继续，输入该段代码并存入 p5f.c。

```
#include <stdio.h>
main()
{
    double data1,data2;
    char op,choice;
    while (1)
    {
        printf("输入两个数：\n");
        scanf("%lf%lf",&data1,&data2);
        printf("输入运算符：\n");
        scanf(" %c",&op);  /* 注意在%c 前面加一个空格 */
        switch(op)
        {
            case '+':printf("%.2f %c %.2f=%.2f\n",data1,op,data2, data1+data2);
            break;
            case '-':printf("%.2f %c %.2f=%.2f\n",data1,op,data2, data1-data2);
            break;
```

```
            case '*':printf("%.2f %c %.2f=%.2f\n",data1,op,data2,
data1*data2);
            break;
            case '/':printf("%.2f %c %.2f=%.2f\n",data1,op,data2,
data1/data2);
            break;
            default:printf("输入有错!\n");
        }
        /*以下代码段请认真分析，完成用户确认的通用代码*/
        printf("是否继续(y/n)?");
        scanf(" %c",&choice); /* %c 前有一空格*/
        if (choice = = 'y' || choice = = 'Y')
            continue;
        else
            break;
    }
}
```

7. 编程：掌握 continue 的作用。编程把 100~200 之间被 3 整除的数输出，存入文件 p5g.c。

思路：

题目要求将被 3 整除的数输出，即 n%3==0 条件成立时，执行 printf 语句，其他整数可以用 continue 语句跳过 printf 语句。

程序：

____

____

____

____

参考程序：

```
#include<stdio.h>
main( )
{
    int i=99;
    while (i++)
    {
        if (i>200) break; /*break 此处完成什么功能？*/
        if (i%3!=0) continue; /*continue 此处的功能是什么？*/
        printf("%5d",i);
    }
}
```

8. 设计性实验，设计编写两重嵌套循环，输出乘法表，存入文件 p5h.c。

程序：

____

____

____

____

参考程序：

```
#include <stdio.h>
main()
{
    int i,j;
    for(i = 1; i <= 9; i++)
    {
        for(j = 1; j <= i; j++)
        {
            printf("%-2d*%2d=%2d ",i,j,i*j);
        }
        printf("\n");  /* 思考：此行语句的作用是什么？*/
    }
}
```

9. 编程，输入一行字符，分别统计出其中英文字母、空格、数字和其他字符的个数。源文件以 p5i.c 保存并编译运行。

程序：

____

____

____

____

参考程序：

```
#include <stdio.h>
main ( )
{
    char c;
    int letter=0,space=0,digit=0,other=0;
    printf("请输入一行字符：\n");
    while((c=getchar( ))!='\n')
    {
        if (c>='a' && c<='z' || c>='A' && c<='Z')
            letter++;
        else if (c==' ')
            space++;
        else if (c>='0' && c<='9')
            digit++;
        else
            other++;
```

```
    }
    printf("字母数=%d，空格数=%d，数字数=%d，其他字符数=%d\n",letter,
space,digit,other);
}
```

10. 编程，求序列2/1+3/2+5/3+8/5+...的前n项之和。文件以p5j.c保存并编译运行。

程序：

____

____

____

____

参考程序：

```
#include <stdio.h>
main()
{
    int i=1,n;
    double t,x=1,y=2,s,sum=0;
    printf("n=?");
    scanf("%ld",&n);
    while(i<=n)
    {
        s=y/x;
        sum=sum+s;
        t=y;
        y=y+x; /*将前一项分子与分母之和作为下一项的分子*/
        x=t; /*将前一项分子作为下一项的分母*/
        i++;
    }
    printf("%f\n",sum);
}
```

11. 编程，输入两个正整数m和n，求其最大公约数和最小公倍数。文件以p5k.c保存并编译运行。

程序：

____

____

____

____

参考程序(辗转相除法求最大公约数)：

```
#include <stdio.h>
main ( )
{
    int p,r,n,m,temp;
    printf("请输入两个正整数n,m: ");
```

```
    scanf("%d,%d",&n,&m);
    if (n<m)
    { temp=n;
      n=m;
      m=temp;              /*把大数放在 n 中，小数放在 m 中*/
    }
    p=n*m;             /*先将 m 和 n 的乘积保存在 p 中，以便求最小公倍数时用*/
    while (m!=0)           /*求 m 和 n 的最大公约数*/
    {
        r=n%m;
        n=m;
        m=r;
    }
    printf("它们的最大公约数为：%d\n",n);
    printf("它们的最小公倍数为：%d\n",p/n);     /*p 是原来两个整数的乘积*/
}
```

【分析与讨论】

1. while、do...while、for 三种循环语句有哪些应用上的区别？
2. 想想怎样实现让一段程序运行多次？
3. 中断循环除了应用 break 之外，有没有其他的方法？
4. 程序出现死循环怎么办？

【实验小结】

1. 通过上机总结 while 和 do...while 的区别。
2. 总结 break 语句和 continue 语句的区别与应用要点。

【实验报告】

1. 写出实验目的。
2. 写出实验的主要内容和主要步骤。
3. 在实验报告中写出实验输入/输出数据结果，并加以分析，说明为什么得出相应的结论。
4. 写出调试过程。
5. 写出实验心得。

实验六　数　　组

【实验目的】

1. 了解数组的特点，掌握一维数组的定义、初始化及其使用方法。
2. 掌握二维数组的定义、初始化及其使用方法。
3. 掌握字符数组与字符串的应用。
4. 掌握与数组有关的算法及应用。

【实验内容】

新建工程并命名为 lab06。

1. 演示性实验：认识数组的重要性。新建文件 p6a.c，输入以下代码，分析程序功能，然后用数组实现。

```
#include <stdio.h>
main()
{
    float score1, score2, score3, score4;
    printf("Enter four floats: \n");
    scanf("%f", &score1);
    scanf("%f", &score2);
    scanf("%f", &score3);
    scanf("%f", &score4);
    printf("The scores in reverse order are: \n"); /*逆序输出*/
    printf("%.2f\n", score4);
    printf("%.2f\n", score3);
    printf("%.2f\n", score2);
    printf("%.2f\n", score1);
}
```

上述程序用数组实现代码如下。

```
#include <stdio.h>
#define SIZE 4
main()
{
    float score[SIZE];
    int i;

    printf("Enter %d floats: ", SIZE);
    for(i = 0; i <= (SIZE - 1); i = i + 1)
    scanf("%f", &score[i]);
    printf("The scores in reverse order are: \n");
    for(i = SIZE - 1; i >= 0; i = i - 1)
    printf("%.2f\t", score[i]);
    printf("\n");
}
```

在如图 13.41 所示处设置断点，按 F5 键执行并输入 10、20、30、40，在 watch1 窗口中输入 score，观察 score 数组的 4 个元素的值。

2. 一维数组的定义、初始化、赋值及引用练习。

(1) 新建源文件 p6b.c，输入以下源代码。

```
#include <stdio.h>
main()
{   int i, x[6], y[6] = {3, 8, 2, 9, 4, 1};
    for(i = 0; i <= 5; i = i + 1)
```

```
        x[i] = y[i];
        for(i = 0; i <= 5; i = i + 1)
        printf("x[%d] = %d\t, y[%d]=%d\n", i, x[i], i, y[i]);
    }
```

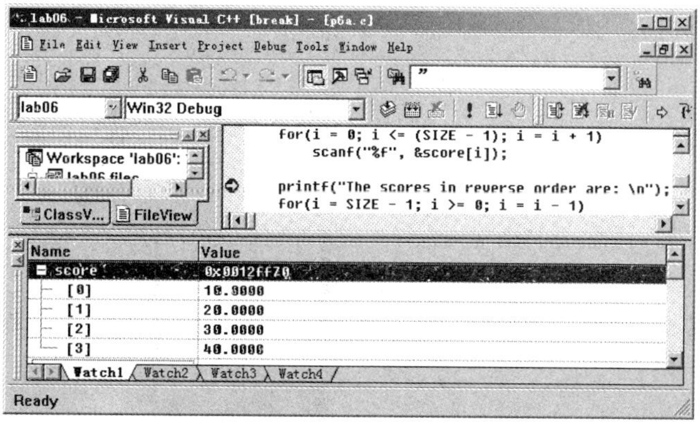

图 13.41　设置断点

按 F10 键单步执行，在 watch1 窗口中观察 x 数组元素值的变化情况，如图 13.42 所示。

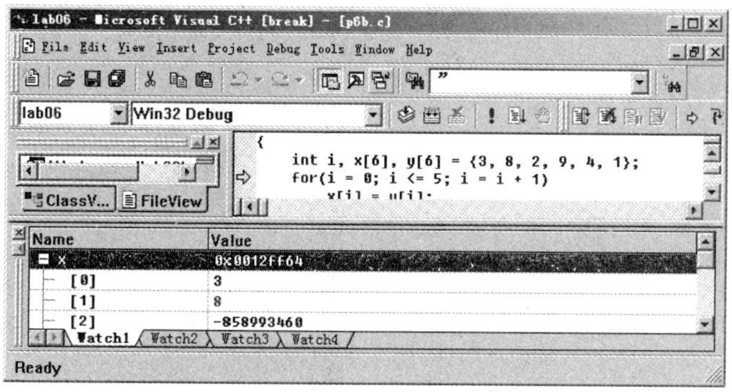

图 13.42　在 watch 窗口中观察 x 数组元素值的变化情况

(2) 设计性实验。编程练习，从键盘上输入 10 个数，求这 10 个数的和及平均值并输出，存入 p6c.c 文件。

程序：

参考程序：

```
#include <stdio.h>
main()
{
    float data[10]={0.0}, sum=0.0;
    int i;
    printf("Enter 10 floats:\n");
```

```
    for(i=0;i<=9;i++)
    {
       scanf("%f", &data[i]);
       sum = sum + data[i];
    }
    printf(" i = %d, sum = %.2f\n", i, sum);
    printf("The average is = %.2f\n", (sum/i));
}
```

(3) 演示性实验。单步执行，观看冒泡排序法的执行流程。新建 p6d.c 文件，录入冒泡排序程序，为简单起见，只对 5 个数排序。

源程序：

```
#include <stdio.h>
#define  N  5               /* 待排序元素个数 */
main ( )
{
   int a[N], i,j,temp;
   printf("Please input %d numbers:\n", N);
   for(i=0; i<N; i++)
      scanf("%d",&a[i]); /* 从键盘接收数组 a 的各元素的值 */
   for(i=0; i<N-1; i++)
      for(j=0; j<N-i-1; j++)
         if(a[j]>a[j+1])      /* 交换两个相邻元素 a[j]与 a[j+1]的值 */
         {
            temp=a[j];
            a[j]=a[j+1];
            a[j+1]=temp;
         }
   for(i=0; i<N; i++)          /* 输出排序后数组 a 的各元素 */
   printf("%d ",a[i]);
   printf("\n");
}
```

将断点设置于图 13.43 所示处，按 F5 键执行，输入 82、31、65、9、47。然后按 F10 键单步执行，在 watch 窗口中观测数组 a 的变化情况，如图 13.44 所示。

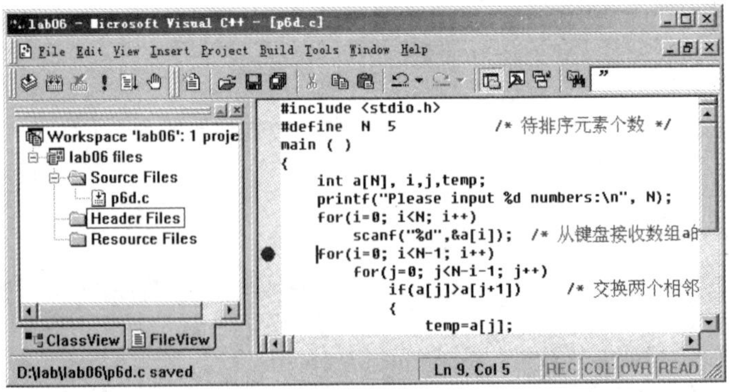

图 13.43　单步执行

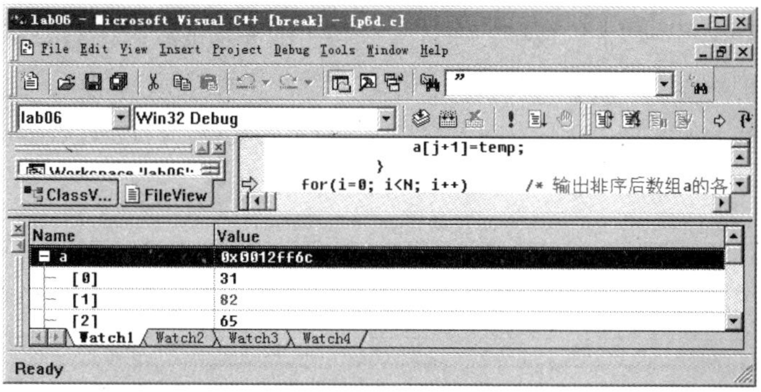

图 13.44　在 watch 窗口中观测数组 a 的变化情况

3. 二维数组的定义、初始化及其使用方法。

(1) 通过键盘对一个 3 行 4 列的二维数组输入整型数值，并按表格形式输出此数组的所有元素。新建 p6e.c 文件，将下面的程序补全并上机调试通过。

```
#include <stdio.h>
main( )
{
    int a[3][4];
    int i,j;
    for(i=0;i<3;i++)
        for(j=0;j<4;j++)

        for(i=0;i<3;i++)
    {
        for(j=0;j<4;j++)

        printf("\n");
    }
}
```

(2) 设计性实验。某小组有 5 名学生，考了 3 门课程，他们的学号及成绩如表 13.11 所示，要求编写程序求每个学生的平均成绩，文件以 p6f.c 存储。

表 13.11　学生成绩情况表

学　号	语　文	数　学	外　语	平　均　分
1001	90	80	85	
1002	70	75	80	
1003	65	70	75	
1004	85	50	60	
1005	80	90	70	

提示：

可定义一个 5 行 3 列的二维数组来存放 5 个学生的 3 门课的成绩，数组的每一行的 3 个元素存放一个学生 3 门课的成绩，5 个学生共 5 行。还可定义两个具有 5 个元素的一维数组分别存放 5 个学生的学号和平均成绩。统计某个学生的平均成绩时，只要将二维数组某一行的 3 个元素加起来除以 3，然后将其存入平均成绩数组的相应元素即可。类似这一类数据处理问题，让计算机用程序来处理的一般过程为：(1)输入数据；(2)处理数据；(3)输出数据。

程序：

____

____

____

____

(3) 设计性实验。编程完成以下程序功能，文件以 p6g.c 存储。

将一个二维数组的行和列元素互换，形成另一个二维数组，即数组的转置运算。

示例如下。

a　　数组　　　　b　数组

1　　2　3　4　　　　1　5　9

5　　6　7　8　　　　2　6　10

9　　10　11　12　　　　3　7　11

4　8　12

题目分析：

将 a 数组转换成 b 数组，只要将每个数组元素的两个下标交换即可，即 b[j][i]=a[i][j]。本程序的主要语句如下。

```
for (i=0;i<3;i++)
    for (j=0;j<4;j++)
        b[j][i]=a[i][j];
```

程序：

____

____

____

____

4. 字符数组与字符串。

下面程序的功能是将一个字符串 str 的内容颠倒过来，补全程序，以文件 p6h.c 存储并调试运行。

```
#include <string.h>
#include <stdio.h>
main( )
{
    unsigned int i, j;

    char str[ ]= "1234567" ;
    for(i=0, j=strlen(str)-1;________ ; i++, j--) /* 头尾交换，直到中间*/
        { k=str[i]; str[i] =str[j]; str[j]=k;}
```

```
    printf("%s",str);
}
```

5. 编程，求一个 3×3 矩阵对角线元素之和，以文件 p6i.c 存储并调试运行。

程序：

____

____

____

____

参考程序：

```
#include <stdio.h>
main()
{   int i=0,j=0,a[3][3],s1,s2;
for(i=0;i<3;i++)
    for(j=0;j<3;j++)
          scanf("%d",&a[i][j]);
    s1=a[0][0]+a[1][1]+a[2][2];
    s2=a[0][2]+a[1][1]+a[2][0];
    printf("s1=%d,s2=%d\n",s1,s2);
}
```

6. 编程，将两个字符串连接起来，不用 strcat 函数。以文件 p6j.c 存储并调试运行。

程序：

____

____

____

____

参考程序：

```
#include <stdio.h>
main()
{
    int i,j;
    char str1[100],str2[100],str3[201];
    gets(str1);
    gets(str2);
    for(i=0;str1[i]!='\0';i++)
        str3[i]=str1[i];
    for(j=0;str2[j]!='\0';j++)
        str3[j+i]=str2[j];
    str3[j+i]='\0';  /* 想想这条语句的作用是什么？ */
    printf("%s\n%s\n%s\n",str1,str2,str3);
}
```

【分析与讨论】

1. 定义数组时可以用变量确定数组元素的长度吗？

2. 初始化数组时所用初值个数少于数组元素的个数时，剩余的数组元素自动被赋值为多少？(测试 3 种类型的数组以体会不同的 0。)

3. 数组的元素类型可以不相同吗？

【实验小结】

1. 通过上机总结一维数组与二维数组的顺序存储特点。

2. 通过上机总结字符数组在字符串处理中的应用。

【实验报告】

1. 写出实验目的。

2. 写出实验的主要内容和主要步骤。

3. 在实验报告中写出实验输入/输出数据结果，并加以分析，说明为什么得出相应的结论。

4. 写出部分程序的调试过程。

5. 写出实验总结与心得。

实验七　函　　数

【实验目的】

1. 掌握函数的声明、定义、调用，以及函数值的返回。

2. 掌握递归函数的定义与调用。

3. 掌握变量的作用域与变量的存储类别。

【实验内容】

新建工程并命名为 lab07。

1. 函数的声明、定义、调用。

(1) 演示性实验。掌握函数的基本结构。新建文件 p7a.c，编写程序完成输入两个整数并输出两个整数的和，用函数完成求和操作。

```
#include <stdio.h>
int sum(int x,int y);
main()
{
    int a,b,c;
    scanf("%d%d",&a,&b);
    c=sum(a,b);
    printf("%d\n",c);
}
int sum(int x,int y)
{
```

```
    int z;
    z=x+y;
    return z;
}
```

跟踪调试，了解函数调用过程。

① 在 c=sum(a,b);语句上设置断点(光标移动该语句处，按 F9 键)。

② 按 F5 键运行程序，输入两个整数后按回车键。然后回到 VC 界面，按 F11 键进入 sum 函数体并多次按 F11 键，直到返回主函数(为什么不按 F10 键？)。

③ 在 printf("%d\n",c);语句处按 F10 键输出和(为什么不是按 F11 键，试一试，有何区别？)。

④ 按 Shift+F5 组合键结束调试。

与调试相关的操作菜单(Debug 菜单)详细说明如下。

启动调试器后才出现该 Debug 菜单(而不再出现 Build 菜单)。

- Go：快捷键 F5。从当前语句启动继续运行程序，直到遇到断点或遇到程序结束而停止(与 Build→Start Debug→Go 选项的功能相同)。
- Restar：快捷键 Ctrl+Shift+F5。重新从头开始对程序进行调试执行(当对程序做过某些修改后往往需要这样做)。选择该项后，系统将重新装载程序到内存，并放弃所有变量的当前值而重新开始。
- Stop Debugging：快捷键 Shift+F5。中断当前的调试过程并返回正常的编辑状态(注意，系统将自动关闭调试器，并重新使用 Build 菜单来取代 Debug 菜单)。
- Step Into：快捷键 F11。单步执行程序，并在遇到函数调用语句时，进入那一函数内部，并从头单步执行(与 Build→Start Debug→Step Into 选项的功能相同)。
- Step Over：快捷键 F10。单步执行程序，但当执行到函数调用语句时，不进入那一函数内部，而是一步直接执行完该函数后，接着再执行函数调用语句后面的语句。
- Step Out：快捷键 Shift+F11。与 Step Into 配合使用，当执行进入到函数内部，单步执行若干步之后，若发现不再需要进行单步调试的话，通过该选项可以从函数内部返回(到函数调用语句的下一语句处停止)。
- Run to Cursor：快捷键 Ctrl+F10。使程序运行到当前鼠标光标所在行时暂停其执行(注意，使用该选项前，要先将光标设置到某一个希望暂停的程序行处)。事实上，相当于设置了一个临时断点(与 Build→Start Debug→Run to Cursor 选项的功能相同)。
- Insert/Remove Breakpoint：快捷键 F9。

(2) 设计性实验。仿照上面的程序，编写程序计算 5！，计算阶乘用自定义函数。文件以文件 p7b.c 保存。

程序：

____

____

____

____

参考程序：

```
#include <stdio.h>
int fac( int num);          /* 对函数 fac 的声明语句 */
main( )
{
    int t;
    t=fac(5);          /* 对 fac 函数的调用，5 是实参,将返回值赋值给 t */
    printf("5!=%d\n",t);
}
int fac( int num)     /* 定义 fac 函数，num 是形参 */
{
    int i,t;
    for(i=1,t=1;i<=num;i++)
    t=t*i;
    return t;          /*  函数的返回值   */
}
```

(3) 设计性实验。进阶练习，修改下面的程序，阶乘用函数实现，存入 p7c.c 并调试运行。

```
#include <stdio.h>
main( )
{
    int n, fac=1;
    printf("请输入一个正整数!\n");
    scanf("%d", &n);
    if(n < 0)
    {
        printf("输入错误!(%d)\n", n);
        return;
    }
    while(n > 0)
    {
        fac *= n;
        --n;
    }
    printf("它的阶乘为%d!\n", fac);
}
```

修改后的程序：

____

____

____

____

(4) 设计性实验。进阶练习，编写程序 p7d.c，计算 1！ +2！ +3！+⋯ +N！，要求用函数实现计算阶乘。

(5) 验证性实验。掌握 C 语言参数传递中的值的传递过程。

分析下面的程序和 swap 函数。

```
#include <stdio.h>
void main( )
{   int m = 3, n = 5;
    int temp;
    printf("交换前:m = %d, n = %d\n", m, n);
    temp = m;
    m = n;
    n = temp;
    printf("交换后:m = %d, n = %d\n", m, n);
}
void swap(int x, int y)
{   int temp;
    temp = x;
    x = y;
    y = temp;
}
```

思考：

程序中画线部分的语句可以用函数调用语句 swap(m, n);替换吗？以 p7e.c 保存文件并上机验证。

2. 递归函数的定义与调用。

(1) 演示性实验，跟踪查看递归函数的执行过程。新建 p7f.c 并输入以下代码。

```
#include <stdio.h>
long int fac(int n);
void main()
{   int n=5;
    long int fa;
    fa=fac(n);
    printf("%d!=%ld\n",n,fa);
}
long fac(int n)
{   long int q;
    if (n==0|| n==1)
        q=1;
    else
        q=n*fac(n-1);
    return q;
}
```

为了清楚查看递归程序的执行，在调试模式下可以在堆栈窗口(Call Stack)中观察函数调用的嵌套情况，其打开方法如图 13.45 所示。

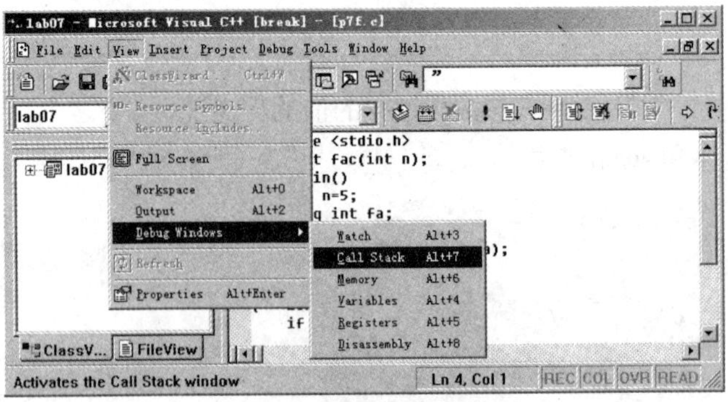

图 13.45　调试窗口

下面将几个常用的窗口介绍一下。

① 在变量窗口(Varibles)中观察程序中变量的当前值。

② 在监控窗口(Watch)中观察指定变量或表达式的值。当变量较多时，使用 Varibles 窗口可能不太方便，使用 Watch 窗口则可以有目的、有计划地观察关键变量的变化。

③ 在内存窗口(Memory)中观察内存中数据的变化在该窗口中能直接查询和修改任意地址的数据。

④ 在调用堆栈窗口(Call Stack)中观察函数调用的嵌套情况。此窗口在函数调用关系比较复杂或递归调用的情况下，对分析故障很有帮助。

按 F10 键进入调试模式，打开 Call Stack 窗口，然后按 F11 键进入 fac 函数，对照 Call Stack 窗口查看递归的调用情况，如图 13.46 所示。

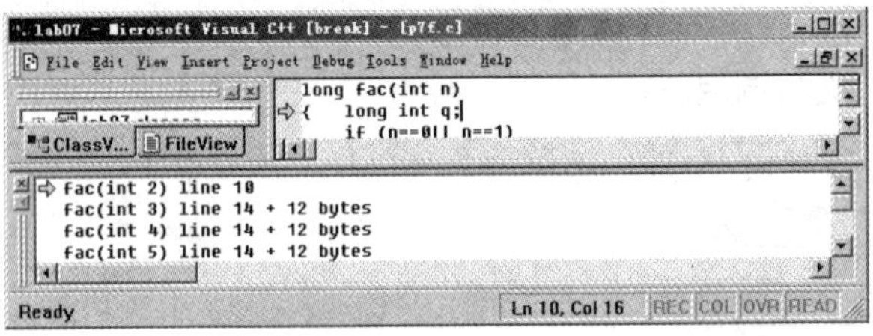

图 13.46　Call Stack 窗口

(2) 进阶练习，编写程序并以 p7g.c 保存。定义一个函数用递归算法求斐波那契数 n。

$$F_n=\begin{cases}1 & n=1\\ 1 & n=2\\ F_{n-2}+F_{n-1} & n>=3\end{cases}$$

程序：

____

____

____

____

分析：

① 设函数的首部为 unsigned int fibo(int n)，分析 fibo(5)的执行过程。

② 在求 fibo(5)过程中 fibo 函数被调用执行了多少次？如何修改 fibo 函数以统计它调用执行的次数？

(3) 选做实验。实现由键盘输入一个正整数(不大于 100000000)，输出其对应的二进制数(原码表示)。源程序文件名自拟。

程序：

____

____

____

____

参考程序：

```
#include <stdio.h>
void fun( int i )
{
   if (i>1)
   fun(i/2) ;
   printf("%d", i%2);
}
main()
{
   int n;
   scanf("%d", &n);
   fun(n) ;
}
```

3. 变量的作用域。

(1) 验证性实验，查看全局变量与局部变量的区别。新建文件 p7h.c 录入以下程序并上机验证输出结果。

```
#include<stdio.h>
float add, mult; /*  全局变量  */
void fun(float x,float y)
{
   float add,mult; /*  局部变量 */
   add=x+y;
   mult=x*y;
}
int main( )
{
   float a,b;
   scanf("%f%f",&a,&b);
   fun(a,b);
   printf("%.2f %.2f\n",add,mult);
   return 0;
}
```

分析说明：

在函数内部或块内部声明的变量称为局部变量，它具有块作用域，即从它声明的那一点开始到这个声明所在的块或函数结束为止。在一个程序文件中，在所有函数外部定义的变量称为全局变量，它有时也被称为全程变量、公用变量。全局变量的作用域是文件作用域，即从定义变量的位置开始到本程序文件结束。

(2) 验证性实验，分析下列程序的输出结果，并上机进行验证，文件名为 p7i.c。

```
#include <stdio.h>
main( )
{
    int i=1,j=3;
    printf("%d,",i++);
    {
        int i=0;
        i+=j*2;
        printf("%d,%d,",i,j);
    }
    printf("%d,%d\n",i,j);
}
```

4. 变量的存储类别。

(1) 演示性实验，查看静态局部变量值的变化情况。新建文件 p7j.c，输入以下程序，利用 Watch 窗口跟踪 x 值的变化。

```
#include<stdio.h>
int fun()
{
        static int x=1;
        x+=1;
        return x;
}
int main( )
{
        int i,s=1;
        for (i=1;i<=5;i++)
        s=s+fun();
        printf("%d\n",s);
        return 0;
}
```

(2) 下面是计算 s=1!+2!+3!+…+n!的源程序，在这个源程序中存在若干逻辑错误。要求在计算机上对这个例子程序进行调试修改，使之能够正确完成指定任务，文件名为 p7k.c。

```
#include <stdio.h>
main( )
{
    int k;
    for(k=1;k<6;k++)
```

```
        printf("k=%d\tthe sum is %ld\n",k,sum_fac(k));
}
long sum_fac(int n)
{
    long s=0;                    /*错误处①*/
    int i;
    long fac;                    /*错误处②*/
    for(i=1;i<=n;i++)
        fac*=i;
    s+=fac;
    return s;
}
```

修改：①________________ ②________________

5. 综合性实验(选做)。

实验目的：

通过稍大一点程序的开发来培养编程能力。

实验步骤：

开发一个帮助小学生进行简单计算题练习的辅助教学系统。

练习过程：

(1) 让用户选择难度，(得数在)10 以内、20 以内、100 以内还是 1000 以内。

(2) 让用户选择练习的类型，加法、减法、乘法、除法还是四则混合运算。

(3) 根据选择、显示相关练习题，如 3+2＝？(注意：仅用整数)。

当用户输入答案后，如果答案正确，则显示下一道题；否则重做此题，直到答案正确为止。

要求：

(1) 用户在答题过程中可通过输入 H(或 h)寻求帮助，输入 E(或 e)退出练习。

(2) 为避免用户的厌倦情绪，应对用户的回答给出适当的响应，如“好极了”、“真棒”、“别灰心”、“加油”等，但要注意频率。

(3) 统计用户一段时间的表现，并据此来提示用户调整学习内容或方式，如降低难度、寻求别人帮助等。

程序：

____

____

____

【分析与讨论】

1. 使用函数有哪些优点？

2. 你认为递归函数的主要难点在哪里？

【实验小结】

1. 通过上机体验 C 语言通过函数实现模块化程序设计。
2. 总结递归函数调用跟踪调试的方法。

【实验报告】

1. 写出实验目的。
2. 写出实验的主要内容和主要步骤。
3. 在实验报告中写出实验输入/输出数据结果，并加以分析，说明为什么得出相应的结论。
4. 写出实验心得。

实验八　指　　针

【实验目的】

1. 通过实验掌握指针的概念，掌握定义和使用指针变量。
2. 能正确使用数组的指针和指向数组的指针变量。
3. 掌握指针在字符串处理中的应用。
4. 能正确使用指向函数的指针变量。

【实验内容】

新建工程并命名为 lab08。

1. 练习指针变量的定义和使用

(1) 演示性实验。新建源文件 p8a.c，输入以下源代码，编译并运行。

```
#include <stdio.h>
int main(void)
{
    int x=10;
    printf("%c is stored at addr %p.\n",'x',&x); /* 输出地址时转换码用 p */
    return 0;
}
```

查看程序的输出结果，本程序输出的是变量 x 在内存的地址(指针)。编程者可以通过 Memory 窗口查看变量的地址(指针)及变量的值，具体操作为：进入单步调试跟踪模式，当执行“printf("%c is stored at addr %p.\n",'x',&x);”时，打开 Watch 窗口和 Memory 窗口，首先在 Watch 窗口中输入&x，查看变量 x 的地址，然后在 Memory 窗口的 Address 文本框中输入显示的地址，就可以查看到变量 x 的值(其中的 0A 是十六进制，十进制数为 10)，如图 13.47 所示。

(2) 指针变量的定义与使用。新建源文件 p8b.c，将下面的程序补充完整后调试运行。

```
#include <stdio.h>
main(void)
{   int a;
```

```
    int *pa;
    ______________ /*把变量 a 的地址赋给指针变量 pa*/
    scanf("%d",pa);
    printf("%d\n", *pa);
}
```

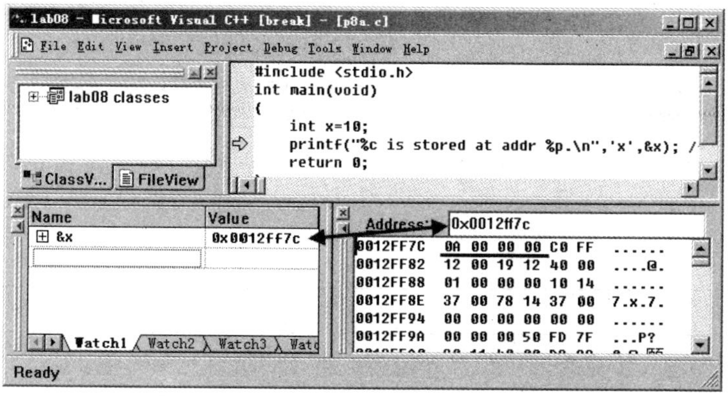

图 13.47　变量的地址及值

(3) 下面的代码完成交换两个变量的值，对其进行改写，定义两个指针，分别指向变量 a、b、然后用指针完成交换，存入 p8c.c 并调试运行。

```
#include <stdio.h>
main(void)
{   int a,b,temp;
    scanf("%d%d",&a,&b);
    temp=a;
    a=b;
    b=temp;
    printf("%d,%d",a,b);
}
```

改写代码：

____

____

2. 指针与数组

(1) 指向一维数组元素的指针。新建源文件 p8d.c 并输入以下源代码。

```
#include <stdio.h>
int main(void)
{   int a[]={10,20,30,40,50};
    int *p=a;   }
```

调试分析(见图 13.48)：

① a 的值，p 的值，a+1 的值，p+1 的值，*(a+2)的值，*(p+2)的值。

② 表示 a 数组第 5 个元素 50 的表示方法有哪些？

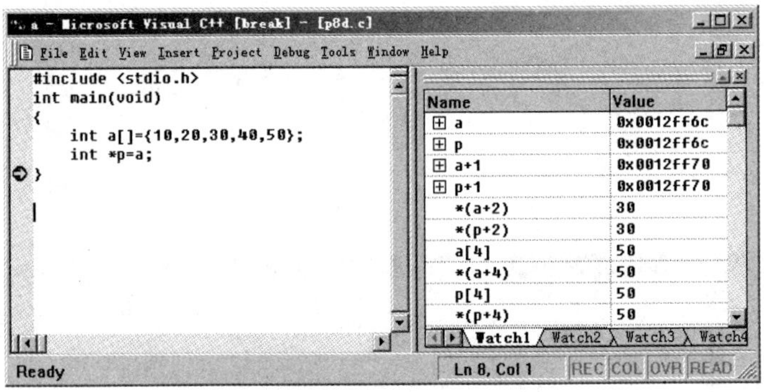

图 13.48　指向一维数组元素的指针

程序如下：

① ______________________________

② ______________________________

③ 将此程序进一步完善，用指针 p 遍历数组 a 的所有元素并输出。

程序：

____

____

____

____

参考程序：

```
#include <stdio.h>
int main(void)
{
    int i;
    int a[]={10,20,30,40,50};
    int *p=a;
    for (i=0;i<5;i++,p++)
        printf("%d\n",*p);
}
```

(2) 二级指针的使用。新建源文件 p8e.c，输入以下代码，调试运行并分析结果。

```
#include <stdio.h>
void main(void)
{
    int a,*p,**q;
    printf("a=?\n");
    scanf("%d",&a);
    p=&a;
    q=&p;
    printf("&q=\t%p\n",&q);
    printf("q=\t%p\n",q);
    printf("&p=\t%p\n",&p);
    printf("*q=\t%p\n",*q);
```

```
    printf("p=\t%p\n",p);
    printf("&a=\t%p\n",&a);
    printf("**q=\t%d\n",**q);
    printf("*p=\t%d\n",*p);
    printf("a=\t%d\n",a);
}
```

运行时，输入 10，查看运行结果并填入表 13.12。

表 13.12　运行结果

&q=	
q=	
&p=	
*q=	
p=	
&a=	
**q=	
*p=	
a=	

(3) 练习指针数组的使用。下面程序的功能是输入 5 个数，并输出 5 个数中的最大值。补全程序并以文件 p8f.c 存储，上机调试并运行，要求使用指针完成输入与比较操作。

```
#include <stdio.h>
int main(void)
{
    int a,b,c,d,e;
    int i,max;
    int *p[5]={&a,&b,&c,&d,&e};






    return 0;
}
```

参考程序：

```
#include <stdio.h>
int main(void)
{
    int a,b,c,d,e;
    int i,max;
    int *p[5]={&a,&b,&c,&d,&e};
    printf("Please input five numbers:");
    for (i=0;i<=4;i++)
```

```
        scanf("%d",p[i]);
    for(i=1,max=*p[0];i<=4;i++)
        if (max<**(p+i)) max=**(p+i);
    printf("max is %d ",max);
    return 0;
}
```

(4) 指针与二维数组，区分行列指针。新建 p8g.c 并输入以下源代码，上机调试运行。

```
#include <stdio.h>
int main(void)
{
    int a[3][4]={{1,3,5,7},{9,11,13,15},{17,19,21,23}};
    printf("%d\n",a);
    printf("%d,%d\n",a[0],a[1]);
    printf("%d,%d\n",a,a+1);
    printf("%d,%d,%d\n",a+1,*(a+1),a[1]);
    printf("%d,%d\n",*(a+1)+2,a[1]+2);
    printf("%d,%d,%d\n",a[1][2],*(a[1]+2),*(*(a+1)+2));
    return 0;
}
```

分析上述程序并根据运行结果填空。

行指针有：____________________。

列指针有：____________________。

不是地址(指针)的有：__________________________。

(5) 指针与二维数组。新建 p8h.c 并输入以下源代码，补全程序上机调试运行。程序的功能为：用指向二维数组元素的指针变量 p 输出二维数组的所有元素。

```
#include <stdio.h>
int main(void)
{
    int num[3][4]={1,2,3,4,5,6,7,8,9,10,11,12};
    int *p=  ?
    int i,j;
    for(i=0;i<3;i++)
    {
        for(j=0;j<4;          ?          )
            printf("%4d",*p);
        printf("\n");
    }
    return 0;
}
```

(6) 指针与二维数组。练习指向一维数组的指针变量的应用，将上面(5)中的程序用指向一维数组的指针变量进行改写，以 p8i.c 存储并运行通过。

参考程序：

```
#include <stdio.h>
int main(void)
{
    int num[3][4]={1,2,3,4,5,6,7,8,9,10,11,12};
    int (*p)[4]; /* 注意括号不能省略，4 与上面列的数值 4 相同  */
    int i,j;
    p=num;     /* 注意 p=num */
    for(i=0;i<3;i++)
    {
        for(j=0;j<4;j++)
            printf("%4d",*(*(p+i)+j));
        printf("\n");
    }
    return 0;
}
```

特别要注意画线部分语句的用法。

3. 指针与字符串

(1) 设计性实验。设计一个程序，用于统计输入字符串中的字符个数并输出，要求用指针完成，以 p8j.c 存储。

程序：

____

____

____

____

参考程序：

```
#include<stdio.h>
main()
{
    int len=0;
    char str[81];
    char *p=str;
    printf("please input a string:\n");
    scanf("%s",str);
    while(*p!='\0')
    {
        len++;
        p++;
    }
    printf("the string has %d characters.",len);
}
```

思考：

如果只统计数字的个数，应该怎样修改程序？

(2) 程序修改。下面程序实现输入 3 个字符串并输出的功能，以 p8k.c 为文件名保存，上机调试编译，使程序编译时不出现警告错误。

```
#include <stdio.h>
#include <string.h>
main()
{
    char str[3][81],*p,*q;
    p=q=str;
    for(;p<q+3;p++)
    gets(p);
    p=q;
    for(;p<q+3;p++)
    puts(p);
}
```

参考程序：

```
#include <stdio.h>
#include <string.h>
main()
{
    char str[3][81],(*p)[81],(*q)[81];
    p=q=str;
    for(;p<q+3;p++)
    gets(*p);
    p=q;
    for(;p<q+3;p++)
    puts(*p);
}
```

4. 指针与函数

(1) 新建文件 p8l.c，输入以下程序。该程序是引用传递程序示例，输入两个整数，然后进行值交换并输出。

```
#include <stdio.h>
void swap(int *p1,int *p2);
int main( )
{
    int a,b;
    printf("请输入两个数：\n");
    scanf("%d%d",&a,&b);
    printf("输入的这两个数是:\t%d 和%d\n",a,b);
    swap(&a,&b);
    printf("交换后，这两个数是:\t%d 和%d\n",a,b);
    return 0;
}
void swap(int *p1,int *p2)
```

```
{
    int temp;
    temp=*p1;
    *p1=*p2;
    *p2=temp;
}
```

上机时要求单步调试跟踪程序的执行过程，按 F11 键进入 swap 函数。运行过程中重点观察&a、&b、p1、p2 及 a、b 的值的变化情况。

(2) 指出下列程序的错误(逻辑错误)，并进行修正，以 p8m.c 为文件名保存。

```
#include<stdio.h>
main( )
{
    int i = 35, *z ;
    z = function ( &i ) ;
    printf ( "\n%d", z ) ;
}
function ( int *m )
{
    return ( m + 2 ) ;
}
```

(3) 以下是 p8n.c 文件的内容，fun 函数的功能是比较两个字符串，并将长的字符串输出。在“/***found****/”的下一条语句有错误，进行改正后，使程序能正常运行，得出正确的结果。不要增加或删除程序行，不要改动 main 主函数。

```
#include <stdio.h>
/**********found**********/
char fun(char *s,  char *t)
{
    int  sl=0,tl=0;
    char  *ss, *tt;
    ss=s;
    tt=t;
    while(*ss)
    {
       sl++;
    /**********found**********/
       (*ss)++;
    }
    while (*tt)
    {
       tl++;
    /**********found**********/
       (*tt)++;
    }
    if (tl>sl)  return  t;
```

```
    else     return  s;
}
main()
{
    char  a[80],b[80];
    printf("\nEnter a string :  "); gets(a);
    printf("\nEnter a string again :  "); gets(b);
    printf("\nThe longer is :\n\n\"%s\"\n",fun(a,b));
}
```

特别要注意画线的语句，fun(a,b)中的 a,b 是数组名，此程序是数组名作函数的实参。

【选做实验】

1. 上机练习函数指针变量的定义及使用，可以上机输入以下源程序进行分析。以程序完成两个数的最大值计算，用指针形式实现对函数的调用。

```
#include <stdio.h>
int max(int a,int b)
{
    if(a>b) return a;
    else return b;
}
    int main( )
    {
    int(*pmax)( );     /* 函数指针的定义 */
    int x,y,z;
    pmax=max;      /* 函数指针的赋值 */
    printf("input two numbers:\n");
    scanf("%d%d",&x,&y);
    z=(*pmax)(x,y);    /*用指针形式实现对函数的调用，也可以写成 z=pmax(x,y);*/
    printf("maxmum=%d",z);
    return 0;
}
```

2. 上机练习实现接收命令行参数。新建源文件输入以下代码并运行，查看运行结果。

```
#include <stdio.h>
int main(int argc,char *argv[])
{
    while(argc-->1)
    printf("%s\n",*++argv);
    return 0;
}
```

程序运行时加命令行参数 source target 并实现调试，具体方法如下。

(1) 选择菜单 Project|Settings 项。

(2) 在 Project Settings 窗口中选择 Debug 选项卡。

(3) 在 Program arguments 中输入 source target。

(4) 在 Watch 窗口中观察 argc 和 argv[0]、argv[1]、argv[2]的值。

观察的结果：

____

____

____

3. 编程题。从字符串中删除指定的字符。同一字母的大、小写按不同字符处理。如果输入的字符在字符串中不存在，则字符串照原样输出。

程序设计的思路：

____

____

____

____

程序源代码：

____

____

____

____

参考程序：

```
# include <stdio.h>
# include <conio.h>
void fun(char s[],int a)
{
    int i=0;
    char*p;
    p=s;
    while  (*p)          /*循环判断每一个字符*/
    {
        if(*p!=a)        /*如果不等于指定字符*/
        {
            s[i]=*p;     /*将原值不动赋值给 s*/
            i++;
        }
        p++;
    }
    s[i]='\0';
}
void main( )
{
  char str[81];
  char ch;
  printf("输入一组字符:");
  scanf("%s",str);
  printf("输入要删除的字符:");
  scanf(" %c",&ch);        /*在%c 前有一个空格*/
```

```
    fun(str,ch);
    printf("str[]=%s\n",str);
}
```

【分析与讨论】

1. 讨论指针有哪些优点？
2. 怎样通过调试跟踪去查看变量的地址？
3. 将指针作为函数参数会带来哪些问题？
4. 指针哪些知识点最难？与同学互相讨论。

【实验小结】

C语言中的精华是指针，这也是C语言中唯一的难点。要多利用调试跟踪技术，通过Memory窗口查看变量的地址和值，多思考、多比较、多上机练习，在实践中掌握指针。

【实验报告】

1. 写出实验目的。
2. 写出实验的主要内容和主要步骤。
3. 在实验报告中写出实验输入/输出数据结果，并加以分析，说明为什么得出相应的结论。
4. 写出调试过程。
5. 写出实验心得。

实验九　编译预处理

【实验目的】

1. 掌握宏的使用方法。
2. 掌握文件包含的作用与使用方法。
3. 掌握条件编译的用法。

【实验内容】

新建工程并命名为 lab09。

1. 掌握宏及其用法

(1) 演示性实验。新建源文件 p9a.c，结合下面程序中宏的用法查看宏的作用。

```
#include <stdio.h>
#define M 3
#define N 2
void main()
{   int a[M][N];
    int i, j;
    for(i=0; i<M; ++i)
       for(j=0; j<N; ++j)
```

```
            scanf("%d", &a[i][j]);
    for(i=0; i<M; ++i)
    {
        for(j=0; j<N; ++j)
            printf(" %d ", a[i][j]);
    printf("\n");
    }
}
```

思考：

如果要将数组 a 变为 4 行 5 列，应该怎样做？

(2) 程序改错，新建 p9b.c，输入以下源程序，上机运行，分析产生问题的原因并改错。

```
#include <stdio.h>
#define  SUB(a,b)  a*b
main()
{
    printf("%d\n",SUB(20,10));
    printf("%d\n",SUB(10+10,5+5));
}
```

程序运行结果：

产生问题的原因及改正方法。

2. 文件包含

(1) 理解 include 命令中“<>”的作用。新建 p9c.c，并输入以下代码。

```
#include <stdio.h>
main()
{   printf("默认头文件的位置\n");  }
```

执行 Tools | Options 命令，弹出如图 13.49 所示的对话框，继续选择目录选项卡(Directories)。

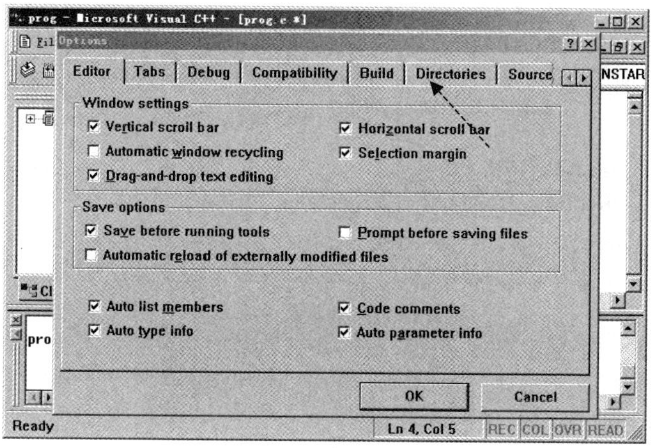

图 13.49　Options 对话框

如图 13.50 所示，选择 Include files 选项，将 C:\Program Files\Microsoft Visual Studio\VC98\INCLUDE 进行修改(有的计算机上可能与本路径不一样，只需要修改成与原来不一样即可，只要简单换一下盘符即可，后期还要修改回来)，这里将其修改为 D 盘。

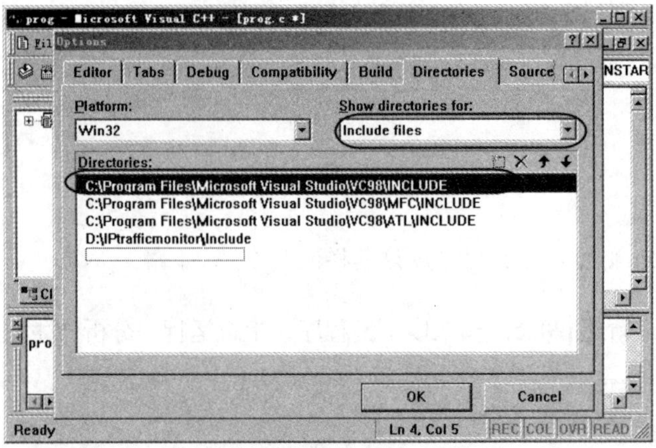

图 13.50　默认 Include 目录

在改完 D 盘后，会出现警告信息，如图 13.51 所示，只需单击【是】按钮即可。

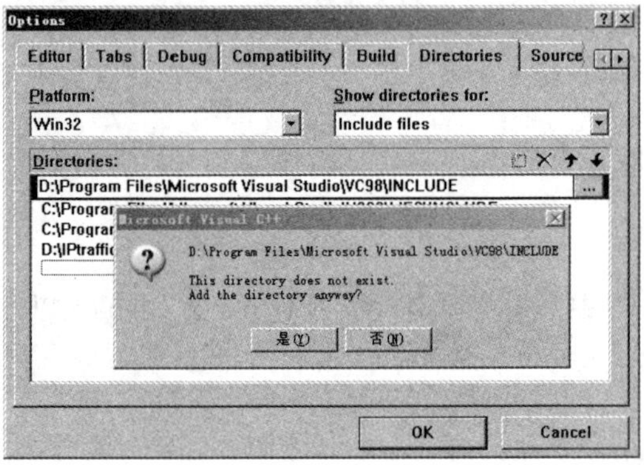

图 13.51　警告信息窗口

当编译 p9c.c 时，会出现错误，如图 13.52 所示。

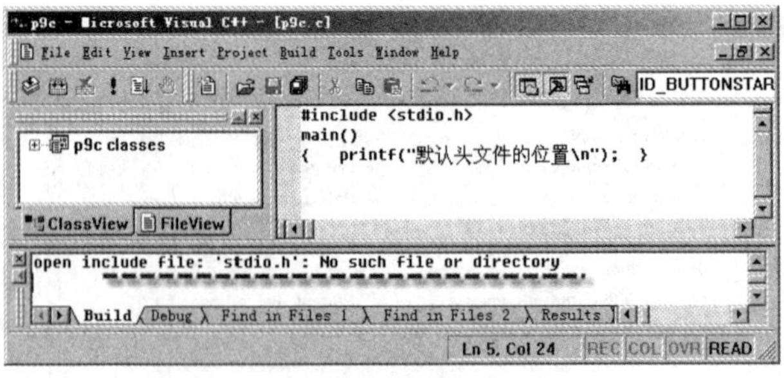

图 13.52　错误提示窗口

分析：

① 为何会出现这样的错误？

② 怎样理解 include 命令中“<>”的作用呢？何谓“默认的头文件位置”？

③ 当编译器出现“不能打开头文件 stdio.h”的错误时通常应怎么处理？

(2) 练习多文件编程。将工程中所有源文件摘除(在源文件位置上按 del 键)，然后新建头文件。具体操作方法是，执行 File | New 命令，在出现的窗口中选择 C/C++ Header File 选项，在右边的 File 文本框中输入 head.h，如图 13.53 所示。

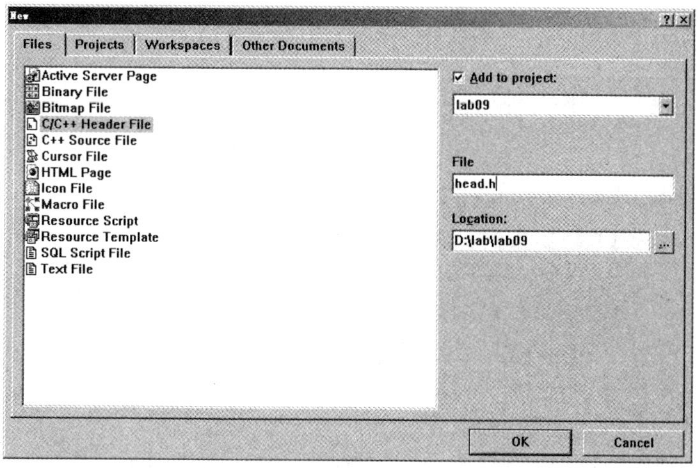

图 13.53　多文件编程中加入头文件窗口

单击 OK 按钮后，在内容窗口中输入以下代码。

```
int myabs(int n)
{
    return n > 0 ? n : -n;
}
```

输入完毕，检查无误后保存。

新建 C 源文件，文件名为 p9d.c，输入以下源代码。

```
#include<stdio.h>
#include "head.h"

main()
{
    int n;
    printf("n=?");
    scanf("%d",&n);
    printf("|%d|=%d\n",n,myabs(n));
}
```

此程序的功能是计算输入的数值的绝对值。编译并运行上述程序，本程序中的语句“printf("|%d|=%d\n",n,myabs(n));”中调用的函数 myabs 在头文件 head.h 中定义，因此用#include "head.h"包含 head.h，用双引号表示工程所在的目录。

现在对源程序进行修改，再加入一行#include “head.h”，变成如下程序。

```
#include<stdio.h>
#include "head.h"
#include "head.h"

main()
{
    int n;
    printf("n=?");
    scanf("%d",&n);
    printf("|%d|=%d\n",n,myabs(n));
}
```

编译本程序会出现错误，如图 13.54 所示。

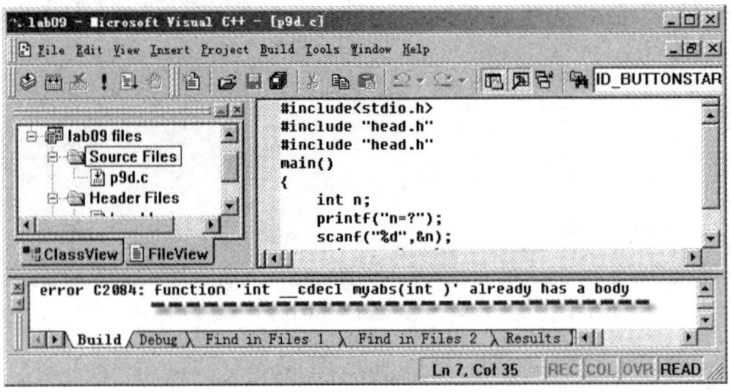

图 13.54　错误提示窗口

出错原因是因包含头文件多次而出现重复定义的错误。

改正方法如下。

将 head.h 进行修改，修改后程序如下。

```
#ifndef _HEADER
#define _HEADER
int myabs(int n)
{
    return n > 0 ? n : -n;
}
#endif
```

重新编译并运行 p9d.c，错误得以解决，想想为什么？

3. 条件编译

新建文件 p9e.c 并输入以下源代码。

```
#include <stdio.h>
#define DEBUG 0
void main( )
{
    int a=14, b=15, temp;
    temp=a/b;
    #if DEBUG
```

```
        printf("a=%d, b=%d \n", a, b);
        #endif
        printf("temp =%d \n", temp);
    }
```

分析：

(1) 此程序的运行结果是什么？

将#define DEBUG 0 语句更改为#define DEBUG 1 后运行结果是什么？为什么两次输出的结果值不一样？是什么原因造成的？

(2) 针对本程序，掌握条件编译在具体的调试中的应用(主要是输出查看程序运行过程中变量的值)。

(3) 比较下列两段程序的区别。

```
#if DEBUG
        printf("a=%d, b=%d \n", a, b);
    #endif
    if (DEBUG)
        printf("a=%d, b=%d \n", a, b);
```

【分析与讨论】

1. 在实验中，怎样体会编译预处理？
2. 在程序中使用宏有哪些优点？宏定义时有哪些注意事项？
3. 在一个大的工程中需要组织很多文件，怎样避免重复定义?
4. 条件编译的作用有哪些?

【实验小结】

1. C 语言中有 3 种预处理命令：宏定义、文件包含和条件编译。

2. 在带参数的宏定义中，参数如果是表达式，要注意将被替换的字符串中的参数加()括起来。否则，替换结果不正确。

3. 文件包含是指一个源文件可以将另一个源文件的全部内容包含进来。使用(“ ”)时，系统先到用户当前目录(即存放当前程序的目录)查找要包含的文件，若找不到，再到 C 库函数头文件所在的目录中寻找; 如果要包含的是用户自己编写的文件(这种文件一般都在当前目录中)，一般用双引号。

4. 多上机练习掌握条件编译在移植和调试中的应用。

【实验报告】

1. 写出实验目的。
2. 写出实验的主要内容和主要步骤。
3. 在实验报告中写出实验输入/输出数据结果，并加以分析，说明为什么得出相应的结论。
4. 写出调试步骤。
5. 写出实验心得。

实验十　结构体、共用体与枚举类型

【实验目的】

1. 理解结构体类型、共用体类型、枚举类型的概念，掌握它们的定义形式。
2. 掌握结构体类型和共用体类型变量的定义和变量成员的引用形式。
3. 掌握结构体的具体应用。

【实验内容】

新建工程并命名为 lab10。

1. 结构体实验

(1) 验证性实验。测试结构体变量占有内存的大小，新建源文件 p10a.c，输入以下源程序并编译运行。输出结构体类型或结构体变量所占用内存的大小。

```
#include <stdio.h>
struct book
{
    char title[20];
    char author[15];
    int pages;
    float price;
};
main()
{
    struct book book1;
    printf("Size=%d",sizeof(struct book)); /* 或printf("Size=%d",
sizeof(book1)); */
}
```

运行结果：

想想产生上述运行结果的原因是什么。

(2) 验证性实验。结构体类型、变量的定义及引用，新建源文件 p10b.c，输入以下源程序并编译运行。

```
#include <stdio.h>
struct book
{
    char title[20];
    char author[15];
    int pages;
    float price;
};
int main( )
```

```
{
    struct book book1;
    strcpy(book1.title,"Basic");
    strcpy(book1.author,"Smith");
    book1.pages=269;
    book1.price=28.50;

    printf("Title     Author    Pages     Price    \n");
    printf("%-10s%-10s%-10d%-10.2f",
    book1.title,
    book1.author,
    book1.pages,
    book1.price);
    return 0;
}
```

(3) 设计性实验。编程，使用结构体数组存储5名同学的信息并输出。源文件保存为p10c.c，结构体类型如下。

```
struct student
{
    char sname[9];/*  学生姓名  */
    int sno;           /*  学生学号  */
    int age;           /*  学生年龄  */
    int score;     /*  学生成绩  */
};
```

部分参考代码如下。

```
# include "stdio.h"
/*  定义结构体类型  */
________________________________________
________________________________________
________________________________________
________________________________________

int main( )
{
        int i;
    /*  定义结构体数组并初始化    */
    ______________={{"wangming",11001,18,68},
                    {"chenhong",11002,17,98},
                    {"xuxiaoho",11003,16,76},
                    {"zhuyanzi",11004,18,91},
                    {"zhenshou",11005,17,74}};
    for  (i=0;i<5;i++)
       printf("%s %d %d %d\n",                          );
    return 0;
}
```

(4) 设计性实验。下面程序的功能是使用结构体数组存储 5 名同学的信息并利用结构体指针输出。试改写画线部分程序，5 名同学的信息通过键盘输入，以 p10d.c 存储并编译运行。

源程序：

```
# include "stdio.h"
/*  定义结构体类型  */
struct student
{
    char sname[9];      /*  学生姓名  */
    int sno;            /*  学生学号  */
    int age;            /*  学生年龄  */
    int score;          /*  学生成绩  */
};
int main( )
{
        int i;
    /*  定义结构体数组并初始化    */
    struct student s[5]={{"wangming",11001,18,68},
             {"chenhong",11002,17,98},
             {"xuxiaoho",11003,16,76},
             {"zhuyanzi",11004,18,91},
             {"zhenshou",11005,17,74}};
    struct student *p=s;
    for (i=0;i<5;i++)
        printf("%s %d %d %d\n",(p+i)->sname,(p+i)->sno, (p+i)->age,
(p+i)->score);
    return 0;
}
```

改写代码：

____

____

____

____

(5) 结构体与函数实验。改写下面的程序，下画线输出信息部分用函数来实现，以 p10e.c 存储并编译运行。

```
#include <stdio.h>
#include <string.h>
struct book
{
    char title[20];
    char author[15];
    int pages;
    float price;
};
struct book  AddRecord(void);
```

```
int main( )
{
    struct book book1;
    book1=AddRecord( );
    printf("Title    Author    Pages    Price    \n");
    printf("%-10s%-10s%-10d%-10.2f",
        book1.title,
        book1.author,
        book1.pages,
        book1.price);
    return 0;
}
struct book AddRecord(void)
{
    struct book newbook;
    printf("Title:\n");
    gets(newbook.title);
    printf("Author:\n");
    gets(newbook.author);
    printf("Pages:\n");
    scanf("%d",&newbook.pages);
    printf("Price:\n");
    scanf("%f",&newbook.price);
    return newbook;
}
```

改写代码：

____

____

____

____

2. 共用体实验。

(1) 验证性实验。新建源文件 p10f.c 并输入以下源程序，该程序用于查看共用体存储空间和内存的分配情况。

```
#include <stdio.h>
union sample
{
    short int a;
    float b;
    char c;
};
main( )
{
    union sample sam1;
    printf("address of a    :%ld\n",&sam1.a);
    printf("address of b    :%ld\n",&sam1.b);
    printf("address of c    :%ld\n",&sam1.c);
```

```
    printf("size of sample  :%d\n",sizeof(union sample));
}
```

运行结果：

输出结果分析：

(2) 验证性实验。新建源文件 p10g.c 并输入以下源程序，运行程序并查看结果。

```
#include <stdio.h>
void main()
{
    union test
    {
        int i;
        char ch;
    };
    union test x;
    x.i=256;
    x.ch='a';
    printf("%d, %c\n",x.i, x.ch);
}
```

程序运行结果如图 13.55 所示。

图 13.55　运行结果

分析为什么会产生上面的结果呢？下面进行跟踪调试分析。

① 在 x.ch='a';语句处设置断点。

② 按 F5 键运行。

③ 打开 Watch 窗口和 Memory 窗口，通过 Watch 窗口查看变量 x 的地址。在 Memory 窗口中输入查到的地址，可以查看 x 当前值的情况，如图 13.56 所示。

图 13.1 中的 00 01 表示的是 256(十进制 256 的二进制数表示为 100000000，十六进制为 0100，在 Memory 窗口中表示的时候是低字节在前，所以为 00 01)。

④ 按 F10 键继续运行。Memory 窗口变化如图 13.57 所示。

其中的 61 是十六进制，十进制数为 97，表示小写字母 a 的 ASCII 码，此时成员 i 和 ch 共用一块内存，成员 ch 是低字节，输出仍为字母 a，而成员 i 的值变为 353(即 256+97)。

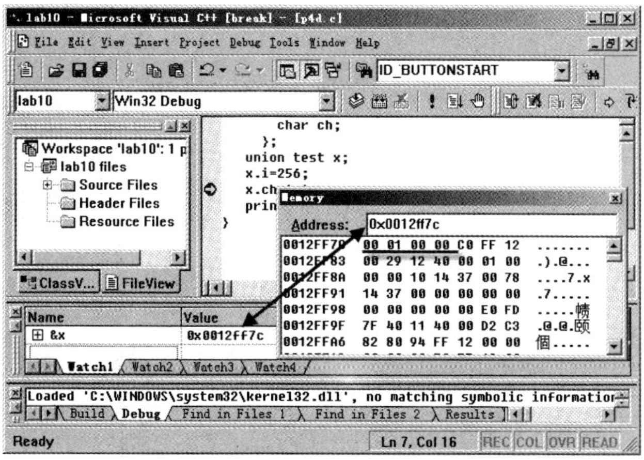

图 13.56　Memory 窗口

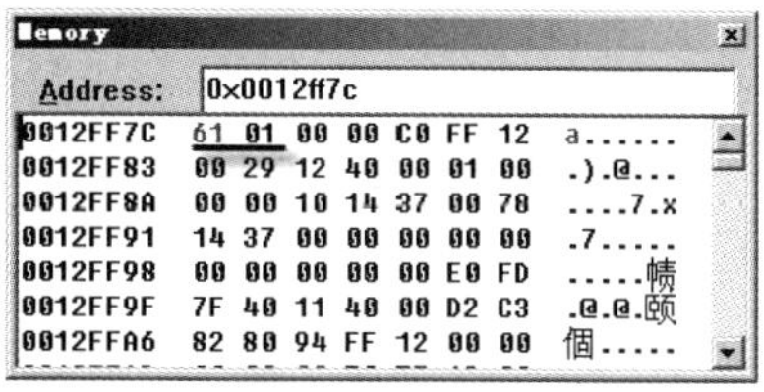

图 13.57　Memory 窗口变化

⑤ 调试分析完毕。

3. 枚举类型实验

演示性实验，新建源文件 p10h.c 并输入以下源程序，查看输出结果。

```
#include <stdio.h>
int main()
{
    enum color_name {red,yellow,blue,white,black};
    enum color_name color;
    for (color=red;color<=black;color++)
    switch (color)
    {
        case red:       printf("red:\t%d\n",red);break;
        case yellow:    printf("yellow:\t%d\n",yellow);break;
        case blue:      printf("blue:\t%d\n",blue);break;
        case white:     printf("white:\t%d\n",white);break;
        default:        printf("black:\t%d\n",black);break;
    }
    return 0;
}
```

输出结果：

4. 综合性实验(选做)

有 5 个学生，每个学生的数据包括学号、姓名、3 门课的成绩，从键盘上输入 5 个学生的数据，要求打印出 3 门课的总平均成绩，以及最高分的学生的数据(包括学号、姓名、3 门课的成绩)，最后保存为 p10i.c。

程序：

____

____

____

____

参考程序：

```
#include <stdio.h>
#define N 5

struct student
{
   char num[6];
   char name[8];
   int score[4];
   float avr;
}stu[N];
main( )
{
   int i,j,max,maxi,sum;
   float average;
   for( i=0;i<N;i++)
   {
      printf("\nInput scores of student %d:\n",i+1);
      printf("NO.:");
      scanf("%s",stu[i].num);
      printf("name:");
      scanf("%s",stu[i].name);
      for(j=0;j<3;j++)
      {
         printf("score %d:",j+1);
         scanf("%d", &stu[i].score[j]);
      }
   }
   average=0;
   max=0;
   maxi=0;
   for(i=0;i<N;i++)
   {
      sum=0;
      for(j=0;j<3;j++)
         sum+=stu[i].score[j];
      stu[i].avr=sum/3.0;
      average+=stu[i].avr;
      if(sum>max)
      {
         max=sum;
         maxi=i;
      }
   }
   average/=N;
   printf("%5s%10s%9s%9s%9s%8s\n","NO.","name","score1","score2",
"score3","average");
```

```
        for(i=0;i<N;i++)
        {
            printf("%5s%10s",stu[i].num, stu[i].name);
            for(j=0;j<3;j++)
                printf("%9d",stu[i].score[j]);
            printf("%8.2f\n",stu[i].avr);
        }
        printf("average=%6.2f\n",average);
        printf("The highest score is:%s,score total:%d.\n",stu[maxi].
name,max);
    }
```

【分析与讨论】

1. 引入结构体、共用体与枚举类型的作用是什么？
2. 总结引用结构体类型变量成员有哪几种方法？
3. 总结结构体数组元素引用有哪几种方法？
4. 体会模块化程序设计在结构体中应用的优越性。
5. 体会共用体类型变量的存储特点。
6. 体会枚举类型变量增强程序可读性的作用。

【实验小结】

1. 结构体成员可以是多种类型，因此多应用于记录型数据的操作。
2. 数据处理中经常用到结构体，多看一些这方面的程序。

【实验报告】

1. 写出实验目的。
2. 写出实验的主要内容和主要步骤。
3. 在实验报告中写出实验输入/输出数据结果，并加以分析，说明为什么得出相应的结论。
4. 写出调试步骤。
5. 写出实验心得。

实验十一　文 件 管 理

【实验目的】

1. 熟练文件操作的基本函数。
2. 掌握文件的打开、关闭、读、写等操作。

【实验内容】

新建工程并命名为 lab011。

1. 文件基础操作

(1) 掌握 fputc 函数。从键盘上输入一些字符，逐个写到工程目录下的文件 sample.txt 中，直到输入一个#符为止。程序文件以 p11a.c 存储并运行。

编程思路：

① 以只写方式打开 sample.txt 文件。

② 如果文件打开成功，输入一个字符到字符变量 ch 中。

③ 使用 fputc(ch , fp) 函数，将 ch 中字符写入 fp 指针所指向文件。

④ 再读入一个字符到 ch。

⑤ 循环执行步骤③和④，直到输入字符为#时，停止循环。

⑥ 关闭文件。

程序：

____

____

____

____

____

参考程序：

```
#include <stdio.h>
main( )
{
    FILE *fp;
    char ch ;
    if((fp=fopen("sample.txt","w"))==NULL)
    {
        printf("cannot open this file\n");
        exit(1);
    }
    ch=getchar(); /*读字符到字符变量 ch 中*/
    while(ch!='#')
    {
        fputc(ch,fp); /* 将 ch 中字符写入 fp 指针所指向的文件*/
        ch=getchar();
    }
    fclose(fp); /*关闭文件*/
}
```

运行程序后，输入一些字符。例如，“Welcome to Microsoft Visual C++ version 6.0!#”。注意，它是以#结束输入，程序结束后到工程目录中去查看 sample.txt，如图 13.58 所示。

双击文件即可查看刚才输入的内容，如图 13.59 所示。

(2) 掌握 fgetc 函数。从工程目录下的文件 sample.txt 中读出字符并显示，源文件保存为 p11b.c。

编程思路：

① 以只读方式打开 sample.txt。

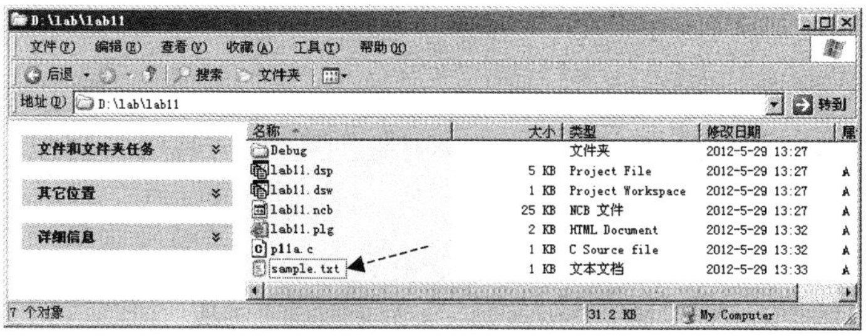

图 13.58　工程目录

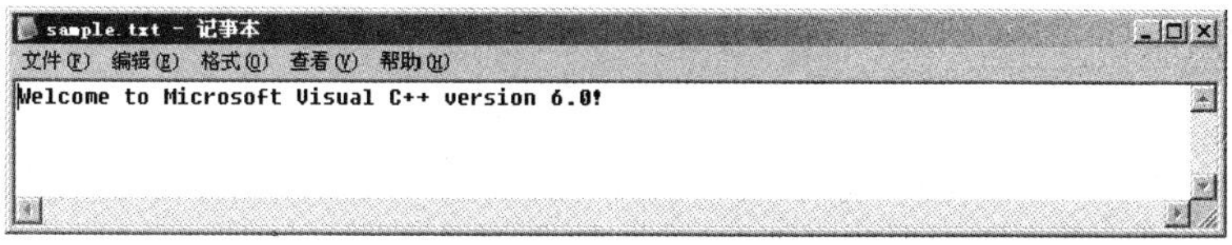

图 13.59　文件内容

② 如果文件打开成功，使用 fgetc(fp)函数，从指定文件读取一个字符到字符变量 ch 中。

③ 如果未到文件结束，将这个字符显示在屏幕上。

④ 再读取一个字符到 ch。

⑤ 循环执行(3)(4)，直到文件结束，停止循环。

⑥ 关闭打开的文件。

程序：

参考程序：

```
#include <stdio.h>
main()
{
    FILE *fp;
    char ch ;
    if((fp=fopen("sample.txt","r"))==NULL)
    {
        printf("cannot open this file\n");
        exit(0);
    }
    ch=fgetc(fp);
    while(ch!=EOF)
    {
        putchar(ch);
```

```
        ch=fgetc(fp);
    }
    printf("\n");
    fclose(fp);
}
```

(3) 熟悉 fwrite 函数的用法。新建 p11c.c 并补全下列程序。此程序功能是将 3 条学生的信息存于工程目录下的 student.dat 中。

```
#include<stdio.h>
struct student
{
    int Num;
    char Name[8];
    int Age;
    char Add[20];
}stu[3]={{001,"Andy",19,"Jilin"},{002,"Jerk",20,"Siping"},{003,"Pet er",
18,"Yushu"}};
main( )
{
    FILE * fp;
    int i;
    if((fp=fopen("student.dat","wb"))==NULL)
    {
        printf("\n Cannot Open!\n");
        exit(1);
    }
    for(i=0;i<3;i++)
        fwrite(______________________); /*利用 fwite 进行存储结构体中的信息*/
    fclose(fp);
}
```

(4) 熟悉 fread 函数的用法。补全程序，将当前工程路径下 student.dat 文件(上个实验生成的文件)中的信息(包含学生学号、姓名、年龄、地址)读到结构体数组中，并进行显示。源程序以 p11d.c 存储编译运行。

```
#include<stdio.h>
struct student
{
    int Num;
    char Name[8];
    int Age;
    char Add[20];
}stu[3];
int main( )
{
                              ; /*定义文件指针*/
    int i;
    if((fp=fopen(______________))==NULL) /*打开文件 student.dat*/
```

```
    {
        printf("\n Cannot Open!\n");
        exit(1);
    }
    for(i=0;i<3;i++)
        ____________________; /*读取文件 student.dat 到结构体变量中*/
    for(i=0;i<3;i++)
        printf("\n%d %s %d %s\n",stu[i].Num,stu[i].Name,stu[i].Age,
stu[i].Add);
    ______________; /*关闭文件 student.dat*/
    return 0;
}
```

(5) 演示性实验，新建源文件 p11e.c 并输入以下代码，查看程序运行结果，掌握函数 fscanf 和 fprintf 的具体用法，画线部分语句作为重点。

```
#include <stdio.h>
#include <stdlib.h>
typedef struct
{
    char name[10];      /*    姓名    */
    int num;        /*    学号    */
    int age;        /*    年龄    */
    char addr[15];      /*    住址    */
    }STUDENT;
    int main()
{
    FILE *fp;
    STUDENT stu1[2],stu2[2],*p,*q;
    int i;
    p=stu1;
    q=stu2;
    if((fp=fopen("stu list.dat","wb+"))==NULL)
    {
        printf("Cannot open file!");
        exit(1);
    }
    printf("input data:\n");
    for(i=0;i<2;i++,p++)
    {
        printf("Name:");
        gets(p->name);
        printf("Num:");
        scanf("%d",&p->num);
        printf("Age:");
        scanf("%d",&p->age);
        getchar();   /* 清空输入缓冲区，也可以用其他方法  */
        printf("Address:");
        gets(p->addr);
    }
```

```
    p=stu1;
    for(i=0;i<2;i++,p++)
        fprintf(fp,"%s %d %d %s\n",p->name,p->num,p->age,p->addr);
    rewind(fp);     /*把文件内部的位置指针移到文件首*/
    for(i=0;i<2;i++,q++)
        fscanf(fp,"%s %d %d %s\n",q->name,&q->num,&q->age,q->addr);
    printf("Name\tNumber\tAge\tAddr\n");
    q=stu2;
    for(i=0;i<2;i++,q++)
        printf("%s\t%d\t%d\t%s\n",q->name,q->num, q->age,q->addr);
    fclose(fp);
    return 0;
}
```

2. 文件综合应用上机练习(选做)

(1) 编程，从键盘上输入一个字符串，将其中的小写字母全部转换成大写字母，然后输出到工程目录下的文件 demo.txt 中保存。输入的字符串以“#”符号结束。

(2) 编程，有两个磁盘文件 t01.txt 和 t02.txt，要求把这两个文件中的信息合并，输出到一个新文件 t03.txt 中。

【分析与讨论】

1. 文件用于存储信息，文本文件和二进制文件的主要区别在哪里？
2. 文件操作的主要步骤是什么？
3. 讨论文件操作函数的区别。

【实验小结】

文件可按字符、字符串、数据块为单位读/写，也可按指定的格式进行读/写，因此根据不同的读/写方法应用不同的读/写函数。其中，fread 和 fwrite 这两个块读/写函数功能较强，要多上机练习，掌握它们的用法。

【实验报告】

1. 写出实验目的。
2. 写出实验的主要内容和主要步骤。
3. 在实验报告中写出实验输入/输出数据结果，并加以分析，说明为什么得出相应的结论。
4. 写出调试步骤。
5. 写出实验心得。

实验十二　C 语言高级程序设计

【实验目的】

1. 掌握位运算的概念和方法，掌握一些位运算符的使用方法。

2. 掌握动态存储分配技术。
3. 掌握链表的创建及应用技术。

【实验内容】

新建工程并命名为 lab12。

1. 位运算实验

(1) 演示性实验：新建文件 p12a.c 并输入以下程序。该程序中给定两个正整数，分别将它们连续多次左移、右移一位并输出结果。连续多次左移、右移两位并输出结果。上机运行程序，观察运行结果。

```
#include <stdio.h>
void main()
{
    int small,big,index,count;
    printf("小数左移一位，大数右移一位\n");
    printf("  left(%%d)  left(%%x)  right(%%d)  right(%%x)\n\n");
    count=1;
    small=1;                        /* 初始化小数  */
    big=0x4000;                     /* 初始化大数 */
    for(index=0;index<17;index++)
    {
        printf("%10d %10x %10d  %10x\n",small,small,big,big);
        small=small<<count;         /* 将小数左移一位  */
        big=big>>count;             /* 将大数右移一位 */
    }
    getchar();                      /* 按键后继续  */
    printf("\n");
    printf("小数左移 2 位，大数右移 2 位\n");
    printf("left(%%d)   left(%%x)   right(%%d)  right(%%x)\n\n");
    count=2;
    small=1;
    big=0x4000;
    for(index=0;index<9;index++)
    {
        printf("%10d %10x %10d  %10x\n",small,small,big,big);
        small=small<<count;             /* 小数左移 2 位 */
        big=big>>count;                 /* 大数右移 2 位 */
    }
}
```

(2) 编程：按二进制位输出 short int 类型数据。文件以 p12b.c 存储并调试运行。

编程思路：

通过位运算，可将二进制数中的最高位输出，通过左移操作，可将二进制数中的每一位移至最高位的位置。重复上述操作，就可以得到 short int 类型数据的机内码从高位到低位的各位。

程序：

____

____

____

____

参考程序：

```
#include<stdio.h>
void dispaybit( short value)
{
    short i, bit;
    printf("%7hd=",value);                    /*输出十进制 value 值*/
    for(i=0;i<16;i++)
    {
       bit=value&0x8000;                      /*获得 value 的当前最高位值*/
       if (bit==0)
          putchar('0');                       /*输出 bit 的"0"或"1"值*/
       else putchar('1');
          value<<=1;                          /*左移一位*/
       if ((i+1)%8==0) putchar(' ');          /*两个字节中间加空格*/
    }
    putchar('\n');
}
void main()
{
    short int x,y;
    printf("输入一个整数:\n");
    scanf("%hd",&x);
    dispaybit(x);
}
```

2. 动态存储分配示例

区别动态存储分配与静态存储分配的区别与联系。新建源文件 p12c.c 并输入以下程序。

```
#include <stdio.h>
#include <string.h>
#include <stdlib.h>
/*  定义结构体类型  */
typedef struct
{
    char title[20];    /*  图书名称  */
    char author[15];        /*   作者    */
    int pages;              /*   页数    */
    float price;       /*   价格   */
}BOOK;
main()
{
```

```
    BOOK *p;
    p=malloc(sizeof(BOOK)); /* 分配内存大小为一个结构体变量所用空间 */
    if( p = = NULL )  exit(1);
    strcpy(p->title,"Basic");
    strcpy(p->author,"Smith");
    p->pages=300;
    p->price=29.00;
    printf("Title    Author    Pages    Price    \n");
    printf("%-10s%-10s%-10d%-10.2f",p->title,
    p->author,
    p->pages,
    p->price);
    free(p); /* 释放内存   */
    return 0;
}
```

此程序属于动态存储分配的例子，注意画线部分的语句。将此程序进行修改，便是静态存储分配，改动后的部分语句如下。

```
BOOK *p;
BOOK BOOK1;
p=&BOOK1;
```

将 free(p);语句去掉。重新编译运行并查看结果，比较两者之间的区别。

3. 链表的创建及应用

新建源文件 p12d.c 并录入以下源程序。

```
#include "stdio.h"
#include "stdlib.h"
struct s_list{
int data; /* 数据域 */
struct s_list *next; /* 指针域 */
} ;
void create_list (struct s_list *headp,int *p);
void main(void)
{
    struct s_list *head=NULL,*p;
    int s[]={1,2,3,4,5,6,7,8,0}; /* 0 为结束标记 */
    create_list(head,s); /* 创建新链表 */
    p=head; /*遍历指针 p 指向链头 */
    while(p){
        printf("%d\t",p->data); /* 输出数据域的值 */
        p=p->next; /*遍历指针 p 指向下一节点 */
    }
    printf("\n");
}
void create_list(struct s_list *headp,int *p)
{
```

```
    struct s_list * loc_head=NULL,*tail;
    if(p[0]==0) /* 相当于*p==0 */
      ;
    else { /* loc_head 指向动态分配的第一个节点 */
        loc_head=(struct s_list *)malloc(sizeof(struct s_list));
        loc_head->data=*p++; /* 对数据域赋值 */
        tail=loc_head; /* tail 指向第一个节点 */
        while(*p){ /* tail 所指节点的指针域指向动态创建的节点 */
            tail->next=(struct s_list *)malloc(sizeof(struct s_list));
            tail=tail->next; /* tail 指向新创建的节点 */
            tail->data=*p++; /* 向新创建的节点的数据域赋值 */
        }
        tail->next=NULL; /* 对指针域赋 NULL 值 */
    }
    headp=loc_head; /* 使头指针 headp 指向新创建的链表 */
}
```

上面的程序功能是：给定一批整数，以0作为结束标志且不作为节点，将其建成一个先进先出的链表。先进先出链表的头指针始终指向最先创建的节点(链头)，先建节点指向后建节点，后建节点始终是尾节点。

(1) 源程序中存在什么样的错误(先观察执行结果)？对程序进行修改、调试，使之能够正确完成指定任务。

提示：

问题发生在head的值没有发生变化，链表创建没有问题，但由于C语言函数传递是值传递，create_list函数中的headp=loc_head;语句并不会使头指针head的值发生变化。可调试证明以下结论。

① 在主函数的“p=head; /*遍历指针p指向链头 */”语句处设为断点。

② 按F5键运行。在Watch窗口中观察head的值，仍然是0，如图13.60所示。

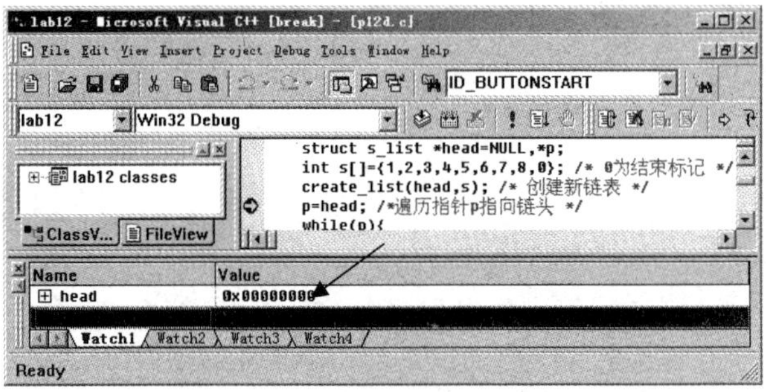

图13.60　Watch窗口

修改后的程序如下。

```
#include "stdio.h"
#include "stdlib.h"
struct s_list{
int data; /* 数据域 */
```

```
struct s_list *next; /* 指针域 */
} ;
void create_list (struct s_list **headp,int *p);
void main(void)
{
    struct s_list *head=NULL,*p;
    int s[]={1,2,3,4,5,6,7,8,0}; /* 0 为结束标记 */
    create_list(&head,s); /* 创建新链表 */
    p=head; /*遍历指针 p 指向链头 */
    while(p){
        printf("%d\t",p->data); /* 输出数据域的值 */
        p=p->next; /*遍历指针 p 指向下一节点 */
    }
    printf("\n");
}
void create_list(struct s_list **headp,int *p)
{
    struct s_list * loc_head=NULL,*tail;
    if(p[0]==0) /* 相当于*p==0 */
        ;
    else { /* loc_head 指向动态分配的第一个节点 */
        loc_head=(struct s_list *)malloc(sizeof(struct s_list));
        loc_head->data=*p++; /* 对数据域赋值 */
        tail=loc_head; /* tail 指向第一个节点 */
        while(*p){ /* tail 所指节点的指针域指向动态创建的节点 */
            tail->next=(struct s_list *)malloc(sizeof(struct s_list));
            tail=tail->next; /* tail 指向新创建的节点 */
            tail->data=*p++; /* 向新创建的节点的数据域赋值 */
        }
        tail->next=NULL; /* 对指针域赋 NULL 值 */
    }
    *headp=loc_head; /* 使头指针 headp 指向新创建的链表 */
}
```

设置断点并查看 head 的值，并看到已经发生了变化，如图 13.61 所示。

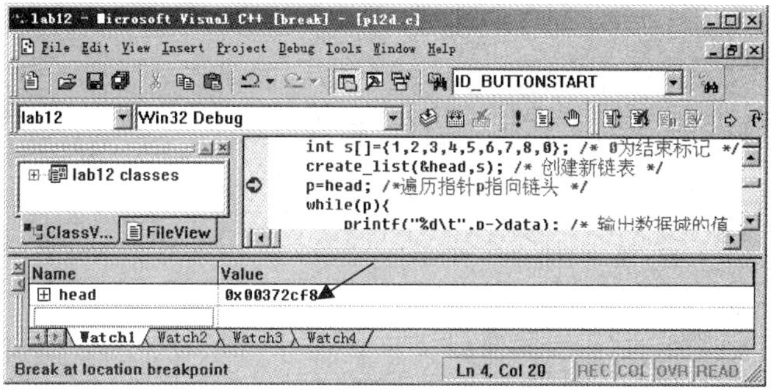

图 13.61　设置断点并查看 head 的值

(2) 修改替换 create_list 函数，将其建成一个后进先出的链表。后进先出链表的头指针始终指向最后创建的节点(链头)，后建节点指向先建节点，先建节点始终是尾节点。

修改后的 create_list 函数：

____

____

____

____

____

参考源代码：

```
void create_list(struct s_list **headp,int *p)
{
    struct s_list * new=NULL,*top=NULL; /* top 指向首节点 */
    if(p[0]==0) /* 相当于*p==0 */
        ;
    else { /* new 指向动态分配的新节点 */
        new=(struct s_list *)malloc(sizeof(struct s_list));
        new->data=*p++; /* 对数据域赋值 */
        top=new;  /* top 指向第一个节点 */
        top->next=NULL; /* 设置尾节点标志 */
        while(*p){ /* new 所指节点的指针域指向动态创建的节点 */
            new=(struct s_list *)malloc(sizeof(struct s_list));
            new->next=top; /* 将最新的节点链接到原来的首节点上 */
            new->data=*p++; /* 向新创建的节点的数据域赋值 */
            top=new; /* top 指向最新的节点 */
        }
    }
    *headp=top; /* top 值赋给 head,head 为头指针 */
}
```

【分析与讨论】

1. 讨论位运算的优点在哪里？
2. 动态存储分配与静态存储分配各自的优缺点是什么？
3. 讨论单向链表的构建方法。

【实验小结】

1. 总结移位等基本位运算符的作用。
2. 总结动态存储分配与链表联合编程的一些应用。
3. 总结单向链表的创建方法和基本原理，多上机练习。

【实验报告】

1. 写出实验目的。
2. 写出实验的主要内容和主要步骤。
3. 在实验报告中写出实验输入/输出数据结果，并加以分析，说明为什么得出相应的结论。
4. 写出调试步骤。
5. 写出实验心得。

附录1　部分ASCII码表

ASCII 值	控制字符	ASCII 值	字　符	ASCII 值	控制字符	ASCII 值	字　符
000	NULL	032	(space)	064	@	096	`
001	SOH	033	!	065	A	097	a
002	STX	034	"	066	B	098	b
003	ETX	035	#	067	C	099	c
004	EOT	036	$	068	D	100	d
005	END	037	%	069	E	101	e
006	ACK	038	&	070	F	102	f
007	BEL	039	'	071	G	103	g
008	BS	040	(	072	H	104	h
009	HT	041	)	073	I	105	i
010	LF	042	*	074	J	106	j
011	VT	043	+	075	K	107	k
012	FF	044	,	076	L	108	l
013	CR	045	—	077	M	109	m
014	SO	046	.	078	N	110	n
015	SI	047	/	079	O	111	o
016	DLE	048	0	080	P	112	p
017	DC1	049	1	081	Q	113	q
018	DC2	050	2	082	R	114	r
019	DC3	051	3	083	S	115	s
020	DC4	052	4	084	T	116	t
021	NAK	053	5	085	U	117	u
022	SYN	054	6	086	V	118	v
023	ETB	055	7	087	W	119	w
024	CAN	056	8	088	X	120	x
025	EM	057	9	089	Y	121	y
026	SUB	058	:	090	Z	122	z
027	ESC	059	;	091	[	123	{
028	FS	060	<	092	\	124	|
029	GS	061	=	093	]	125	}
030	RS	062	>	094	^	126	~
031	US	063	?	095	_	127	del

注：表中 ASCII 码值为十进制数。

附录2　C语言的部分关键字

关 键 字	用　途	说　明
char	数据类型	字符型
short		短整型
int		整型
unsigned		无符号类型
long		长整型
float		单精度实型
double		双精度实型
struct		定义结构体
union		定义共用体
void		空类型
enum		定义枚举类型
signed		有符号类型
typedef		用户自定义数据类型
auto	存储类型	自动变量
register		寄存器类型变量
static		静态变量
extern		外部变量
break	流程控制	退出最内层的循环或 switch 语句
case		switch 语句中的情况选择
continue		结束本次循环，跳到下一轮循环
default		switch 语句中默认情况选择
do		在 do...while 循环中的循环起始标记
else		if 语句中另一种选择
for		带有初值、条件测试的一种循环
goto		转移到语句标号
if		条件执行
return		返回到主调函数
switch		多分支选择
while		条件循环
sizeof	运算符	计算占用字节数

附录3　运算符的优先级和结合性

<table>
<tr><th>类　别</th><th>优先级</th><th>运　算　符</th><th>含　义</th><th>结 合 性</th></tr>
<tr><td rowspan="4"></td><td rowspan="4">1</td><td>( )</td><td>圆括号</td><td rowspan="4">自左至右</td></tr>
<tr><td>[ ]</td><td>下标运算符</td></tr>
<tr><td>—></td><td>指向结构体成员运算符</td></tr>
<tr><td>.</td><td>结构体成员运算符</td></tr>
<tr><td rowspan="9">单目运算符</td><td rowspan="9">2</td><td>!</td><td>逻辑非运算符</td><td rowspan="9">自右至左</td></tr>
<tr><td>~</td><td>按位取反运算符</td></tr>
<tr><td>++</td><td>自增运算符</td></tr>
<tr><td>- -</td><td>自减运算符</td></tr>
<tr><td>-</td><td>负号运算符</td></tr>
<tr><td>(类型)</td><td>类型转换运算符</td></tr>
<tr><td>*</td><td>指针运算符</td></tr>
<tr><td>&</td><td>取地址运算符</td></tr>
<tr><td>sizeof</td><td>长度运算符</td></tr>
<tr><td rowspan="14">双目运算符</td><td rowspan="3">3</td><td>*</td><td>乘法运算符</td><td rowspan="3">自左至右</td></tr>
<tr><td>/</td><td>除法运算符</td></tr>
<tr><td>%</td><td>求余运算符</td></tr>
<tr><td rowspan="2">4</td><td>+</td><td>加法运算符</td><td rowspan="2">自左至右</td></tr>
<tr><td>-</td><td>减法运算符</td></tr>
<tr><td rowspan="2">5</td><td><<</td><td>左移运算符</td><td rowspan="2">自左至右</td></tr>
<tr><td>>></td><td>右移运算符</td></tr>
<tr><td>6</td><td><　<=　>　>=</td><td>关系运算符</td><td>自左至右</td></tr>
<tr><td>7</td><td>==　!=</td><td>等于运算符和不等于运算符</td><td>自左至右</td></tr>
<tr><td>8</td><td>&</td><td>按位与运算符</td><td>自左至右</td></tr>
<tr><td>9</td><td>^</td><td>按位异或运算符</td><td>自左至右</td></tr>
<tr><td>10</td><td>|</td><td>按位或运算符</td><td>自左至右</td></tr>
<tr><td>11</td><td>&&</td><td>逻辑与运算符</td><td>自左至右</td></tr>
<tr><td>12</td><td>||</td><td>逻辑或运算符</td><td>自左至右</td></tr>
<tr><td>三目运算符</td><td>13</td><td>? :</td><td>条件运算符</td><td>自右至左</td></tr>
<tr><td rowspan="2">双目运算符</td><td rowspan="2">14</td><td>=　+=　-=　*=　/=　%=</td><td rowspan="2">赋值运算符</td><td rowspan="2">自右至左</td></tr>
<tr><td>>>=　<=　&=　^=　|=</td></tr>
<tr><td>顺序求值运算符</td><td>15</td><td>,</td><td>逗号运算符</td><td>自左至右</td></tr>
</table>

注：表中所列的优先级，1 为最高级，15 为最低级。

参 考 文 献

[1] Andrew. C 陷阱与缺陷. 北京：人民邮电出版社，2008
[2] Behrouz 等. C 程序设计软件工程环境. 北京：机械工业出版社，2008
[3] E Balagurusamy. 标准 C 程序设计. 北京：清华大学出版社，2008
[4] Kenneth A.Reek. C 和指针. 北京：人民邮电出版社，2008
[5] Kernighan 等. C 程序设计语言. 2 版. 北京：机械工业出版社，2004
[6] LinDen. C 专家编程. 北京：人民邮电出版社，2008
[7] Maguire. 编写高质量 C 语言代码. 北京：人民邮电出版社，2009
[8] Roberts. C 语言的科学与艺术. 北京：机械工业出版社，2005
[9] 陈翠松，寿焕君. C 语言程序设计实用教程与实训. 北京：中国林业出版社，2006
[10] 谭浩强. C 程序设计. 4 版. 北京：清华大学出版社，2011
[11] 曾碧卿，陈香兰. C 语言程序设计. 长沙：中南大学出版社，2006
[12] 赵建锋，何朝阳. C 语言程序设计. 北京：北京大学出版社，2006